创造 高清3D 虚拟世界

Unity引擎HDRP高清渲染管线实战

杨栋 / 著

電子工業出版社·

Publishing House of Electronics Industry

北京•BEIJING

内 容 简 介

全书共11章，不仅包含HDRP入门基础，更通过剖析优秀案例对高清渲染管线的主体框架和各种特性进行阐述，如完全基于物理的光照和材质系统、体积光与雾效设置、光照烘焙及实时后处理效果等。本书全方位讲解如何使用Unity HDRP高清渲染技术来制作高质量画面内容。读者不管是在开发游戏、影视动画，还是在开发VR游戏、互动应用，都可以从本书中找到所需的高画质内容制作技术。本书进阶部分包括HDRP在VR中的具体应用方法、Unity实时光线追踪的具体用法，以及如何使用Debug系统和Custom Pass高级应用等。书中包含两个完整的Unity项目及相关操作步骤，读者一边操作一边阅读，即可把书中学到的技术直接应用到自己的项目中。

图书在版编目（CIP）数据

创造高清3D虚拟世界：Unity引擎HDRP高清渲染管线实战 / 杨栋著．—北京：电子工业出版社，2021.9
ISBN 978-7-121-41659-0

Ⅰ．①创… Ⅱ．①杨… Ⅲ．①游戏程序—程序设计 Ⅳ．①TP317.6

中国版本图书馆CIP数据核字（2021）第150582号

责任编辑：张春雨
文字编辑：梁卫红
印　　刷：中国电影出版社印刷厂
装　　订：三河市良远印务有限公司
出版发行：电子工业出版社
　　　　　北京市海淀区万寿路173信箱　　邮编：100036
开　　本：787×980　　1/16　　　印张：33.75　　　字数：729千字
版　　次：2021年9月第1版
印　　次：2023年2月第4次印刷
印　　数：6001~6800册　　定价：198.00元

推荐序1

游戏行业作为全球范围内快速发展的一个行业，不仅为我们带来了支持多种计算平台（手机、PC、游戏主机、VR/AR/MR等）的娱乐内容，也开始让非游戏行业（建筑制造、汽车设计、影视动画行业等）意识到了游戏引擎作为创作和设计工具的强大潜力，并开始逐渐利用游戏引擎的能力为业务赋能。

Unity引擎自创立以来一直致力于降低游戏的开发门槛、为开发者解决复杂的技术问题，以及帮助开发者成功变现这三个使命，并通过建设全球Unity开发者社区把广大的实时渲染内容创作者团结起来，为全世界各行各业带来丰富多彩的应用内容。要完成这三个使命，其中最重要的一点是为开发者提供灵活高效且持续领先行业的技术。

近年来，随着实时渲染技术的快速发展，内容消费者对画质的要求也越来越高。这里的画质并不仅仅指那些追求写实画面的游戏或者应用画质，也包括那些既追求画面中光照和材质物理真实感，也要求拥有强烈的风格化画面表现的作品画质，比如米哈游的爆款游戏《原神》。Unity的高清渲染管线HDRP就是为实现上述高画质需求而诞生的。

Unity HDRP目前支持为PC、Xbox One（或更新版本）、PlayStation 4（或更新版本）平台开发游戏和互动应用。同时，HDRP也已支持开发高画质VR项目，并支持部署到主流的PC端VR设备，比如Oculus Rift系列头盔、HTC Vive系列头盔，以及支持Windows Mixed Reality平台的VR设备等。

虽然Unity引擎以简单易用著称，但是HDRP高清渲染管线的学习存在一定的门槛。主要的原因是HDRP完全基于物理的光照系统和材质系统，以及Unity中的HDRP系统有别于传统内置渲染管线的渲染配置架构和使用方法。而这些与内置渲染管线的不同之处，也成为现有Unity或者刚入门的Unity开发者使用HDRP的一道门槛。

为了帮助广大开发者尽快入门和正确使用HDRP，杨栋撰写了这本理论结合实践的HDRP实战书。目的就是为了帮助大家跨过这道门槛，真正进入使用HDRP创作高清渲染画面的世界。

杨栋自2016年加入Unity中国团队以来，一直致力于维护和发展Unity中国开发者社区。他带领Unity中国讲师团队，通过技术文章、短视频、技术直播、线下和线上培训等形式，为Unity中国开发者社区带来了非常丰富的技术内容，实实在在地帮助开发者实现了技术成长。我相信他的这本HDRP实战书会再次为大家带来期待已久的技术干货。

张俊波
Unity大中华区总裁
全球资深副总裁

推荐序2

中国的Unity开发者估计没有几个人不知道杨栋的。他游走于大大小小的游戏公司、电影公司。大家看到他最多的地方可能是在Unity的网络课堂、技术直播和线下的Unity爱好者的学习分享会。他积极地为大家答疑解惑，和大家一起研究开发Unity的新功能。大家都亲切地叫他"栋哥"。Unity相关的问题，找"栋哥"就对了！

随着游戏产业的发展，Unity引擎也与时俱进，从以前着重支持手机游戏，到现在不仅攻破了AAA游戏的堡垒，并逐步扩展到影视、直播、汽车、建筑及电商平台等各个行业。作为普通的开发者，我们一直在为提高作品的画质而努力，希望能制作出接近甚至达到游戏和电影水准的作品，而高清渲染管线（HDRP）是我们在提高画质的路上必学的工具。

可惜相关好的教程在市面上非常难找。一方面是由于HDRP还比较新，但是主要的原因还是国内AAA游戏的开发团队相对来说太少了。栋哥撰写的这本书使我们广大游戏开发者摆脱了求学无门的窘境。栋哥凭借他多年与广大开发者和Unity爱好者的交流经验，运用大量的实际案例，通俗易懂地介绍了高清渲染管线的开发流程，书中都是实打实的干货，开发者跟随本书的指导可快速上手实践。也只有栋哥能收集到这么多AAA游戏的渲染制作实例。如果你想快速提高渲染品质，强烈推荐阅读本书！

江忆冰

Unity实时渲染动画短片《Windup》导演

Unity全球创意艺术导演

推荐序3

    Unity至今已经成为可以横跨将近30个主流计算平台的游戏引擎。经历这么多年的蓬勃发展，它早已不再仅仅是游戏引擎，在工业、医疗、教育、人工智能、虚拟现实等领域都可以看到它的身影。在游戏方面，近些年国内游戏圈更是借助Unity开发出了很多脍炙人口的游戏，在绝大多数的手机游戏和PC游戏中都可以看到Unity的身影。

    随着手机硬件的慢慢崛起，在手机上开发3A游戏已经不再是遥不可及的事情。前几年手机游戏还以手绘自发光为主流，而现在PBR（基于物理的渲染，Physically Based Rendering）几乎已经成了标配。而在PC平台上，在光线追踪、DLSS等全新技术的加持下，游戏的画面效果也已更上一层楼。

    芯片每年都在升级且性能节节攀升，每次硬件的升级都会给游戏行业带来新的挑战。我们要拥抱最新的变化并不断地学习新东西，将最新的技术融入游戏中，以进一步提高游戏的品质。当然性能优化也是重要的一环，要充分考虑高端和低端手机的兼容性，反复在游戏效果与游戏效率之间找到那个最佳平衡点。

    我们知道，游戏引擎是服务于所有类型的项目的，所以它必须要有充分的灵活的可定制性。比如我们对比三消休闲类游戏和MMO游戏后发现，三消休闲类游戏可能不需要3D渲染部分，而MMO游戏可能需要单独的寻路功能。游戏类型的不同决定了不同的制作与优化思路，以及所需的渲染技术，如果将所有东西都一股脑放在一起，那么只会让引擎越来越庞大，使得一些特定功能在某些类型游戏中无法充分发挥作用。Unity从2018版本开始添加了Package Manager，从而将若干功能分类保存成一个个的安装包，这样开发者可根据自己的游戏类型选择添加需要的包，Unity自此开始了模块化之路。

    渲染管线也是一样的道理，作为一个横跨将近30个计算平台的游戏引擎，如果将整个渲染管线都揉在一起，只能让它越来越臃肿，而且也无法让它充分发挥作用，更重要的是修改起来非常麻烦，因为始终要同时考虑所有平台上的渲染。因此Unity在2018版本中发布了可编程渲染管线（Scriptable Render Pipeline，SRP），在它的基础上开发了通用渲染管线（Universal

Render Pipeline，URP）及适合主机高端平台的高清渲染管线（High Definition Render Pipeline，HDRP）这两个渲染管线模板。SRP对外暴露的都是C#接口，这样有实力的开发者还可以定制开发专属自己的渲染管线，根据开发的游戏类型针对性地优化渲染流程。

无论如何，学好SRP都是非常重要的一环，大家可以先从URP和HDRP入手。尤其是HDRP，Unity提供了它丰富的渲染效果，值得深入学习。本书通俗易懂地介绍了HDRP的开发流程以及大量实际案例，使开发者很容易掌握这套全新渲染管线，轻松将大量3A游戏的渲染效果添加到实际项目中。

宣雨松MOMO

《Unity 3D游戏开发》作者

资深游戏开发专家，Unity价值专家

推荐序4

随着计算机科学和相关硬件产品日新月异的发展，实时渲染技术正被迅速地应用于我们生活的方方面面。从AR互动到虚拟偶像，从电视短片到动画电影，从手机休闲游戏到开放世界电脑游戏，日益完善的实时渲染技术正帮助我们把无穷无尽的奇思妙想幻化成真。

Unity作为一款在业内得到广泛认可与应用的实时渲染引擎，在2018年推出了致力于实现完美画面效果的专用渲染管线——高清渲染管线（HDRP）。HDRP不仅继承了Unity传统渲染管线一贯的易开发、强兼容等特点，更融入了大量最前沿的实时渲染技术和工具，一经发布便迅速成为推动Unity跻身顶级实时渲染引擎阵营的重要利器。作为一名与时俱进的计算机图形开发者，无论你是从事艺术设计，还是深耕图形技术，掌握HDRP的使用都会令你的创造力如虎添翼。

本书是一部极为出色的讲述Unity高清渲染管线的著作。全书共分11章，不仅包含了HDRP入门的基础知识，更通过剖析优秀案例，对高清渲染管线的主体框架和各种特性进行了全方位的阐述，如完全基于物理的光照和材质系统、体积光与雾效设置、光照烘焙以及实时后处理效果等。在此基础上，进一步结合真实的VR开发实战，使读者深刻体会HDRP为不同的领域带来的震撼进步。

作者杨栋，时任Unity大中华区平台技术总监，不仅自身在专业领域造诣深厚，更帮助业内大量开发者走向成功，同时也是我在事业上的指路人。

诚然，这是一本进阶型的技术图书，主要面向对Unity引擎基础知识有一定了解的读者。但作者依旧对书中一些较为繁复的专业术语进行了精妙的解释，以方便读者理解。同时配合大量的图例和图表，将看似眼花缭乱的HDRP参数设置抽丝剥茧，一目了然地呈现在读者面前。更加难能可贵的是，作者不仅在应用层面对这些概念与参数进行了解释，更对部分参数背后的理论机制进行了深入浅出的介绍，如"物理光照"功能背后的真实世界光照原理及参数说明。这使得本书在真正意义上可以作为一本开发过程中的参考书籍来使用。

　　虽然在这个知识爆炸的时代，我们比任何时候都更容易获取新技术与新平台的参考资料，但能将这些至关重要的专业知识以晓畅、清晰、诚恳的文字记录成书，实属难得。希望此书可以为更多读者答疑解惑，助其在创造实时高清虚拟世界的道路上易道良马，势如破竹。

亢伉

Unity大中华区高级技术美术

Unity实时渲染动画短片《Windup》技术美术

推荐序5

中国游戏市场刚刚经历了几年最快的发展，这几年也是手机游戏爆炸式增长的几年。在过去这几年的时间里，极少有游戏去追求极致的画面，一方面是由于手机硬件的限制，很多渲染效果不能简单地从PC平台搬到手机平台，更重要的原因是在手机游戏这片新兴的蓝海市场里，游戏开发速度成了游戏成功最重要的因素之一，而追求渲染质量一定会拖慢游戏的开发进度。

而眼下，这个趋势正在发生改变。手机游戏市场渐趋饱和，游戏玩法的发挥空间已经开始受限，几乎所有的游戏大厂都纷纷把研发的重心转移到高品质渲染的方向上，Unity的HDRP高清渲染管线刚好应运而生。

在游戏市场上，HDRP可以满足以下几种类型的游戏需求。首先HDRP是面向高端硬件的，它是集成了各种最先进渲染技术的解决方案。因此它的最佳应用场景是PC、主机平台AAA游戏，或者云游戏。目前大部分的中国游戏公司新立项的游戏仍然以手机平台为主。因为本人负责Unity中国区企业客户的技术支持业务，最近已经接触到一些游戏公司开始立项对标国外AAA游戏的PC、主机游戏，并且使用的都是最新的HDRP。由此可见，单纯的手机平台已经不能满足游戏大厂的需求，而HDRP刚好是开拓其他平台的必备工具。

如果说PC、主机游戏已经在路上，云游戏则可以说刚开始起跑，它给我们打开了一个新的窗口。因为手机或机顶盒之类的硬件在渲染性能上有种种限制，我们很难在移动平台上实现主机AAA游戏的画面效果。而云游戏允许在云端硬件上运行Unity HDRP游戏，并实时串流到手机上操作。这样在手机上畅玩各种主机大作将不再是梦。未来云游戏如果想体现出同本地手机游戏的差异，HDRP刚好是一个不错的选择。

除了游戏行业，工业方向的某些应用场景也对渲染质量提出了更高的要求。去年Unity联合宝马公司推出了面向汽车行业的demo，其中不仅使用了最新版HDRP的各种渲染特性，更是增加了Nvidia最新的光线追踪功能。其表现出来的车身的动态反射效果，以及水晶材质的折射效果，与传统离线渲染器的效果相比别无二致。Unity的光线追踪功能是内建在HDRP中的，使用这些功能也非常简单，只需要在HDRP中打开几个开关即可。

看了以上的HDRP介绍，仍然在开发手机平台游戏的开发者可能会有微微的遗憾，毕竟HDRP目前还不支持运行在手机硬件上。其实Unity官方已经关注到了手机平台游戏对更高画质的需求，我们正在开展将HDRP移植到移动平台的工作，相信HDRP的应用场景会越来越广。

张黎明

资深计算机图形学专家

Unity大中华区技术总监

推荐序6

我遇到过许多成就非凡的Unity开发者，他们并非全都技术超群，但却有一个共同点，那就是对于未来的目标都有无与伦比的热情，向世人诉说自己故事的热情没有被任何的挫折浇灭：

"Bug我自己会修了！"

我也看到更多的新人开发者加入，跌跌撞撞地走在开发这条路上。现实是入门容易进阶难，我们得把社群团结得更紧密。

"不是在UI上拖来拖去就能做好了吗？被骗了！"

所以栋哥和我们的使命，就是辅导各位做出更多媲美国外游戏的好作品。哪怕只是一点点的帮助，我们也很欣慰。

这本HDRP实战圣典非常详细地描述了面板配置，正是开发者欠缺的工具书。本书解决了网上查找功能信息的不便。书中针对HDRP的功能描述也非常专业，整整11章内容外加附录，知识相当扎实，强烈推荐！

"我是为了里面的工程买的！"

希望你从这本书学到的不只是应用知识，更希望你在未来碰到栋哥时告诉他，因为他的书你开了什么脑洞。

"泡方便面不算！"

不知道要走多远的路你才能获得成功，但保持热情有一天你定会成为顶尖开发者。

希望这本书是协助你走在这条路上的好帮手。

罗志达（达哥）
Unity大中华区技术经理

推荐序7

自从2004年Unity诞生以来，其一直以游戏引擎的标签为人所知。但事实上，Unity更是一个应用场景广泛的实时3D内容创作平台。除了游戏行业，Unity也越来越多地出现在AEC（Architecture, Engineering and Construction）相关的领域中。大量VR/AR/MR应用使用Unity作为开发平台，这也让越来越多的用户体验到了实时3D内容带来的沉浸感。而为了使3D内容的创作者获得功能更加强大、配置更加灵活的3D内容开发体验，自Unity 2018版本开始，Unity在已有的渲染管线基础上又推出了可编程渲染管线（简称SRP），而其中的高清渲染管线HDRP更是在图像逼真度和可用性方面实现了巨大的技术飞跃。

本书的作者杨栋目前担任Unity大中华区平台技术总监，负责管理技术讲师团队和Unity产品管理团队。他拥有丰富的Unity开发经验，致力于将Unity的最新技术推广给广大开发者。我在Unity中国团队服务时，也从栋哥身上学到了很多东西，相信本书一定能够帮助读者更好地使用Unity高清渲染管线HDRP，成为更优秀的3D内容创作者。

陈嘉栋

Microsoft MVP

《Unity 3D脚本编程：使用C#语言开发跨平台游戏》作者

目　　录

第1章　HDRP入门...1

　1.1　摘要...1

　1.2　离线渲染和实时渲染...8

　　　1.2.1　建模功能（ProBuilder、ProGrid和PolyBrush套件）.....................................8

　　　1.2.2　Timeline（非线编工具）...9

　　　1.2.3　Cinemachine（智能摄像机系统）...9

　　　1.2.4　HD Post Processing Effect（HDRP专用后期特效模块）...............................9

　　　1.2.5　可视化着色器编程工具Shader Graph..9

　　　1.2.6　高级特效开发工具Visual Effect Graph..9

　　　1.2.7　视频和动画输出工具Unity Recorder..9

　　　1.2.8　HDRP针对不同材质的模拟...10

　1.3　在DCC软件中准备模型资产...10

　　　1.3.1　在DCC软件中使用的尺寸单位要与Unity统一..10

　　　1.3.2　只在需要的地方使用三角面...11

　　　1.3.3　纹理制作...11

　　　1.3.4　支持FBX、USD和Alembic格式的资产导入..11

　　　1.3.5　Unity Reflect支持导入Autodesk Revit资产..11

　1.4　Unity HDRP项目设置...12

　　　1.4.1　创建一个基于高清渲染管线（HDRP）的Unity项目......................................12

　　　1.4.2　通过示例项目了解HDRP相关的概念和模块...16

　1.5　学习渠道..52

　1.6　本章总结..53

第2章 实现市政厅办公室场景 54

2.1 摘要 54

2.2 实战项目详解 55

2.2.1 使用Volume框架设置环境 58

2.2.2 添加屏幕后处理效果 62

2.2.3 添加光源、Light Probe（光照探针）和Reflection Probe（反射探针）.... 64

2.2.4 烘焙光照贴图 69

2.3 本章总结 74

第3章 HDRP配置文件和Volume框架详解 75

3.1 摘要 75

3.2 HDRP配置文件（HDRP Asset）介绍 75

3.2.1 Frame Settings（帧设置）.. 75

3.2.2 Volume框架 77

3.2.3 针对不同平台使用不同的HDRP配置文件 94

3.3 Volume框架详解 96

3.3.1 Exposure（曝光控制）.. 99

3.3.2 Fog（雾效制作）... 110

3.3.3 Lighting（光照）... 121

3.3.4 Material（材质）... 121

3.3.5 Shadowing（阴影处理）.. 122

3.3.6 Sky（天空）... 122

3.3.7 Post-processing（后处理）.. 126

3.3.8 Ray Tracing（实时光线追踪）.. 126

3.3.9 Local Volume（本地Volume）使用示例 126

3.4 本章总结 130

第4章 HDRP光照系统详解 131

4.1 摘要 131

4.2 Sponza_Day_Lighting场景打光步骤解析 131

4.2.1 步骤1：启用Scene Settings Volume 134

4.2.2 步骤2：启用Directional Light（平行光）...................... 136

4.2.3　步骤3：启用Volume中的自动曝光控制 138

4.2.4　步骤4：启用所有灯笼模型和点光源 139

4.2.5　步骤5：启用场景中所有反射探针（Reflection Probe）..............................140

4.2.6　步骤6：启用场景中的光照探针组（Light Probe Group）............................143

4.2.7　步骤7：完成整个场景的光照烘焙 145

4.2.8　步骤8：增强间接光强度 150

4.2.9　步骤9：处理阴影和环境光遮蔽 154

4.2.10　步骤10：添加雾效 166

4.2.11　步骤11：画面抗锯齿处理 168

4.2.12　步骤12：添加后处理Volume组件 171

4.3　Sponza_Night_Lighting场景打光步骤解析 173

4.3.1　修改Directional Light设置 173

4.3.2　修改Scene Settings Volume→HDRI Sky设置 174

4.3.3　修改Scene Settings Volume→Exposure（曝光）设置 174

4.3.4　修改Scene Settings Volume→Fog（雾效）设置 175

4.3.5　修改Scene Settings Volume→Contact Shadow（接触阴影）设置 175

4.3.6　修改Post Processing Volume→Color Adjustment（颜色调整）设置 175

4.3.7　修改Post Processing Volume→White Balance（白平衡）设置 176

4.4　光源类型和模式 177

4.4.1　Unity中的光源类型有哪几种 177

4.4.2　Unity中的光照单位 200

4.4.3　如何制作和使用Light Cookie为灯光添加更多细节 201

4.4.4　光照相关的常见问题汇总 204

4.5　光源分层 212

4.5.1　光源分层的作用 212

4.5.2　光源分层实例讲解 212

4.6　使用光照探针 217

4.6.1　为什么要使用光照探针 217

4.6.2　使用光照探针的基本步骤 218

4.6.3　Mesh Renderer组件中的Probes选项详解 223

4.6.4　如何使用Mesh Renderer组件的Probes→Anchor Override参数 227

4.6.5　如果打开了Lighting窗口中Debug Settings中的All Probes No Cells选项，
　　　　但是在Scene窗口看不到光照探针如何处理 230

4.7　使用Reflection Probe为场景提供反射信息 231

　　4.7.1　Screen Space Reflection（屏幕空间反射） 231

　　4.7.2　Reflection Probe（反射探针） 233

　　4.7.3　Sky reflection（天空反射） 242

4.8　阴影 242

　　4.8.1　阴影的种类和三种光照模式 242

　　4.8.2　两种Shadowmask模式下的阴影表现 244

　　4.8.3　阴影的最大投射距离设置 248

　　4.8.4　Distance Shadowmask和Shadowmask两种模式对性能的影响 248

4.9　本章总结 249

第5章　Lightmapping（光照烘焙）详解 250

5.1　摘要 250

5.2　渐进式光照贴图烘焙对场景中的模型有什么要求 252

5.3　渐进式光照贴图烘焙对硬件的要求是什么？支持Unity的哪些渲染管线 257

5.4　进行渐进式光照贴图烘焙时烘焙出来的是什么 257

5.5　渐进式光照贴图烘焙的CPU版本和GPU版本有什么区别 261

5.6　光照贴图烘焙界面参数详解 261

5.7　不同显卡对GPU版本的烘焙效率有什么影响 275

5.8　相同场景使用CPU烘焙需要多长时间 279

5.9　为什么GPU版本在烘焙的过程中，有时会自动切换成CPU版本 279

5.10　如何避免GPU烘焙自动切换成CPU烘焙 280

5.11　如何解决光照贴图接缝问题 282

5.12　如何整体地查看光照贴图的不同组成部分 283

5.13　如何查看与调整场景中的模型在光照贴图中的位置和占比大小 284

5.14　本章总结 288

第6章　HDRP材质详解 289

6.1　摘要 289

6.2　使用Lit着色器制作典型材质 290

　　6.2.1　木头材质 290

6.2.2　冰箱材质 298

6.2.3　陶瓷材质 300

6.2.4　（普通）玻璃材质 306

6.2.5　（带折射的）玻璃材质 312

6.2.6　半透明材质和次表面散射材质 317

6.2.7　自发光材质 327

6.2.8　Decal（贴花）的具体使用方法 330

6.3　渲染器和材质优先级 339

6.4　使用HDRP自带的示例材质库 340

6.4.1　金属箔材质 342

6.4.2　肥皂泡材质 345

6.5　本章总结 348

第7章　Post Processing后处理详解 350

7.1　摘要 350

7.2　为场景添加后处理效果的步骤 351

7.3　后处理效果应用顺序和效果组合 351

7.4　HDRP中的后处理效果 352

7.4.1　Tonemapping（色调映射） 353

7.4.2　White Balance（白平衡） 354

7.4.3　Bloom（泛光） 354

7.4.4　Film Grain（胶片颗粒） 356

7.4.5　Depth of Field（景深） 357

7.4.6　Panini Projection（帕尼尼投影） 359

7.4.7　Lens Distortion（镜头畸变） 360

7.4.8　Motion Blur（运动模糊） 360

7.4.9　Chromatic Aberration（色差） 362

7.4.10　Vignette（晕映） 363

7.4.11　Lift、Gamma和Gain（颜色分级） 364

7.4.12　Channel Mixer（通道混合） 365

7.4.13　Color Curve（颜色曲线） 366

7.4.14　Color Adjustment（颜色调整） 367

7.4.15　Split Toning（分离调色） 368

7.4.16　Shadow、Midtones、Highlights（阴影、中间调、高光）........................369

7.5　本章总结...370

第8章　HDRP Debug窗口介绍..371

8.1　摘要...371

8.2　Material（材质）相关的Debug窗口..372

8.3　Lighting（光照）相关的Debug窗口..374

8.4　Camera（相机）相关的Debug窗口..376

8.5　MatCap显示模式的使用方法..378

8.6　本章总结...380

第9章　HDRP在VR中的应用...381

9.1　摘要...381

9.2　HDRP VR支持的平台...381

9.2.1　系统要求...381

9.2.2　支持的平台...382

9.3　配置HDRP项目以支持VR..382

9.4　可以应用到VR中的HDRP功能..387

9.5　将市政厅办公室场景转换成HDRP VR....................................388

9.5.1　配置HDRP+VR...388

9.5.2　配置XR Plug-in Management..388

9.5.3　添加XR Interaction Toolkit..388

9.5.4　创建XR Rig、控制器和瞬移区域..................................389

9.5.5　创建转向系统...395

9.5.6　创建可交互物体..396

9.5.7　构建项目到设备..397

9.6　在VR设备中进行Debug...398

9.7　本章总结...400

第10章　HDRP Custom Pass应用...401

10.1　摘要...401

10.2　Custom Pass实例解析...401

10.2.1　实例讲解1 402

10.2.2　实例讲解2 407

10.3　如何查看Custom Pass的渲染阶段 408

10.4　本章总结 409

第11章　HDRP实时光线追踪项目应用 410

11.1　摘要 410

11.1.1　运行光追应用所需的软硬件 411

11.1.2　Unity光追功能在编辑器中的位置 411

11.2　配置HDRP光追项目 414

11.2.1　将普通HDRP项目升级到支持光追的HDRP项目 414

11.2.2　进一步设置HDRP配置文件（HDRP Asset）启用相关的光追功能 417

11.2.3　在HDRP Default Settings界面启用相机的Frame Settings中的光追功能 421

11.2.4　在Scene窗口打开相机的抗锯齿功能和启用刷新设置 422

11.3　光追功能的使用方法 423

11.3.1　环境光遮蔽 424

11.3.2　屏幕空间反射 427

11.3.3　屏幕空间全局光 431

11.3.4　Light Cluster的使用 433

11.3.5　屏幕空间阴影 439

11.3.6　次表面散射 443

11.3.7　递归式渲染 450

11.3.8　路径追踪 453

11.4　本章总结 457

附录A　基于物理的光照单位和参考数值（参考自Unity HDRP官方文档） 458

附录B　色温（Color Temperature） 463

附录C　在Unity中制作高质量的光照效果 464

读者服务

微信扫码回复：41659

- 免费获取50G本书配套资源
- 加入本书读者交流群，与作者互动
- 获取【百场业界大咖直播合集】（持续更新），仅需1元

第1章
HDRP入门

1.1 摘要

Unity引擎创立于2004年，已经成长为全球应用最广泛的实时内容创作平台。

Unity应用最广泛的是游戏领域。目前全球移动游戏榜单上前1000位的游戏中，超过半数是使用Unity开发的。在中国区移动游戏榜单上前1000位收入最高的游戏中，超过80%是使用Unity作为开发工具（2020年上半年数据）。另外，凭借对接近30个计算平台（PC、Mac、Linux、iOS、Android、Switch、Xbox、PlayStation、ARCore、ARKit、Vuforia、小米等）跨平台开发的支持能力，Unity正在快速渗透到包括VR/AR/MR的模拟仿真应用、建筑效果展示、汽车设计制造甚至影视动画制作等传统行业的内容设计制作流程中。

计算机图形学是与Unity实时内容创作平台紧密相关的一门学科，其中蓬勃发展的实时渲染技术是Unity引擎得以快速成长的基础。自Unity 2018版本开始，Unity在原先的标准渲染管线（Built-in Render Pipeline）基础上增加了可编程渲染管线（Scriptable Render Pipeline，SRP）。SRP为内容开发者打开了一扇崭新的实时渲染之门。

在SRP发布之前，所有平台都是通过同一个标准渲染管线来做渲染输出。虽然使用非常方便（无须选择适配渲染管线），但是标准渲染管线对于开发者而言就像一个黑盒子，里面的渲染逻辑完全不可知。开发者也无法通过代码去控制整个渲染的流程，无法选择需要渲染的内容。随着SRP的发布，开发者可以通过C#代码直接指定渲染内容和控制渲染流程，也可以为自己的游戏或者应用定制独特的渲染管线。

为了帮助内容创作者尽快使用上SRP，Unity提供了两个在创建项目时就可以选择的模板：高清渲染管线（High Definition Render Pipeline，HDRP）和通用渲染管线（Universal Render Pipeline，URP）。HDRP目前可用于制作基于PC、Xbox One（或更新）和PlayStation 4（或更新）平台的游戏或者应用，也支持输出高端VR应用；URP则可用于所有平台（包括HDRP支持的所有平台）的游戏和应用开发。HDRP对于高端移动平台的支持目前正在研发之中。

为了让读者对书中内容有直观的感受，笔者准备了多个HDRP工程作为书中的示例。读者可以跟随笔者提供的具体步骤和思路，通过实际上手练习达到快速入门和精进HDRP的目的。

随着Unity版本的快速更新，我们有机会在本书交付印刷之前添加一章实时光线追踪（Real Time Ray Tracing）的内容。

虽然本书前10章的内容都是基于Unity 2019.4 LTS版本中的HDRP 7.x来讲解， Unity 2020.3 LTS版本中某些UI界面有所更新，但是这10章的内容同样适用于Unity 2020.3 LTS版本。

在第11章中，我们讲解了使用Unity 2020.3 LTS版本中最新更新的实时光线追踪功能的方法，以及如何在Unity中使用光追功能来提升整体画面质量。

表1.1列出了跟随本书练习所需的预备知识，推荐的硬件、软件，和所有工程文件的下载地址。

表1.1　应该做的准备工作

预备知识	读者应该了解Unity的基本用法（如果从未使用过Unity，建议先阅读Unity入门书籍或者通过视频教程学习）
电脑配置	推荐使用台式机电脑，配备至少与Nvidia GeForce GTX 1060性能相当的独立显卡（如要学习实践Unity实时光线追踪功能，需要配备至少与Nvidia GeForce RTX 2070性能相当显卡），16GB内存，SSD硬盘
Unity版本	本书第1～10章使用2019.4 LTS版本。第11章使用2020.3 LTS或更高版本。请在此下载正确的Unity版本：https://unity.cn/releases s
HDRP版本	Unity 2019.4 LTS版本使用HDRP 7.x版本。Unity 2020.3 LTS版本使用HDRP 10.x版本。
项目工程下载地址	百度网盘链接：https://pan.baidu.com/s/1quvL95JhDTBZrnwXtFQwug（提取码：2020） 微云网盘链接：https://share.weiyun.com/qPakrvJq（密码：bayps6） 云盘中包含4个文件夹： 实时光线追踪项目 其他资源 2020.3LTS 2019.4LTS

续表

项目工程下载地址	4个文件夹说明如下： ● 实时光线追踪项目：包含第11章中使用的Unity示例工程 ● 其他资源：包含附录C中使用的资源文件 ● 2020.3LTS：包含第1~10章中所用的Unity示例工程（支持在Unity 2020.3LTS版本中打开） ● 2019.4LTS：包含第1~10章中所用的Unity示例工程（支持在Unity 2019.4LTS版本中打开）
	注：本书提供的所有项目资源文件仅用于学习！如需商用，请联系Unity官方以获得合法授权

那么HDRP高清渲染技术到底可以实现怎样的画质呢？

以下（见图1.1～图1.7）是Unity官方自己制作的多个HDRP项目的截图，其中也包括Unity中国主导制作的《发条乐师》动画短片。

图1.1　《枫丹白露》工程截图（白天）

图1.2 《枫丹白露》工程截图（夜晚）

图1.3 Visual Effect Graph示例工程截图

图1.4　《丹麦阿美琳堡宫》示例工程截图

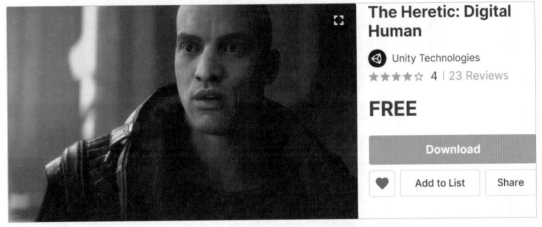

图1.5　通过《异教徒》中的数字人项目可以学习如何制作逼真的皮肤、眼睛、眉毛等材质

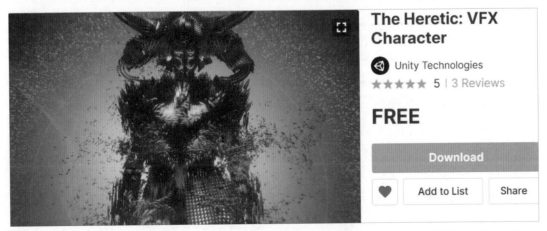

图1.6　通过《异教徒》中的此项目可以深入学习如何使用Visual Effect Graph制作非常复杂的动态角色

图1.7 《发条乐师》动画短片截图

（1）《枫丹白露》场景

项目下载地址：https://github.com/Unity-Technologies/FontainebleauDemo

此场景包含日夜变化的制作方法。大部分美术资产通过照片建模的方式制作完成。

（2）Visual Effect Graph（Unity最新的GPU加速粒子效果制作模块）演示场景

项目下载地址：https://github.com/Unity-Technologies/SpaceshipDemo

此场景包含很多通过Visual Effect Graph制作的由GPU加速的粒子效果。这些效果包含逼真的火焰、烟雾、电火花、离子反应堆等。如果你还不熟悉Visual Effect Graph的使用方法，可以打开此项目直接学习，或者直接把项目中的效果复制到自己的HDRP项目中使用。

（3）《丹麦阿美琳堡宫》场景

这是由Unity HDRP开发团队的灯光技术美术师制作的逼真写实场景。此项目着重展示的是在不同的天气和光照条件下如何制作丰富的光影效果。Unity会在不久的将来公开此项目供用户作为学习资料之用。

（4）《异教徒》动画短片

这是由Unity官方工程师打造的高清渲染项目，可以通过B站Unity官方号观看完整影片：https://www.bilibili.com/video/BV137411z7em。

而且Unity官方把影片中的两个主角的资源免费放到了Unity资源商店，供大家下载以作为学习资料。

（5）《发条乐师》动画短片

这是由Unity中国团队主导制作的卡通风格动画短片，使用的技术与《异教徒》中的HDRP技术完全相同。

　　由于版权原因，我们无法在此提供第三方公司制作的HDRP项目的截图。不过大家可以前往以下两个网址查看相关游戏截图。

- System Shock 3（网络奇兵3）：https://otherside-e.com/wp/games/system-shock-3/
- Oddworld: SoulStorm（奇异世界：灵魂风暴）：http://www.oddworld.com/soulstorm/

　　我们在本书中也为大家准备了两个HDRP项目用于学习，图1.8和图1.9是它们的截图。

（1）市政厅办公室场景（室内）

图1.8　《市政厅办公室》示例工程截图

（2）斯蓬扎场景（室内+室外）

图1.9　《斯蓬扎》示例工程截图

想知道如何在Unity中实现上述画面的渲染效果吗？如果是，那就让我们一起开始Unity HDRP学习之旅吧！

1.2　离线渲染和实时渲染

在全面介绍HDRP各项功能之前，我们先要了解传统DCC软件的离线渲染（基于CPU或者GPU）和Unity引擎的实时渲染之间的区别。然后通过HDRP模板工程中的示例为大家讲解HDRP的基本组成模块和它们的作用。

在传统的DCC软件（Maya、3ds Max、Cinema 4D、Blender、Houdini等）中，你可以非常方便地使用各种工具来创建模型，如展开UV、添加材质贴图。但是，如果你要观看最终的渲染效果，就必须使用渲染器（Renderer）来做最终的渲染。而通常离线渲染器渲染一帧画面（也就是一张图片）所需的时间，按照场景的复杂度和所用电脑的运算能力，从几秒到几十小时甚至上百小时不等。虽然随着GPU的不断进步，市面上出现了越来越多的GPU加速渲染器，比较知名的有Redshift、OctaneRender、V-Ray等。但这只是加快了单帧画面的渲染速度，并不能真正达到每秒几十帧的实时渲染速度。

虽然在实时渲染引擎中获得的画面质量，还无法与离线渲染的画质相提并论，但是两者之间的差距正在迅速缩小。使用实时渲染引擎可以在Unity编辑器中以每秒几十帧甚至上百帧的速度渲染画面。用户可以在场景中自由移动，改变场景中物体的形状、位置及材质的各项属性，改变与材质相关联的着色器，改变灯光和环境光的各种属性。种种操作完成以后，整个场景会实时改变。这样的创作方式真正实现了场景与创作者想法的同步。创作者不再需要任何等待就可以看到最终的渲染结果，真正做到了"所见即所得"。

随着Unity工具链的不断发展，Unity本身也开始逐渐具备传统DCC工具的部分功能。下面我们分别介绍一下这些功能。

1.2.1　建模功能（ProBuilder、ProGrid和PolyBrush套件）

ProBuilder可用于简单多边形建模（Polygon Modeling），也支持简单的UV展开操作。ProBuilder非常适合用于快速搭建场景关卡，通过这些场景关卡可快速验证核心玩法而无须等待美术建模人员的最终模型。

PolyBrush可用于初级的数字雕刻操作（类似于Zbrush的功能），如通过笔刷的方式为顶点进行着色等。

此套工具可以在最新版本的Unity中通过Package Manager界面免费获得。

1.2.2 Timeline（非线编工具）

使用Timeline，开发者可以对任何支持的数据（例如动画、音乐音效、镜头切换、后期处理、字幕甚至故事板）进行非线性编辑。Timeline还提供丰富的扩展API接口。如果目前Timeline不支持某些功能，开发者完全可以使用这些API自行开发这些功能。

1.2.3 Cinemachine（智能摄像机系统）

Cinemachine可以生成虚拟拍摄轨道（就像在现场拍摄时铺设真实摄像机轨道一样），动态智能选取最佳镜头，添加手持摄像机效果等。Cinemachine目前已经成为Unity开发中必不可少的摄像机系统。

1.2.4 HD Post Processing Effect（HDRP专用后期特效模块）

Unity为HDRP专门开发了配套的影视后期特效模块，开发者可以快速地以所见即所得的方式使用这些特效，例如景深、动态模糊、高级抗锯齿、晕光等，无须等待传统流程中漫长的渲染过程。

1.2.5 可视化着色器编程工具Shader Graph

用户可以通过自Unity 2018.1版本开始提供的Shader Graph自定义所需的着色器（Shader）。使用Shader Graph无须编程，可以直接通过可视化节点方式开发制作炫酷的着色器效果。从Unity 2019.3版本开始，可以将Shader Graph和Unity自带的高级特效开发工具Visual Effect Graph配合使用以获得更炫酷的效果。

1.2.6 高级特效开发工具Visual Effect Graph

Visual Effect Graph是通过GPU加速的可视化节点式特效编辑器，其可以在支持的平台上模拟超过几百万个粒子的特效。除了可以模拟通常的火焰、爆炸、流水、闪电等效果，它也适用于制作冰雪消融、角色沙化消失、龙卷风等各种复杂特效。而且最重要的是，所有的效果都可以实时渲染、实时观看。

1.2.7 视频和动画输出工具Unity Recorder

传统的离线渲染器可以将在DCC中制作完成的场景或者动画以图片帧或者视频的格式进行最终输出，特别是它拥有多通道输出的能力，比如将Ambient Occlusion等通道进行单独输出，便于制作人员将其导入后期合成软件进行最终合成和添加后期特效。

Unity Recorder已经完全具备上述功能，目前可以最高输出8K的图片帧或者视频，也具备分层输出的能力。不过最值得指出的是以下两点：

- Recorder是完全基于GPU来渲染的，所以输出速度非常快。按照场景的复杂程度，输出一帧高精度图片的时间从少于十几毫秒到几分钟不等。相比传统渲染动辄几十分钟甚至几小时，它的渲染速度可以说是神速。
- 除了输出图片帧和视频，Recorder还能配合Unity FBX Exporter，将Timeline上的Cinemachine镜头和动画剪辑（Animation Clips）输出。制作人员可以将这些数据再次导回Maya或者3ds Max进行编辑，从而实现DCC工具和Unity之间的无缝来回工作流。

1.2.8　HDRP针对不同材质的模拟

- 支持皮肤Subsurface Scattering（SSS）、毛发和布料的模拟。
- 支持创建逼真的玻璃反射和折射效果。
- 支持创造模拟真实汽车清漆效果的Clear Coat。
- 不仅可以模拟写实效果的材质，也可以实现风格化渲染，比如卡通渲染。

我们将在材质章节中详细讲解这些内容。

1.3　在DCC软件中准备模型资产

DCC是Digital Content Creation（数字资产制作）的缩写，通常指Maya、3ds Max、Blender、Cinema 4D和Houdini这一类集建模、绑定、动画、渲染（一般指离线渲染）、特效模拟（比如水、火焰、布料、毛发等效果）为一身的数字资产创作工具。因为本书关注的是如何在Unity中使用HDRP实现写实风格的渲染效果，所以本书并不会介绍如何在DCC软件中进行动画建模相关的知识。下面介绍与模型和导入相关的一些注意事项，以及Unity支持的文件格式。

1.3.1　在DCC软件中使用的尺寸单位要与Unity统一

在Unity中使用的单位是米。而DCC软件通常不是以米为单位，比如Maya中是厘米，3ds Max中是英尺。所以在建模之前要将在DCC软件中使用的单位设置成与Unity一致。

1.3.2　只在需要的地方使用三角面

因为模型的来源众多，比如来自激光扫描的模型，通过数字雕刻获得的模型（例如Zbrush），或者来自CAD软件的模型等。这些模型的面片数往往没有优化过，并不适合直接在Unity中使用。这时我们就需要利用减面工具来做优化，降低总体面片数。但是在进行减面操作时也要注意以下两点：

- 针对建筑物和园林景观相关模型，要尽量使面片平均分布，这样可以避免之后在添加光照时出现奇怪的光照效果（在光照章节进行详细介绍）。
- 必须避免模型上出现长条的三角面。

市面上的减面工具很多，比如著名的数字雕刻建模软件Zbrush（https://pixologic.com）本身就自带减面工具。对于在一些工业软件中生成的模型，也有专门的减面工具，比如PiXYZ（https://www.pixyz-software.com）。

1.3.3　纹理制作

- 在制作纹理时，贴图大小需要使用2的次方（比如1024×1024，或者1024×2048）。Unity在处理2的次方尺寸的纹理时更高效，不需要再做额外的缩放操作。
- 可以考虑使用Substance Designer和Substance Painter来制作纹理，这两个工具有完全支持HDRP工作流的相关插件。可以在Substance工具中完成纹理制作，然后直接将其导入Unity中使用（关联材质）。相比于传统的Photoshop，在这两个工具中也更易于管理纹理。

1.3.4　支持FBX、USD和Alembic格式的资产导入

Unity目前支持FBX、USD和Alembic等模型文件格式。通过FBX格式，除了可以导入模型网格、动画、材质贴图等，还可以导入在DCC软件中创建的光源、相机和自定义属性等数据。

1.3.5　Unity Reflect支持导入Autodesk Revit资产

除了在传统DCC软件中制作模型，Unity通过和第三方厂商合作，也支持从第三方专业软件直接导入素材。

Unity Reflect支持将Autodesk Revit中的数字资产导入Unity中进行实时渲染，方便建筑设计行业制作人员使用Unity。将Autodesk Revit资产导入Unity以后，除了可以制作VR/AR/MR应用，

也可以在HDRP高清渲染互动式应用中使用，更可以保留Revit中的BIM信息以便在Unity中进行建筑与建造可视化的开发。

1.4　Unity HDRP项目设置

1.4.1　创建一个基于高清渲染管线（HDRP）的Unity项目

1. 安装Unity Hub

　　Unity Hub是用于管理Unity编辑器安装（可以同时安装多个版本的Unity编辑器）、管理指定版本Unity编辑器的模块，以及获取官方最新讯息和学习资料的一站式入口。可以通过Unity中国区官网下载安装Unity Hub，官网链接为：https://unity.cn。下面我们对Unity Hub这一Unity开发者每天都会用到的工具做一个简单的介绍。

　　（1）Hub社区界面

　　图1.10所示是打开Hub时的首页，即Hub社区界面。

图1.10　Unity Hub社区界面

在这里你可以：

- 查看最新的技术分享文章、直播预告和直播回放。
- 收到最新的Unity中国区技术分享推送信息。
- 获取最新的资源商店促销信息。

（2）Hub项目界面

你可以在这个界面（见图1.11）管理本地电脑和保存在Unity云端服务器的所有项目。可通过"新建"按钮创建指定Unity版本的新项目，也可以通过"添加"按钮把本地硬盘上的Unity项目添加到项目列表中。

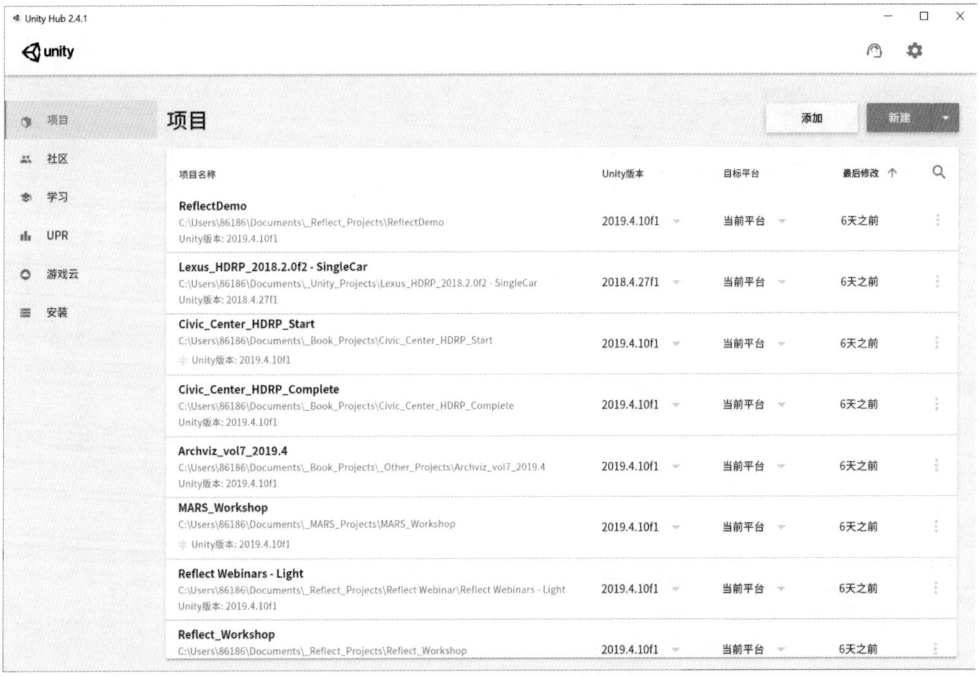

图1.11　Unity Hub项目界面

Hub管理多个Unity版本的优势在这里得到了充分的体现：你可以通过"Unity版本"这一列，将相关项目的Unity版本切换到其他版本（注：项目在Unity版本之间切换会导致所有素材被重新导入一遍，如果项目比较大，那么重新导入的时间也会相应拉长。在不同Unity版本之间切换也要注意项目中所用功能模块和脚本API的版本兼容问题）。

（3）Hub学习界面

学习界面（见图1.12）提供Unity全球教育团队为广大开发者精心制作的免费项目和教程，帮助开发者通过实际项目快速上手使用Unity。

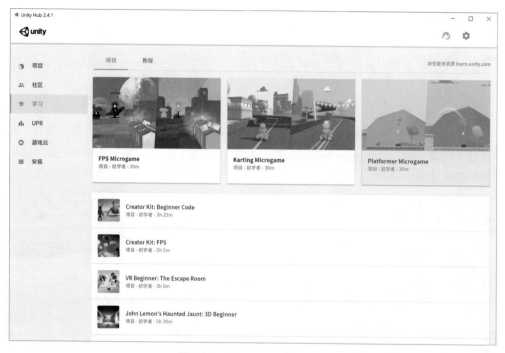

图1.12 Unity Hub学习界面

（4）Hub安装界面

在此界面（见图1.13）中你可以选择安装所需的Unity版本，也可以添加之前通过独立Unity安装包已经安装到本地机器上的Unity版本。

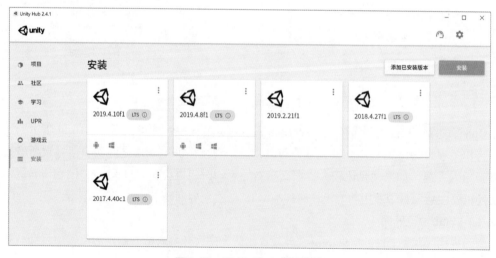

图1.13 Unity Hub安装界面

2. 创建一个新的Unity HDRP项目

打开Unity Hub的项目界面，在项目界面上单击"新建"按钮右侧的三角形按钮 ，
打开Unity版本选择列表，如图1.14所示。

图1.14　Unity版本选择列表

选择列表中的2019.4.10f1。在打开的创建新项目界面中，选择High Definition RP作为项目
模板，输入项目名称，选择本地文件夹位置，最后单击"创建"按钮，如图1.15所示。

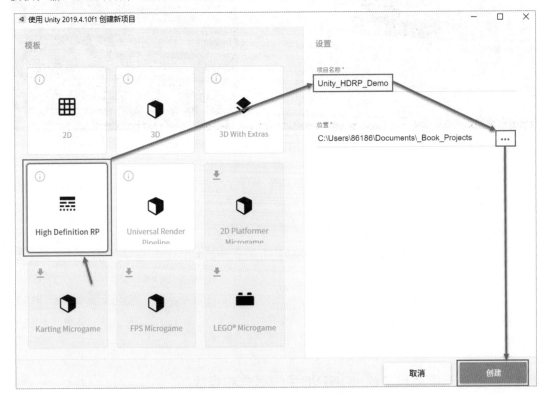

图1.15　使用HDRP模板创建新工程

经过几分钟的等待（导入速度和你电脑的CPU运行速度相关，因为项目创建过程涉及素
材导入），新项目就创建完成了。项目创建完成以后，Unity编辑器打开的默认界面如图1.16
所示。

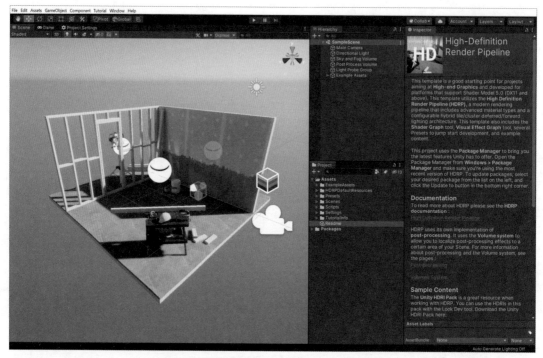

图1.16　Unity 2019.4 – HDRP示例场景

可以看到，通过HDRP项目模板来创建项目，Unity会为我们自动设置好所有的HDRP高清渲染管线资源。

该项目中也包含一个简单的示例场景。场景中包含一个相机、一盏平行光灯（Directional Light）、最基本的天空和雾的Volume（关于什么是Volume，稍后会详细解释）、后处理Volume、光照探针组（Light Probe Group）、反射探针（Reflection Probe），以及一个模型。（注：如果你熟悉HDRP的使用方法，可以直接将示例项目删除。不过建议保留项目窗口中的HDRPDefaultResources、Presets和Settings三个文件夹，否则需要手动生成HDRP渲染管线相关的配置文件。）

1.4.2　通过示例项目了解HDRP相关的概念和模块

在我们打开本书的项目进行具体操作之前，有必要把Unity中与HDRP相关的概念和模块先熟悉一遍，特别是其中的关键专有名词。只有知道了它们的具体含义，才不至于在接下去的教程步骤中迷失方向。

1. Unity Package Manager（Unity包管理器）

你可以不了解Unity的物理系统，不知道怎么编写Unity的着色器，因为有可能你用不到这些功能。但是你一定要了解什么是Package Manager，因为它掌管着Unity编辑器提供的众多功能。从最基本的可编程渲染管线到专门的模块，比如Timeline或者Cinemachine（虚拟相机系统）。而且随着Unity模块化的加速发展，越来越多的模块被拆分出来放入了Package Manager，而更多还未发布的模块将只会通过Package Manager来发布。

可以通过Window→Package Manager打开其界面（如图1.17所示）。Package Manager的界面非常直观：左侧是当前Unity提供的Package（包）。选中某个包以后，右侧会展示与其相关的介绍、文档链接、依赖包（Dependencies）、一个或者多个示例工程的导入按钮（Samples）或者额外的素材资源。在界面的右下角可以看到安装（Install）、更新（Uptodate）和移除（Remove）按钮，用于对选中包进行相关操作。

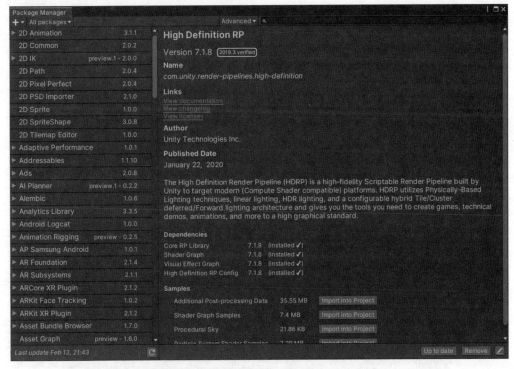

图1.17　Unity编辑器Package Manager界面

目前Package Manager提供两种包：验证包（verified）和预览包（preview）。

默认打开的Package Manager界面中不会显示预览包。你可以单击顶部居中的按钮，在下拉菜单中选择Show preview packages命令显示所有预览包，如图1.18所示。

注：在Unity 2020或者以上版本中，Show preview packages命令被移到了Project Settings窗口中。

执行Show preview packages命令以后，所有处于预览状态的包会在左侧界面显示出来，如图1.19所示。

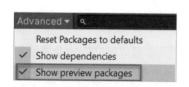

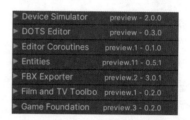

图1.18　Show preview packages命令　　　　图1.19　Package Manager预览包列表

验证包和预览包的区别如下。

- **验证包（verified）**：比如标签为"2019.3 verified"的验证包，意味着可以在Unity 2019.3.x的版本中，将此模块应用到正式产品的开发中。
- **预览包（preview）**：如果标签为"preview"，那么这个模块就还处于预览状态。预览包虽然还处于开发阶段，但是已经可以试用。发布这个包的目的是希望试用的开发者能够提供反馈，让Unity可以进行快速迭代，尽快将其完善成为验证包。

我们来看一下当前项目用到的几个包。如图1.20所示，示例工程中其实只用到了High Definition RP这个包，该包用于高清渲染管线的配置和运行。其他的包如果不需要可以直接删除。

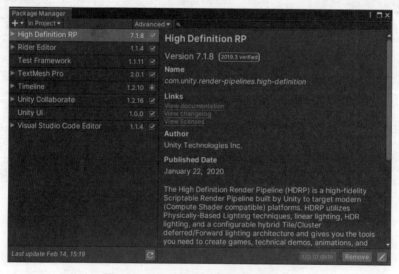

图1.20　HDRP模板工程中所用的包

2. HDRP示例场景解析

示例场景包含以下组成部分。

注：如果你对Unity的基本概念，比如Hierarchy和Project窗口、GameObject还不熟悉，建议先了解Unity的基础知识再继续本书的阅读。

- **主相机**：用于控制最终看到的画面。
- **平行光**：场景中的直接光源，用于模拟太阳光。
- **天空和雾效**：提供基于HDRI的光照，控制曝光度、雾效等。
- **后处理**：可用于控制诸如白平衡、曝光、镜头畸变等效果。这些效果将作用于整个画面。
- **光照探针组**：通过使用一组Light Probe（光照探针）为场景提供间接光照，特别适用于为动态物体提供光照信息。
- **场景模型**：场景中的模型。
- **反射探针**：通过使用Reflection Probe（反射探针）为场景提供反射信息。此场景使用了三个反射探针，用于为不同的区域提供反射信息。

如图1.21所示，虽然示例场景中的内容比较简单，但是"麻雀虽小，五脏俱全"，因为一

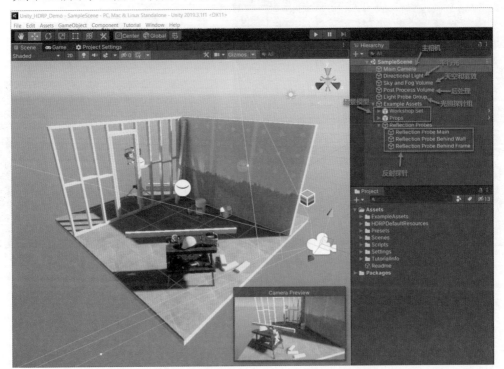

图1.21　HDRP模板工程Hierarchy窗口中包含的组件

个HDRP高清实时渲染场景该有的组件它都具备了，所以我们可以拿这个场景来介绍上述列出的各个组件。这样我们可以在打开实际场景（比这个场景复杂得多）练习之前，理解这些组件，以免之后因为场景复杂而感到迷惑。

接下来，我们逐个分析这些组件。

（1）主相机

在示例场景中，Main Camera是我们的主相机，也是唯一的相机。主相机负责显示最终画面。图1.22所示是选中Main Camera以后，在Inspector窗口看到的相机组件信息。

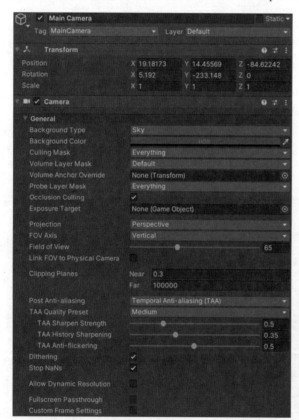

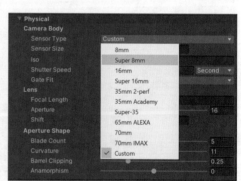

图1.22　Camera组件的物理相机相关参数

我们可以通过相机的组件列表来了解Unity的组件系统。大家可以看到，相机组件列表最顶部的组件是Transform组件，其中包含Position、Rotation和Scale三个可调节的属性。Transform组件是每一个Unity中的GameObject（Unity场景中最基本的组成元素）必备的组件，用于移动、旋转和缩放物体。因为相机在场景中是不可见的，所以Scale属性对它没有意义，但是我们可以移动和旋转它。

　　第二个组件是Camera。这个组件包含了所有和相机有关的功能，包括设置背景颜色（Background Color）、剔除遮罩（Culling Mask，用于控制此相机要渲染的物体，可以为每个物体设置不同的层）和设置可视角度（Field of View）等。

　　如图1.22所示，我们也可以看到一个Physical组，该组中包含Unity中所谓的"物理相机"。"物理相机"实际上就是用于模拟真实世界相机的参数，让开发者可以更容易地将Unity相机对应到真实世界的相机类型上（如果你很熟悉真实世界的相机是如何工作的话）。比如你可以通过物理相机控制Sensor Type（传感器类型）。

　　通过以上描述，大家应该对相机有了一个初步的印象。Unity场景中最基本的组成单元是GameObject。每个GameObject必备的组件是Transform。当你向GameObject中添加了不同的组件后，这个GameObject就具备了所添加组件赋予的能力（比如添加Camera组件后它就变成了一个相机）。反之，我们也可以移除这些添加的组件，最终这个GameObject就会变成一个仅包含Transform组件的物体，此时为一个空的GameObject，如图1.23所示。

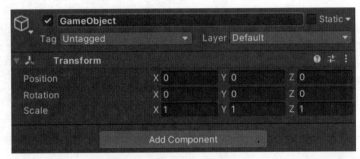

图1.23　Unity场景中空的GameObject只包含一个Transform组件

（2）平行光

　　示例场景中只有一盏平行光灯（Directional Light），用于模拟太阳光。后面会详细讲解HDRP中各种类型的光源，以及如何正确设置灯光的亮度、阴影及体积光等效果。

（3）天空和雾效

　　除非我们是在一个完全封闭的环境中，比如一个封闭的太空舱或者地下城，否则都要考虑来自天空的光照，包括雾效。HDRP使用Volume框架将天空的光照、阴影、后处理等设置集中到了一起。在场景中有两个Volume：Sky and Fog Volume和Post Process Volume。这两个Volume分别负责天空、雾效与后处理效果。我们先来看一下Sky and Fog Volume，如图1.24所示。

● **Volume组件**：Volume框架其实就是一个组件，它和Camera组件本质上是一样的，因为两者都可以被添加到GameObject中，为其添加功能。

● **Mode（模式）**：可以将Volume设置为Global（全局）模式或者Local（本地）模式。如果设置为全局模式，则Volume上的效果默认会影响整个场景。设置为本地模式则可以为其指定不同形状的碰撞体，比如Box、Sphere等。Volume上的效果只会在相机与Volume上的碰撞体发生碰撞时被触发。

图1.24　用于控制天空和雾效的Sky and Fog Volume

例如，如果你的场景中有多个房间，每个房间的朝向是不一样的，则你可以为每个房间设置一个本地模式的Volume，比如朝北房间是偏冷色调，朝南房间因为有阳光照射进来可以设置为偏暖色调。当场景中的相机进入北房间时，相机与此房间中Volume上的碰撞体发生碰撞，从而触发偏冷色调的本地Volume，所以整个画面看上去就是冷色调。进入南房间时则用相同的机制触发偏暖色调的本地Volume，此时整个画面过渡变化为暖色调。

- Profile（配置文件）：使用Volume框架的一个好处是可以把组件和具体的设置进行分离。Volume组件上的所有设置其实来自于关联的Profile。在开始设置之前，需要先创建一个新的Volume Profile或者关联一个已经存在的Profile。Profile是一个用Unity资源格式保存到本地磁盘上的文件，这也意味着你可以使用别人已经创建好的Profile，或者将自己的Profile分享给别人使用（要确保大家使用的Unity版本是互相兼容的）。图1.25显示了与Volume相关联的Profile文件在Project窗口的具体位置。

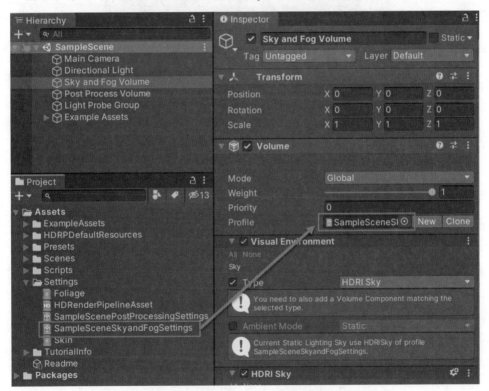

图1.25　与Sky and Fog Volume关联的Volume Profile

- Visual Environment：主要用于选择天空盒的格式。可以选择None（不使用天空盒，不会有来自天空盒的环境光）、Gradient Sky（使用渐变色程序化生成的简单天空盒）、HDRI Sky（从关联的HDRI高动态图片采样获得天空盒的光照信息）、Physically Based Sky（基于物理的程序化生成的天空盒，可以用于模拟日夜变换、大气层厚度等复杂天空效果）。

- Hdri Sky：在示例场景中，因为选择的Visual Environment类型是HDRI Sky，所以要为Volume指定一个HDRI Sky。如图1.26所示，在将Visual Environment的Type设置为HDRI Sky以后，需要单击Volume底部的Add Override（添加重载）按钮。接着在Sky分类下面选择HDRI Sky，然后对它进行设置。目前关联的是Unity自带的DefaultHDRISky高动态图。

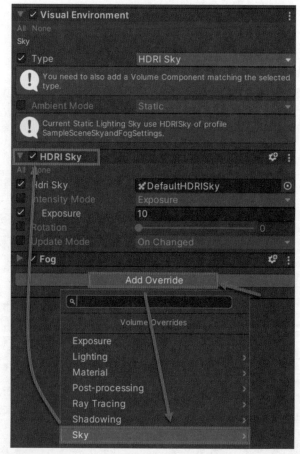

图1.26　Volume的HDRI Sky重载（Override）

- Exposure：在HDRI Sky中可以通过设置Exposure（曝光度）来控制来自天空的环境光强度。
- Fog：在这里可以控制场景中雾气的浓度、离地面的高度，也可以设置距离远近。还可以配合使用灯光组件的Volumetrics（体积光）属性创造体积光效果。

- Add Override：在Volume组件中，我们可以通过该按钮（如图1.27所示），为当前Volume添加以下各个大类的配置信息，并通过Volume组件对这些效果进行调整。后面会详细讲解。

（4）后处理

如图1.28所示，示例场景中另一个预置的Volume是Post Process Volume。

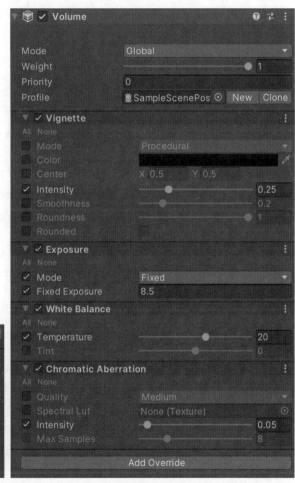

图1.27　通过Add Override按钮为Volume
　　　　添加配置信息

图1.28　示例场景中的Post Process Volume

在此Volume上添加了诸如Vignette、Exposure、White Balance、Chromatic Aberration这样的后处理效果。这些后处理效果会被应用于整个屏幕。你也可以单击底部的Add Override按钮

添加更多的全屏后处理效果。在此添加的后处理效果将被保存到相关联的Profile中，如图1.29
所示。

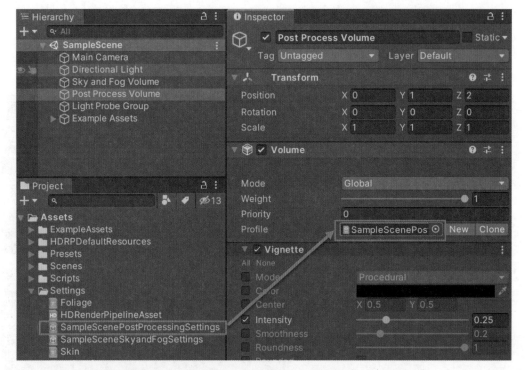

图1.29　与Post Process Volume相关联的Volume Profile

可能你会有疑问：既然Sky and Fog Volume和Post Process Volume用了同样的Volume框架，
为什么不把这两个放在一起呢？

答案是：可以把这两个Volume合二为一，也就是只需要一个Volume关联一个Profile。不过
如果合二为一的话，一方面Volume组件上的列表会变得很长，不利于后期维护。另一方面如果
我们使用多个Local（本地）的后处理Volume，那么就无法灵活处理它们了。将具有不同功能
的Volume进行合理的区分，将它们关联到不同的Profile，有助于后期维护和功能管理。

（5）Light Probe Group（光照探针组）

Light Probe Group由一组Light Probe（光照探针）组成，用于为场景提供高效的间接光照信
息，特别适合为场景中的小物体（参与光照贴图烘焙但是不从光照贴图中获取间接光信息）和
动态物体提供间接光照信息。如图1.30所示，场景中的光照探针组由几十个光照探针（场景中
用黄色小球表示）连结而成，覆盖了整个场景。随后会详细讲解光照探针的原理和用法。

图1.30　示例场景中的光照探针组

（6）Reflection Probe（反射探针）

在Reflection Probes这个GameObject下有三个子物体，这三个子物体对应的是场景中的三个反射探针，如图1.31所示。

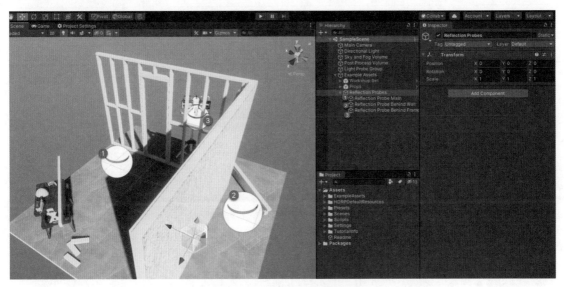

图1.31　示例场景中的反射探针

反射探针通过对自身周围的场景进行采样，可以为场景中的相关模型提供高效的反射信息，让场景中的模型表面拥有逼真的反射效果。

当前场景中的三个反射探针，因为摆放在不同的位置，所以各自获得的反射信息是不一样的。比如1号反射探针无法获得2号反射探针所处位置的反射信息，因为被墙壁挡住了，反之亦然。而3号反射探针能够获取到的反射信息，1号和2号反射探针只能获取部分或者全部无法获取。所以要让反射探针充分发挥作用，需要在正确的地方放置正确数量的反射探针，这样才能获得完整的效果。

在之后的实例讲解中会具体解释反射探针的原理和使用方法。

（7）**场景模型**

示例场景中的模型较少，如图1.32所示。

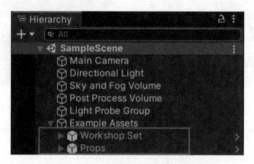

图1.32　示例场景中的模型

Unity除了支持FBX文件导入外，也逐渐支持Alembic、USD这类文件格式。我们也可以使用Unity Reflect把Autodesk Revit、Sketchup这一类行业软件中的模型导入Unity。

（8）**光照贴图烘焙**

与传统的离线渲染不同，实时渲染要求以每秒几十帧的速度生成画面，因此我们需要使用很多方法来减少各方面的计算量。

我们知道，要让整个场景看起来真实，需要为其生成全局光照信息（Global Illumination）。但是按照目前的算法和设备的算力，实时生成全局光照信息还不现实。当然，目前最先进的实时光线追踪（Realtime Raytracing）功能已经可以使用高端显卡实现，比如Nvidia公司的RTX系列显卡。不过对于大多数设备来说，还是需要使用像光照贴图烘焙（Lightmapping）这样的技术来预计算全局光照信息，将计算好的光照信息保存到光照贴图（Lightmap）上，然后在实时渲染时将它们应用到场景中，来实现全局光照的效果。

要使用Unity编辑器的光照贴图烘焙功能，打开Window→Rendering→Lighting Settings窗口。我们使用三张图来分别展示不同情况下场景中的光照效果（如图1.33、图1.34和图1.35所示）。

在图1.33中，没有烘焙任何光照贴图，也没有为其指定任何Static Lighting Sky（在左侧窗口Environment (HDRP)设置中可以找到）。整个场景由一盏平行光灯（Directional Light）和一盏聚光灯（Spot Light）来照明（聚光灯可以在Hierarchy窗口中，按照Example Assets→Props→Construction Light→Spot Light层级找到）。如图1.33所示，场景中的物体只受到了这两盏灯的直接照射，因为没有计算光子弹射以后的间接光照信息，所以没有被直接照到的地方漆黑一片。

图1.33　未完成光照烘焙的场景，只有直接光照

在图1.34中，我们将Baked Global Illumination选项选上。因为场景中参与光照计算的模型的Contribute GI选项（在光照贴图烘焙章节详细讲解）都被勾选了，所以当我们单击Generate Lighting按钮时，Unity会计算全局光照信息。如图1.34所示，右侧墙壁上已经出现了间接光照，原先漆黑一片的地面部分也有了更多的细节信息。

在图1.35中，将Environment (HDRP)下的Static Lighting Sky选项关联到HDRI Sky（在之前的Sky and Fog Volume中创建的），然后再次单击Generate Lighting按钮进行光照贴图的烘焙。如图1.36所示，画面中出现了HDRISky环境光照信息。整个场景在拥有了预计算好的全局光照信息以后，逼真度提高到了可以接受的程度。

通过针对以上示例场景的分析，我们应该对一个典型的HDRP场景有了一定的了解。一个HDRP场景中除了包含模型外，还需要包含相机、灯光、光照探针、反射探针。然后最重要的是，使用Volume控制整个场景的光照和后处理效果。也需要使用光照贴图烘焙技术来为场景添加全局光照明。

图1.34　完成光照烘焙的场景，直接和间接光照都具备了

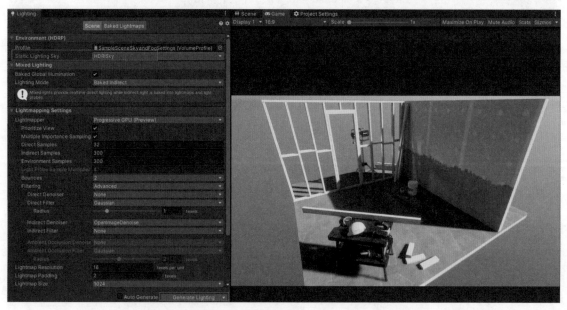

图1.35　完成光照烘焙的场景，具备直接和间接光照，也添加了HDRI Sky环境光照信息

接下来，介绍一下针对HDRP渲染管线的一些设置，包括HDRP专用的材质等。

3. HDRP基于物理的渲染

在解释示例场景之前，我们需要简单了解一下什么是基于物理的渲染（Physically Based Rendering，PBR）。

至于完整的PBR知识，比如背后的物理原理、算法实现，已经超出了本书的范畴，建议大家参考相关书籍和网上文档。推荐大家详细阅读Substance资深美术师Wes Mcdermott撰写的*THE PBR GUIDE*一书。可以在以下网址获得PDF版本（也可以在网上找到由热心开发者翻译的中文版本）：

https://academy.substance3d.com/courses/the-pbr-guide-part-1

https://academy.substance3d.com/courses/the-pbr-guide-part-2

第一个问题：在HDRP中，所有灯光和材质的实现都是基于物理的。那么"基于物理"到底是什么意思？

基于物理的意思是，我们把现实世界中灯光和材质的一些本质信息用计算机图形学表达出来。比如用真实世界中的光照单位来模拟灯光的亮度（HDRP文档中有详细描述： https://docs.unity3d.com/Packages/com.unity.render-pipelines.high-definition@7.4/manual/Physical-Light-Units.html），模拟真实世界光线的反射和折射从而实现全局光照的效果；用真实世界中物体表面对光的反应对不同材质的属性进行模拟，比如金属材质的反射、玻璃材质的反射和折射、皮肤和树叶的次表面散射、肥皂泡的彩虹色，以及汽车油漆外面包裹的清漆等。

当然，因为实时渲染要求至少每秒30帧的画面输出，所以我们还无法完整地模拟真实世界的各种效果。但是随着计算机算力的进一步提升，包括CPU、GPU、存储、带宽等的提升，我们会逐步将这些模拟提升到接近真实世界的水平。

第二个问题：为什么要用基于物理的渲染？针对这个问题，从不同的角度来看，其实有很多答案。

其中一个很重要的角度是美术工作者的角度。在基于物理的渲染出现之前，如果想要正确地表现画面中的灯光和物体表面（材质），我们能做的就是从现实生活中获取参照物，用自己善于观察的眼睛去分解各种效果，然后尝试通过各种方法在软件中进行实现。比如我们要制作一个金属器皿，它表面的高光、颜色如何受环境的影响？我们可能需要手绘或者用一些特定的灯光进行补光以达到想要的效果。但是如果周围的环境发生变化，相机的位置发生变化，就可能会使这个金属器皿表面之前看上去正常的效果变得让人无法接受。

而在基于物理的渲染系统中，当调节灯光和物体表面的材质时，我们关心的不是某个物体在某种灯光或者镜头的条件下是不是看起来"正确"或者"真实"，我们关心的是灯光在现实中的亮度值是否正确，物体表面材质的各项物理属性是否被正确配置（比如金属表面的粗糙度决定了反射效果，玻璃的折射率决定了折射效果，瓷器表面的光滑度决定了反光的效果，等等）。

通过使用跟真实物理世界相关联的各项标准，我们就可以改变通过猜测和观察（这些猜测和观察可能大多数时间都不准确，非常依赖人的主观判断）来进行灯光和物体表面材质模拟的方式，从而使得我们创作的材质在任何灯光条件和相机角度下都能正确展示。

第三个问题：基于物理的渲染只能用于写实风格的场景吗？

其实基于物理的渲染不只适用于写实风格的场景，卡通风格的场景一样适用。以下两张截图选自Unity的两个实时渲染影视动画短片。一张是《异教徒》（The Heretic）的写实风格（如图1.36所示），另一张是《发条乐师》（Windup）的卡通风格（如图1.37所示，完整视频可以通过Unity中国的Bilibili官方号观赏）。大家可以看到，虽然两部作品风格迥异，但是仔细观察光照和材质的表现后会发现，它们都符合真实物理世界规则。

图1.36 《异教徒》剧照

图1.37 《发条乐师》剧照

4. HDRP配置文件（HDRP Asset）

HDRP的全称是High Definition Render Pipeline（高清渲染管线）。它是基于Scriptable Render Pipeline（简称SRP，中文翻译为"可编程渲染管线"）实现的一个模板，目前的目标平台是支持Compute Shader的带独立显卡的台式机和家用游戏机，比如PlayStation 4和Xbox One。基本上可以把Unity传统的内置渲染管线理解为一个黑盒子，几乎没有什么手段可以控制它的各个渲染阶段。SRP的出现让这一情况完全改变。你甚至可以用SRP创造自己的渲染管线。也就是说，即使Unity提供的渲染管线无法满足我们的渲染需求，也可以使用SRP自定义渲染管线。

当然，SRP的出现也增加了一些额外的设置步骤，这些步骤用于配置你想使用的渲染管线。不过无须担心，设置方法都很简单。下面我们来看一下在各种情况下的设置方法。因为在设置渲染管线时我们要用到Project Settings（项目设置）界面，所以先通过菜单Edit→Project Settings… 打开项目设置界面。

可以把渲染管线的设置分成以下几种情况。

- 使用默认的内置渲染管线
- 使用HDRP

- 使用URP（Universal Render Pipeline，中文翻译为"通用渲染管线"）：因为设置URP和设置HDRP的步骤几乎相同，而且也不是本书的学习内容，所以这里不讲解了。

如果在项目设置界面中将Graphics（如图1.38所示）的Scriptable Render Pipeline Settings参数设置为None，那么Unity使用的就是内置渲染管线。

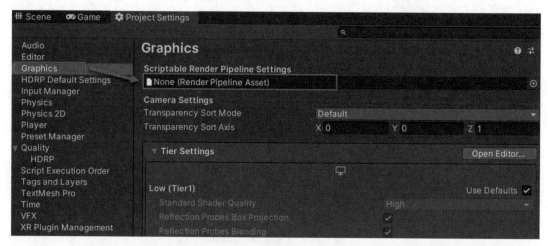

图1.38　Project Settings窗口中的渲染管线设置参数（设置为None表示用的是默认渲染管线）

要将渲染管线设置为HDRP，需要给Scriptable Render Pipeline Settings关联一个HDRP配置文件（在Project窗口中）。这里关联的是以HDRP模板为基础自动创建的HDRenderPipelineAsset（可以将其重命名为其他的名字），如图1.39所示。

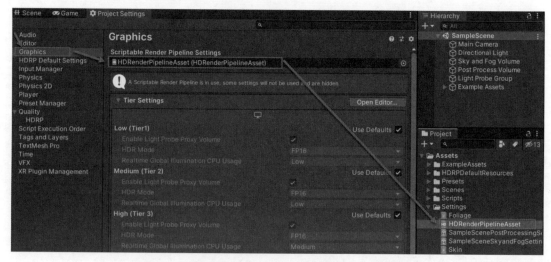

图1.39　关联HDRP配置文件意味着使用HDRP渲染管线

如果项目中不存在这个资源，则可以在Project窗口中右击空白处，通过打开的Create菜单生成一个HDRP配置资源（如图1.40所示），然后将它拖动到Graphics设置界面的Scriptable Render Pipeline Settings属性输入框中。

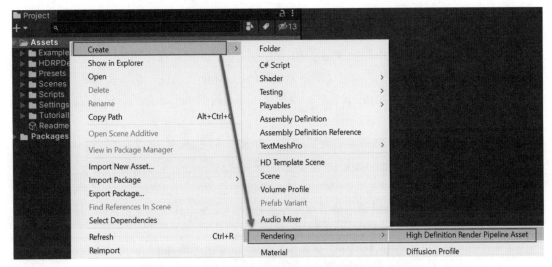

图1.40 通过Create菜单生成新的HDRP配置文件

我们可以使用HDRenderPipelineAsset中提供的各种选项，对当前项目中使用的HDRP进行全方位的设置。可以在Project窗口中选中HDRenderPipelineAsset条目，然后在Inspector窗口中查看它提供的所有配置信息，如图1.41所示。

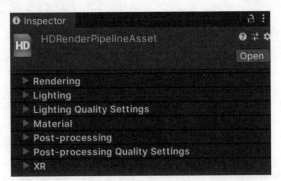

图1.41 HDRP配置文件中的全部设置项

由图1.41可以看到，HDRP的设置信息分为以下几个部分：

- Rendering（渲染）
- Lighting（光照）

- Lighting Quality Settings（光照质量设置）
- Material（材质）
- Post-processing（后处理）
- Post-processing Quality Settings（后处理质量设置）
- XR（XR相关设置）

注：可以创建多个拥有不同配置信息的HDRP配置文件，然后在不同的平台上使用它们。比如为PC、Xbox One和PlayStation 4分别创建对应的HDRP配置文件，然后在构建不同平台的应用时，手动关联相应的HDRP配置文件。当然也可以通过脚本来动态判断和设置，所需脚本API为GraphicsSettings.renderPipelineAsset。

下面我们来了解一下几项基本的配置信息。首先来了解Rendering下的Lit Shader Mode选项，其下有Forward Only、Deferred Only和Both三种模式。这个选项控制Lit Shader使用的渲染模式。

Forward模式可以提供更多的高级材质，但是相应的性能消耗较大（比如使用的内存通常较大）。

如果选择Both模式，那么HDRP会预先生成针对Forward和Deferred两种模式的Lit Shader variants（Lit着色器变体），这样就可以在运行时（Runtime）中针对不同的相机在这两种模式间切换。当然，如果选择Both，内存的占用将会变大，因为内存中包含了更多的Lit着色器变体。

大家可以看到，图1.42中的设置决定了HDRP渲染的基本设置。

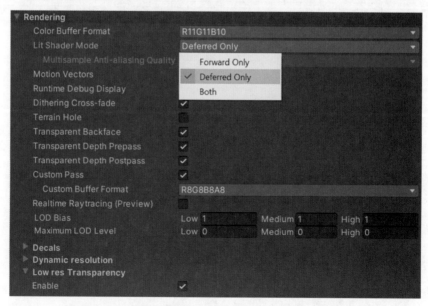

图1.42　HDRP配置文件中的Lit Shader Mode设置

接着看Lighting里面的设置。

如图1.43所示，其中Volumetrics选项为勾选状态，下面的Screen Space Reflection选项为不勾选状态。那么这两个选项的状态会影响场景中的什么呢?

我们用下一张图（见图1.44）来说明。如果在配置文件中勾选了Volumetrics选项，那么在Sky and Fog Volume的Fog中的Volumetric Fog配置就会生效。因为关闭了Screen Space Reflection选项，即使添加了Screen Space Reflection这个Volume Override，该界面也会提醒此功能不可用。

通过以上描述，你应该能够理解HDRP配置文件在HDRP项目中所处的中心地位，以及它与单独的Volume组件之间的父子关系。后面会在专门的章节中完整介绍HDRP配置文件的具体作用。

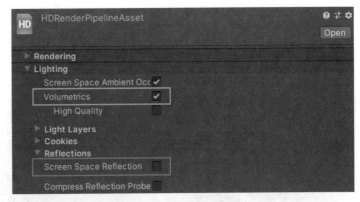

图1.43 Lighting设置中的Volumetrics（体积光）和Screen Space Reflection（屏幕空间反射）设置

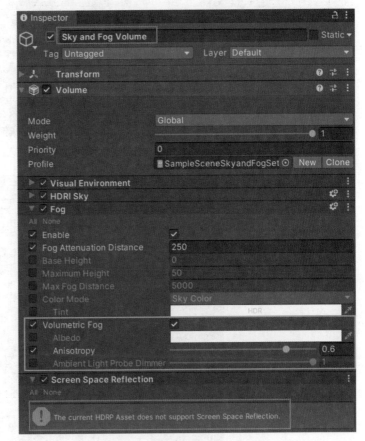

图1.44 只有在HDRP配置文件中启用了某项设置，才能在Volume中使用它

5. HDRP材质和着色器

想要通过HDRP制作写实、逼真的场景，材质制作是很重要的一环。我们通过下面两张图（见图1.45、图1.46）来了解Mesh（网格）、Material（材质）、Shader（着色器）和Texture（纹理）之间的关系。

图1.45　模型物体关联的Mesh（网格）和Material（材质）

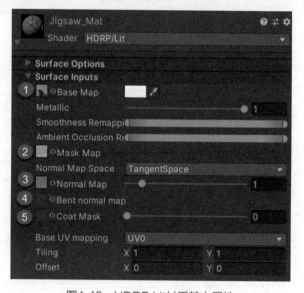

图1.46　HDRP Lit材质基本属性

要渲染图1.45中左侧的Jigsaw（电锯）模型，需要将Mesh、Material、Shader和Texture组合在一起才行。在图1.45中右侧的Inspector窗口中，可以看到Mesh、Material和Shader分别所处的位置。在图1.46中可以看到多个Texture在Jigsaw_Mat这个Material中的位置。总结如下：

（1）Mesh代表的是电锯模型本身，用于表现形状。

（2）一个Mesh可以关联多个Material，用于控制模型不同部分的材质表现。比如我们的电锯上有塑料的部分（黄色），也有金属的部分。只用一种材质来表现这两种完全不同的材料的表面是不可能的，因此需要使用两种材质来表现塑料和金属这两种表面。

（3）每种Material都与一个指定的Shader相关联。Shader是一段代码，包含了用于计算屏幕上每个像素点颜色的具体算法。Shader进行计算的时候会考虑当前场景的光照信息以及在Material上提供的具体配置信息。

在HDRP中常用的一个Shader是Lit Shader。Lit Shader可以模拟非常多的材质表面，比如金属、玻璃、木材等。所以虽然不同的Material使用的都是Lit Shader，但是我们可以通过控制Material的各项参数创造出完全不一样的材质（稍后会详细解释）。

（4）在图1.46中，在Surface Inputs参数集合中可以指定各种Map。这些Map所关联的就是Texture（通过Photoshop、Substance Painter等工具生成的Bitmap图片），其用于为模型添加各种细节。其中标号为1，2，3的贴图为常用的贴图，解释如下。

- Base Map：用于为模型提供Albedo颜色信息。
- Mask Map：通过使用一张将信息储存到RGBA四个通道中的纹理，来一并控制Metallic（金属反光–Red通道）、Ambient Occlusion（环境光遮蔽–Green通道）、Detail Mask（细节遮罩–Blue通道）和Smoothness（光滑度–Alpha通道）。使用一张纹理控制四种属性可以降低内存的占用。
- Normal Map：法线贴图用于为模型表面添加更多模型上不存在的细节。

（5）除了Lit Shader，HDRP还提供了很多其他类型的Shader。你可以从两个地方获取这些Shader：

- 通过Material的Shader选项，选择Unity内置的适配HDRP的Shader，如图1.47所示。可以通过这个菜单切换当前Material关联的Shader。
- 通过顶部菜单Assets→Create→Shader→HDRP进行创建，如图1.48所示。在这里创建的Shader实际上是一个预先配置好的基于Shader Graph（Unity内置的可视化着色器编程工具）的Shader。可以看到，在HDRP中除了可以创建Lit Graph（基于Lit Shader的Shader Graph），还可以创建Decal Graph（贴花）、Eye Graph（用于模拟眼球的各种效果）、Fabric Graph（用于模拟布料）和Hair Graph（用于模拟毛发）等。

图1.47　适配HDRP的更多Shader类型　　　图1.48　通过菜单生成基于Lit主节点的
　　　　　　　　　　　　　　　　　　　　　　　　　　　Shader Graph着色器

　　如果现在创建一个Lit Graph，然后在Project窗口中双击新建的这个Lit Graph，Unity会打开Shader Graph的可视化编程界面，如图1.49所示。可以通过Shader Graph的可视化编程界面添加各种功能，而无须编写任何Shader代码。

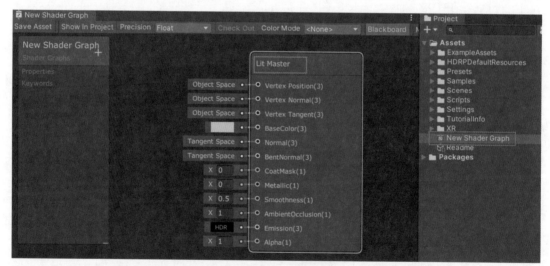

图1.49　Shader Graph可视化编程界面显示之前创建的着色器

　　接下来我们来了解一下关于材质的一些参数的具体含义，这将有助于理解之后的实例讲解。

　　如图1.50所示，第一个参数是Surface Type（表面类型），它有两个选项：Opaque（不透明的）和Transparent（透明的）。这是一个基本选项，在设置其他参数之前，你首先要决定你的物体是不是透明的。按照所选择的表面类型，其他选项会相应地显示或隐藏。

　　选择透明类型会出现更多参数，如图1.51所示。

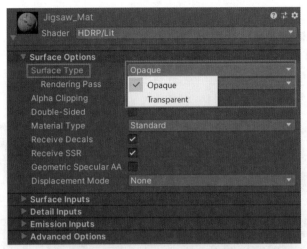

图1.50　基于Lit着色器的材质：选择不透明/透明表面类型

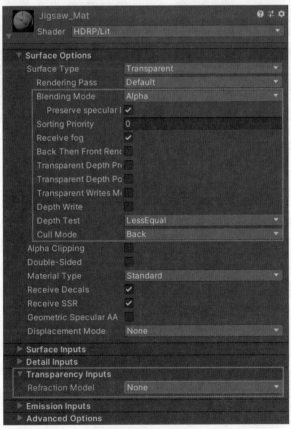

图1.51　选择透明材质将会显示更多相关参数

在之后的实例中，会详细讲解玻璃材质的参数。

最后我们来看Material Type（材质类型）这个选项。如图1.52所示，不管选择哪种表面类型，都会显示6种材质类型：Subsurface Scattering（次表面散射）、Standard（标准）、Anisotropy（各向异性）、Iridescence（彩虹色）、Specular Color（高光颜色）和Translucent（半透明）。默认选择的是Standard材质类型。

图1.52　Material Type（材质类型）选择

可以根据物体表面的特性来选择不同的材质类型。以下列出了部分可应用上述6种材质类型的物体。

- **Subsurface Scattering（次表面散射）**：用于模拟光线与半透明物体交互时产生的现象，俗称SSS。光线进入物体以后，有部分会发生散射并模糊，然后再次返回物体外面（出射角度与入射角度不同）。可用于模拟皮肤、树叶、蜡烛、玉器及瓷器釉面等。
- **Standard（标准）**：可用于表现大部分材质，属于PBR材质制作流程中的Metallic Workflow（详情请参考Unity文档：https://docs.unity3d.com/Manual/StandardShaderMetallic VsSpecular.html）。此工作流把物体分为金属和非金属两类。
- **Anisotropy（各向异性）**：各向异性材质适用于模拟拉丝金属表面或者天鹅绒。这类材质表面，从不同的角度看过去，会出现不同的高光现象。
- **Iridescence（彩虹色）**：彩虹色材质的特性是，当你的观察角度或者光照角度变化时，物体表面的颜色会发生渐变（渐变色）。这非常适合用于模拟肥皂泡、彩虹色金属表面和昆虫的翅膀等。

- Specular Color（高光颜色）：可用于表现大部分材质，属于PBR材质制作流程中的 Specular Workflow（详情请参考Unity文档：https://docs.unity3d.com/Manual/StandardShader MetallicVsSpecular.html）。此工作流类似内置渲染管线中的Standard (Specular setup)。
- Translucent（半透明）：半透明材质可以和一张Thickness Map配合使用，用于模拟半透明物体。它和次表面散射材质的区别是，出射光线在射出物体之前不会变模糊。

可以通过HDRP文档中的一张对比图来看一下彩虹色（Iridescence）、半透明（Translucency）和次表面散射（Subsurface Scattering，简称SSS或者3S）这三者之间的区别，如图1.53所示。

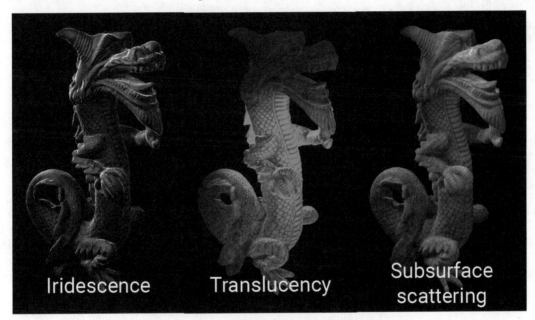

图1.53 彩虹色、半透明和次表面散射三者之间的区别

6. Render Pipeline相关菜单

为了便于开发人员快速进入HDRP的世界，Unity在两个地方提供了相关的快捷工具。

- 菜单Edit→Render Pipeline（如图1.54所示）

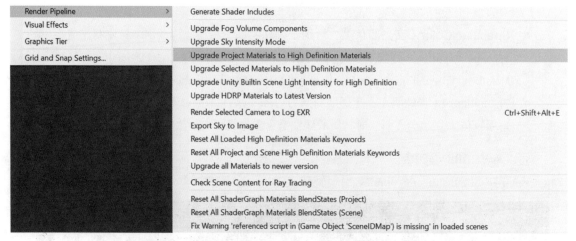

图1.54　通过菜单将工程中所有材质升级为HDRP的Lit材质

在这里你可以将选中的材质或者项目中所有的材质一键升级到HDRP材质（一般需要在升级完成以后再手动微调）。这些功能适用于将内置渲染管线和通用渲染管线升级到高清渲染管线。详细信息可参考文档具体描述。

- 菜单Window→Render Pipeline（如图1.55所示）

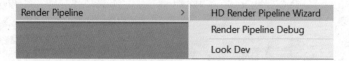

图1.55　HDRP渲染管线设置窗口菜单

我们重点介绍三个窗口。因为这三个窗口分别为在项目开始阶段使用的HDRP配置窗口（HD Render Pipeline Wizard）、在项目开发阶段使用的可视化Debug窗口（Render Pipeline Debug）和模型资产查看窗口（Look Dev）。

（1）HD Render Pipeline Wizard（HDRP设置窗口）

通过Wizard窗口，我们可以快速检查当前项目是否拥有HDRP项目所要求的设置。

在此窗口中最主要的是HDRP、HDRP+VR和HDRP+DXR这三个分区。

- HDRP分区：普通HDRP项目默认使用该快速配置检查列表。如果这里有一项没有通过检查，则界面上会出现Fix按钮，你可以针对每一项单独修复，也可以一键修复所有检查项。
- HDRP+VR分区：适用于针对HDRP VR项目的配置检查。
- HDRP+DXR分区：适用于针对HDRP光线追踪项目的配置检查。

判断最终检查结果是否正确的原则是，所有的检查项必须都是绿色打勾状态，如图1.56所示。

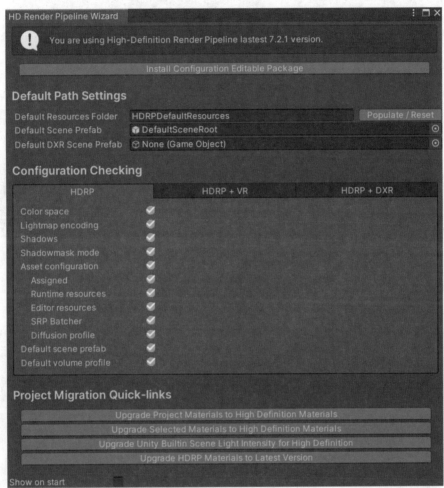

图1.56 HDRP设置窗口

（2）Render Pipeline Debug（HDRP Debug窗口）

Debug窗口的作用是，我们通过调整这里不同的参数，可在Game窗口或者Scene窗口实时查看相关的信息。我们使用Debug窗口中的Material→Common Material Property参数来说明。

如图1.57所示，如果我们选择Albedo（反照率贴图），则在Game窗口中可以看到模型上只加载Albedo的效果。

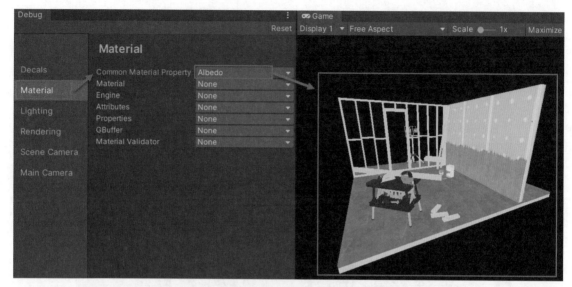

图1.57 场景模型上只加载Albedo的效果

如图1.58所示，如果我们选择Normal（法线贴图），则在Game窗口中可以看到模型上只加载Normal（法线贴图）的效果。

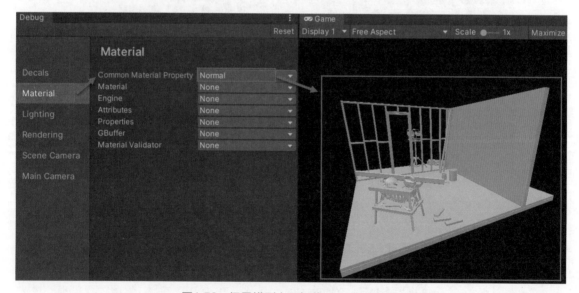

图1.58 场景模型上只加载Normal的效果

如图1.59所示，如果我们选择AmbientOcclusion（环境光遮蔽贴图），则在Game窗口中可以看到模型上只加载Ambient Occlusion（环境光遮蔽）的效果。

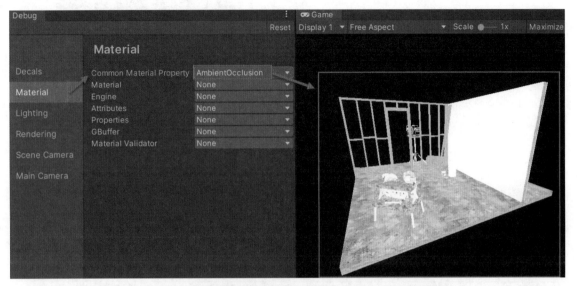

图1.59　场景模型上只加载Ambient Occlusion的效果

（3）Look Dev

通过Look Dev窗口，我们可以将模型置于多个HDRI环境下，以便进行快速查看和效果比较。下面我们来一起学习如何使用Look Dev窗口。

步骤1：通过顶部菜单Window→Asset Store，打开Unity资源商店并搜索关键词Unity HDRI Pack，下载免费的Unity HDRI集合（如图1.60所示）。此集合中包含7个分辨率为8192像素×4096像素的HDR图片。所有HDR图片已经被转换成

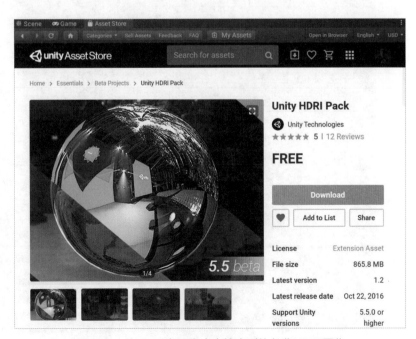

图1.60　从Unity资源商店中搜索到的免费HDRI图集

了默认大小为1024像素的Cubemap，以便在Look Dev窗口中使用。

步骤2：将HDRI Pack导入项目中，导入完成后会在Project窗口中创建一个文件夹，如图1.61所示。

步骤3：通过菜单Window→ Render Pipeline→Look Dev打开Look Dev窗口，如图1.62所示。可以向左侧窗口拖入Project窗口中的模型预制体，然后再拖入在右侧Environment下创建的Environment Library（用于关联HDRI图和调整曝光等参数）。

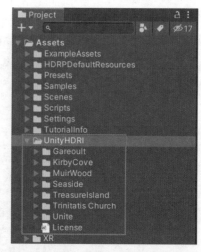

图1.61　导入HDRI Pack到项目中

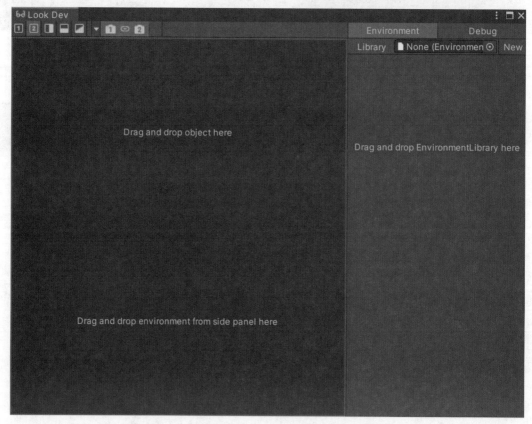

图1.62　Look Dev窗口

步骤4：在Project窗口中找到Workshop Set这个预制体，把它拖入Look Dev窗口，如图1.63所示。

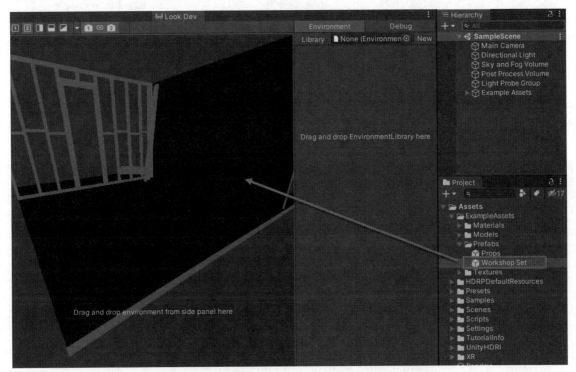

图1.63　把Workshop Set预制体拖入Look Dev窗口

步骤5：按照图1.64所示的顺序，单击Library右侧的New按钮（1号位置），生成一个Environment Library资源。新生成的资源默认被命名为New EnvironmentLibrary（2号位置）。单击3号位置的加号（+）按钮会生成4号位置的预览图和底部的Environment Settings面板，如图1.64所示。

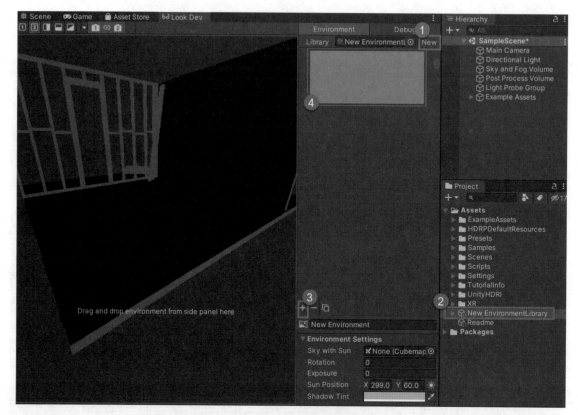

图1.64　在Look Dev窗口生成用于查看环境的Library

步骤6：将Project窗口中UnityHDRI文件夹中的TrinitatisChurchWhiteBalanced（1号位置）拖到左侧Sky with Sun中（2号位置），然后调整Exposure（3号位置）的数值为1。我们可以看到4号位置的预览图生效了。然后把4号位置的预览图拖到左侧场景中，这时就可以看到预览效果了，如图1.65所示。

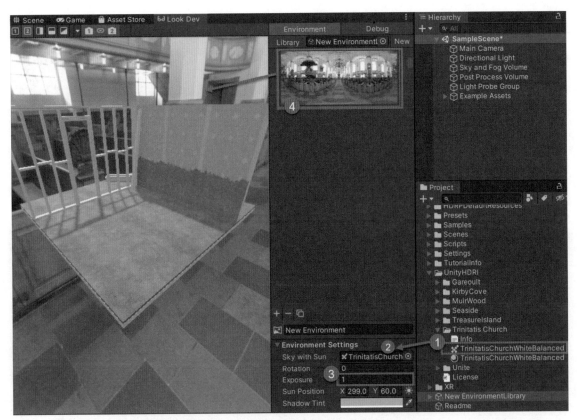

图1.65　关联环境相关的Library并调整曝光

　　步骤7：现在我们可以通过Environment Settings中的各项参数进行场景的调整和模型的查看了。可以为同一个Environment Library搭配不同的HDRI图，从而创造不同的环境，然后在它们之间进行切换，如图1.66所示。单击1号位置的加号（+）按钮生成一个新的预览图（2号位置），然后将TreasureIslandWhiteBalanced关联到3号位置，把Exposure数值调整为0.7，然后将2号位置的预览图拖到左侧完成环境切换。如果要切换回之前的教堂场景，只要将教堂的预览图拖到左侧窗口即可。

图1.66　在Look Dev窗口查看场景模型的显示效果

1.5　学习渠道

除了本书，Unity官方在微信公众号、B站Unity官方号以及Unity Connect应用上也在持续为大家提供大量的各类技术文章和教程，包括HDRP相关的知识。大家可以通过表1.2中的二维码进行关注以便及时收到最新信息的推送。

表1.2　Unity官方微信公众号、B站官方号以及Unity Connect应用的二维码

Unity官方微信公众号	Unity B站官方号	Unity Connect应用

Unity大中华区还为广大开发者专门开发了Unity中文课堂平台。在这个平台上，大家可以找到由Unity官方和第三方技术专家开发制作的中文视频和文字教程，通过它们快速提高Unity开发技能。Unity中文课堂网址为：https://learn.u3d.cn

表1.3是四个由Unity官方技术专家为中文课堂平台开发的HDRP相关的课程。

表1.3　Unity中文课堂HDRP相关课程

1.6　本章总结

本章完成了针对HDRP示例场景的学习，了解了HDRP场景的基本组成结构，以及各类相关组件Volume，也学习了基本的材质和着色器知识。另外还了解了三个重要的Render Pipeline窗口，特别是学习了如何使用Look Dev窗口。关于Debug窗口的使用方法，之后会有更加详细的介绍。

下一章我们利用一个市政厅办公室场景，学习如何通过添加全局光照等手段，将HDRP场景从一堆模型的组合，一步一步升级到高质量写实画质。

第2章
实现市政厅办公室场景

2.1　摘要

如果你还没有下载实例场景工程，请查看第1章中的工程下载地址链接。

在这一章中我们使用市政厅办公室的实例场景来学习如何搭建一个完整的HDRP场景，并利用HDRP针对VR的支持，制作一个HDRP VR应用。本章提供了两个工程：Civic_Center_HDRP_Start（起始项目，场景中只包含主相机、一盏平行光灯和导入Unity中的场景模型）和Civic_Center_HDRP_Complete（已完成的项目，最终效果参考）。

首先打开Civic_Center_HDRP_Complete项目，其在Unity编辑器中最终画面效果如图2.1所示。

图2.1　最终画面效果

打开Civic_Center_HDRP_Start项目，然后打开项目中名为1.Environment_Setup_start的场景（在Project窗口中可以找到此场景）。如图2.2所示，场景中除了模型，只有一个相机和一盏平行光灯，整个画面看上去无任何真实性可言。

图2.2　将模型导入以后还未进行设置的场景

下面，让我们一起把这个平淡无奇的场景变成一个高画质实时渲染的场景吧！

2.2　实战项目详解

为了便于大家更好地学习HDRP相关知识，如图2.3所示，笔者已经预先完成了每个步骤对应的场景。

我们先来了解一下这个项目已经完成的事情。

（1）已经预先导入模型并摆放完毕。

（2）完成了所有模型的HDRP材质的制作和关联（关于各种场景模型上用到的材质，之后章节会有详细的介绍）。

（3）添加了一盏Directional Light灯作为照明光源。

（4）在Project窗口的Assets文件夹下有8个文件夹，如图2.4所示。

图2.3　Unity编辑器的Project窗口中Scene
文件夹中的练习用场景文件

图2.4　Project窗口中Assets
文件夹下的8个文件夹

- **3D HDRI**：这里包含了需要用到的HDRI Sky资源文件。
- **3D MATERIAL**：保存场景中模型所用的材质和纹理。
- **3D MODEL**：场景中用到的所有模型。
- **3D SHADER**：所有手写Shader和ShaderGraph，以及与这些Shader相关的贴图。
- **HDRPDefaultResources**：用于保存HDRP所用的默认环境Volume设置、默认的HDRI Sky，以及默认的场景GameObject。
- **Presets**：包含一些常用的音频、图片等配置预设信息。
- **Scene**：包含所有的场景文件。之后在光照烘焙过程中产生的光照贴图也会被保存在这里。
- **Settings**：包含用于配置渲染管线的HDRenderPipelineAsset配置文件。如用于控制植物叶片效果的Foliage（Diffusion Profile），用于控制Subsurface Scattering效果的Skin（Diffusion Profile），还有用于示范的后处理设置SampleScenePostProcessingSettings，以及用于示范的天空和雾效设置SampleSceneSkyandFogSettings。

（5）预先从Package Manager中导入并安装完成的HDRP软件包。

（6）生成HDRenderPipelineAsset配置文件并关联到Project Settings→Graphics界面中的Scriptable Render Pipeline Settings属性。

（7）取消Project Settings→HDRP Default Settings→Default Volume Profile Asset中的Volume设置项的勾选状态，如图2.5所示。

此处的默认Volume配置将会在所有没有添加Volume的场景中起效。因为我们要自己生成所有的Volume配置信息，所以将这些预设的Volume配置取消，避免它们给我们造成不必要的干扰，这样在后面的学习中我们就能清楚地知道自己的配置是否起效。

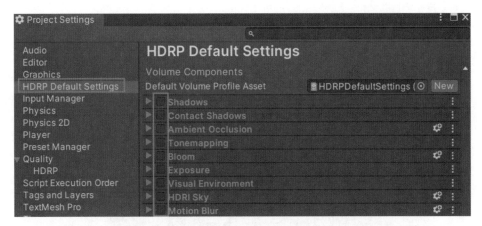

图2.5　Project Settings界面中的HDRP Default Settings设置参数

（8）如图2.6所示，我们要使用Window→Render Pipeline→HD Render Pipeline Wizard，完成这个项目的HDRP兼容性检查。

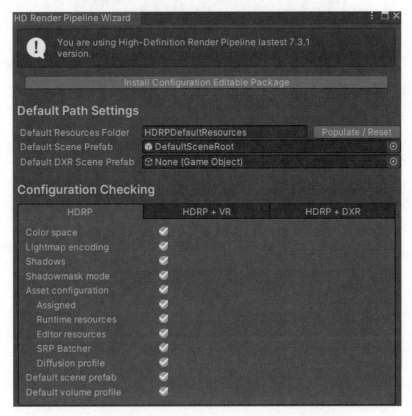

图2.6　HDRP设置界面（确保所有项目设置都是正确的）

2.2.1 使用Volume框架设置环境

目前场景中使用了一盏Directional Light（平行光灯）来照亮整个场景。这是场景中的唯一光源。因为这盏平行光灯的Mode（模式）为Realtime（如图2.7所示），所以它提供直接照明，只有光线照到之处才变亮。因为没有间接光照信息，所以画面中有很多纯黑色的区域，比如画面中间偏上区域背光一侧的墙壁漆黑一片。

图2.7　平行光灯的模式为Realtime（实时光照）

光线照射到物体表面，会发生反射和折射。反射的那部分光会保留原先入射光的部分能量，当其与别的物体发生碰撞时再次发生反射和折射，如此往复，整个过程中就形成了所谓的间接光照。

下面我们为场景设置环境光照。在Project窗口中打开名为Environment_Setup_start 的场景，并按照以下步骤进行操作。

步骤1： 按照图2.8所示，在Hierarchy窗口中的空白处单击右键，在弹出的菜单中选择Create Empty命令，创建一个空的GameObject，命名为Scene Settings。

单击Inspector窗口中的Add Component按钮添加Volume组件，然后单击Volume组件的Profile属性框右侧的New按钮创建一个Volume Profile。

生成的名为Scene Settings Profile的资源文件会被自动放在Scene路径下与场景名相同的文件夹中。此资源文件用于保存Volume中的各种环境设置参数。（可以把这个资源文件放到任何Project窗口中的一个文件夹中，也可以复制到别的场景中使用。）

图2.8 创建Scene Settings GameObject以及相关联的Volume组件和Volume Profile

把Scene Settings Profile移到Assets/Settings文件夹下统一存放。接着我们通过Volume组件下的Add Override按钮来逐个添加配置。

步骤2： 首先移除Directional Light，因为我们要使用HDRI Sky来提供环境光照。在Volume组件下，单击Add Override按钮，在弹出菜单中选择Visual Environment命令，单击All按钮启用所有设置，然后设置Type为HDRI Sky，如图2.9所示。

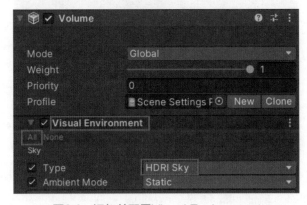

图2.9 添加并配置Visual Environment

步骤3：如图2.10所示，再单击Add Override按钮添加Sky→HDRI Sky配置，然后勾选Hdri Sky、Intensity Mode和Exposure选项。关联Env_Daylight1这个HDRI Sky，并调节Exposure（曝光）值为4。通过调节曝光值可以达到调节场景整体环境光强度的目的。

图2.10 添加并配置HDRI Sky

步骤4：单击Add Override按钮，在界面上选择Shadowing→Shadows。单击All按钮，打开阴影的默认设置。可以在这里设置合理的阴影层级，我们使用默认的数值，如图2.11所示。

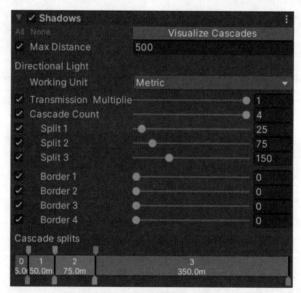

图2.11 添加并设置阴影

完成上述设置以后，我们可以看看当前的Game窗口。如图2.12所示，当前整个场景因为没有间接光照，所以大部分区域还是黑色的。整个场景中有很强烈的反射效果，特别是金属材质表面，比如地面上的两个圆桌。但是椅子的布料部分并没有出现强烈的反射效果，因为目前设置的布料材质本身不会产生很强的反射。HDRP中的反射层级先后顺序是：先看场景中有没有Screen Space Reflection（简称SSR，屏幕空间反射），如果没有再找Reflection Probe（反射探针），如果还没有就反射天空。所以当前场景中之所以有强烈的反射效果，实际上是因为场景中既没有SSR，也没有Reflection Probe，所有物体反射的都是来自HDRI Sky的环境光。

图2.12　场景被HDRI Sky照亮，所有反射光来自天空

步骤5：虽然我们已经通过Scene Settings下的Volume组件设置了HDRI Sky和阴影配置信息，但是要让HDRI Sky和阴影配置真正生效，还要做进一步设置。

通过Window→Rendering→Lighting Settings菜单，可以打开Lighting界面。

在此我们可以单击Environment（HDRP）下的Profile属性框右侧的小圆点，打开Assets选择界面，然后选择Scene Settings Profile这个Volume资源与之关联。最后将Static Lighting Sky设置为HDRISky。请参考图2.13所示的具体步骤完成配置。

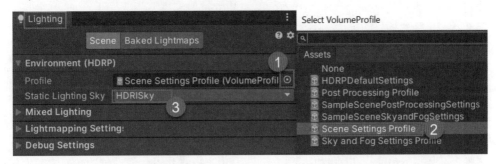

图2.13　在Lighting界面把当前场景的Volume Profile关联到Environment参数上

设置完成以后，再观察Game窗口中的场景效果，可以看到场景中的颜色正确地显示出来了（如图2.14所示）。但是整个场景非常明亮，也没有任何的阴影，这是因为目前场景中除了HDRI Sky，没有添加任何其他可以投射阴影的光源。目前的照明只是全局的环境光照明而已。所以接下来我们要为场景添加室内光源，并且通过光照烘焙的方式为场景添加Global Illumination（全局光照），来模拟通过光子弹射而产生的间接光照。

图2.14　场景被HDRI Sky的环境光照亮

2.2.2　添加屏幕后处理效果

在为场景添加室内光源之前，要先为场景添加屏幕后处理效果（Post Processing）。后处理效果可以美化整个场景的画面，实际上它会针对全屏幕画面进行处理。目前画面太亮了，我们可以通过后处理效果来控制一下整体画面的色调和曝光。

HDRP中的后处理效果的添加方法与环境光一样，也可以通过Volume框架来添加。我们按照以下步骤来添加后处理效果。

步骤1：在Hierarchy窗口中的空白处右键单击，在弹出的菜单中选择Create Empty命令生成一个空的GameObject，然后命名为Post Processing。

步骤2：为Post Processing添加Volume组件。单击Profile属性框右侧的New按钮生成Post

Processing Profile资源文件，用于保存后处理各种效果的配置信息。

　　步骤3：单击Add Override按钮添加Exposure和Post-processing组下面的Tonemapping。

　　步骤4：分别单击Exposure和Tonemapping下的All按钮。配置界面最终如图2.15所示。后面还会添加更多的后处理效果。

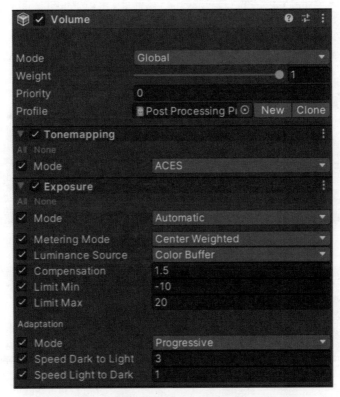

图2.15　添加并配置Tonemapping和Exposure

　　注：这里的Exposure与HDRI Sky中的Exposure是有区别的。HDRI Sky中的Exposure是指通过HDRI提供的天空环境光照的曝光度。但是这里的Exposure是指整个画面的曝光度。

　　如图2.16所示，虽然整个画面还是没有多少真实感，但是在添加了后处理效果后，整个画面的色调和曝光比之前更自然一些了。

　　步骤5：画面中的锯齿是计算机生成的图片与生俱来的瑕疵，所以一个很重要的后处理是为生成的画面添加抗锯齿效果。

　　在HDRP中，我们可以使用Camera组件为画面添加抗锯齿效果。在Hierarchy窗口中选中MainCamera，然后在Camera组件中按图2.17所示进行配置。

图2.16 添加了Tonemapping和Exposure以后的画面效果

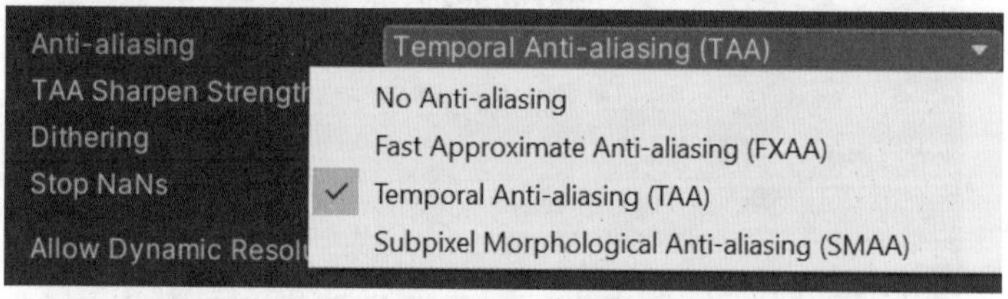

图2.17 Camera组件的抗锯齿效果列表

在默认状态下将Anti-Aliasing设置为No Anti-aliasing。这里的3个选项FXAA、TAA和SMAA，按照性能消耗的大小和抗锯齿效果的优劣来排列。

FXAA对性能的消耗最小，其次是TAA，性能消耗最大的是SMAA。

抗锯齿效果最好的是TAA，其次为SMAA，抗锯齿效果最差的是FXAA。

对于这个场景我们选择TAA。

2.2.3 添加光源、Light Probe（光照探针）和Reflection Probe（反射探针）

为了简化操作，笔者已经预先在场景中设置了部分光源，并事先将其隐藏。现在我们按照以下步骤，使用Hierarchy窗口的快速搜索功能把这些预先隐藏的光源找出来。

步骤1：打开名为3.Lights_Setup_start的场景，如图2.18所示，在Hierarchy窗口顶部搜索框选择Type作为过滤条件。

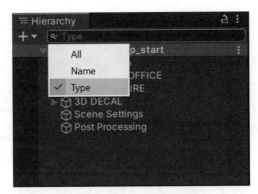

图2.18 按照Type条件搜索

然后输入light作为搜索关键词。此时Hierarchy窗口会列出所有事先已经布置好但是隐藏掉的光源，如图2-19所示。接着选中所有的光源GameObject，然后在Inspector窗口一次性激活所有光源。

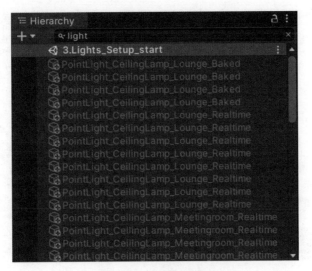

图2.19 找到所有光源

我们可以看到场景亮了起来。之所以场景会亮起来是因为某些光源被设置成了Realtime（实时光源）。如果想要制作电灯开关的效果，那么就必须使用实时光源。因为Baked（烘焙）光源在完成光照贴图烘焙以后，在游戏运行时并不会参与光照的计算，所以被设置成Baked（烘焙）模式的光源无法用于制作像电灯开关这样的效果。

如果一个光源不是处于隐藏的状态，则可以通过Light Explorer窗口查看并控制它。通过Window→Rendering→Light Explorer菜单就可以打开Light Explorer窗口，如图2.20所示。

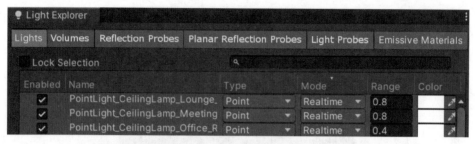

图2.20　Light Explorer窗口列出所有与光照相关的信息

Light Explorer窗口除了能够把当前场景中的所有光源以及它们的相关属性全部列出来，还可以列出场景中所有的Volume、Reflect Probe（反射探针）、Planar Reflection Probe（平面反射探针）、Light Probe（光照探针）和Emissive Material（自发光材质）。

步骤2：接着来看一下从场景中找到的事先隐藏的光源。它们都用在场景中从天花板垂下的吊灯中。如图2.21所示，它们都由两盏灯组成。

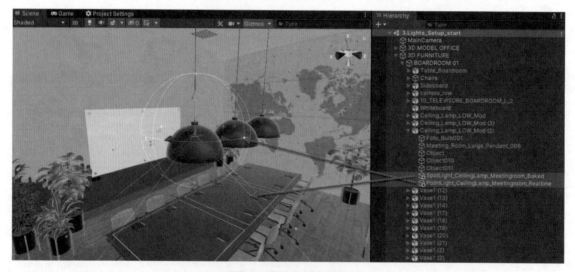

图2.21　吊灯中的光源

上面的黄色圆球状光源是一个Point Light（点光源），下面的圆锥体形状的光源为Spot Light（聚光灯光源）。Point Light被设置为Realtime（实时光源），Spot Light则被设置为Baked（参与光照烘焙的光源）。

点光源的作用是为灯罩内部提供光照，所以它的影响范围不应超出灯罩之外。因为要制作电灯开关的效果，所以要将其设置为实时光源。

聚光灯的作用是为房间中的物体（在这里为灯罩下面的桌子、椅子、桌子上的笔记本和笔以及地板等物体）提供光照。因为这些皆为静态物体，所以可以将这盏聚光灯设置成Baked（烘焙）模式。它会在之后的光照烘焙环节参与烘焙。

步骤3：在Project窗口中，找到Assets/_Prefabs，把名为3D LIGHTS的预制件拖入Hierarchy窗口中。

打开3D LIGHTS的层级，可以看到层级中的第一个Game Object是一个Light Probe Group。这是一个覆盖整个场景的光照探针组。

如图2.22所示，紫色的蜘蛛网一样的东西就是整个光照探针组。它的作用是为场景中的动态物体提供高效的间接光照，也可为场景中的小物体提供间接光照，确保这些小物体也可以被照亮（这些小物体，比如一只笔，如果参与光照烘焙的话，会占用部分光照贴图空间，造成内存占用，导致本可避免的性能消耗）。

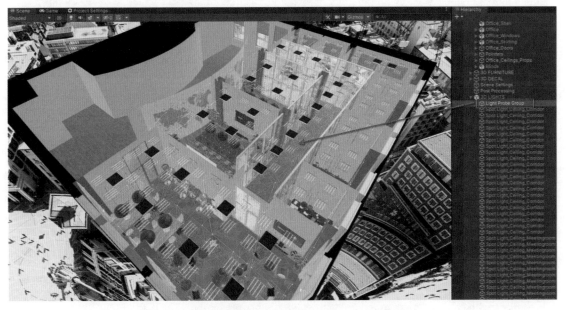

图2.22 场景中的光照探针组（Light Probe Group）

可以看到，其他的光源全部都是Spot Light（聚光灯），它们在场景中的位置为顶灯位置，如图2.23所示。这些光源都被设置为Baked光源，以参与光照烘焙的计算。

图2.23　场景中的聚光灯光源

步骤4：为了表现逼真的材质效果，除了要在场景中添加足够且类型正确的光源，我们也需要为场景添加反射效果。

反射效果就是让场景中具有反射属性的材质，能够将其周围环境中的物体和光照信息正确地反映在材质表面上。比如一个陶瓷材质的花瓶或者一个玻璃材质的表面，都能够让它们周围的环境光和物体进行一定程度的表面反射。

不过要在实时渲染系统中进行精确的反射计算并保持一定的帧率并不容易，所以我们需要使用Reflection Probe（反射探针）这一类能够产生近似反射效果的技术来为场景提供反射信息。

在Project窗口中，找到Assets/_Prefabs，把名为3D REFLECTION的预制件拖入Hierarchy窗口中。

在Hierarchy窗口中打开3D REFLECTION层级，可以看到里面有18个反射探针，分别被放置在指定的长方形区域中，比如图2.24中的办公室空间。整个办公室被一个绿色的框包围住，这就是反射探针会进行采样的空间。可以在Inspector窗口中修改这个采样空间的大小。对于我们的长方形办公室场景，用一个方形区域框住整个办公室空间是合适的采样方式。

图2.24　用绿色框表示的反射探针（Reflection Probe）采样范围

2.2.4　烘焙光照贴图

现在的场景中，只有Skybox（天空盒）与多个光源提供的直接光照。所谓直接光照是指场景中只有被光源直接照射到的地方才会亮起来，否则就是漆黑一片。不过目前的场景中并没有黑色的区域，而是被一个整体的环境光源所照亮，如图2.25所示。

这是因为我们在以下两个地方做了环境光相关的设置：

- 在Hierarchy窗口中选中Scene Settings这个Game Object。如图2.26所示，在Inspector界面中我们可以看到它关联了一个Volume组件，为其添加了Visual Environment并设置为HDRI Sky，同时为HDRI Sky关联了Env_Daylight1这个HDRI资源文件。

图2.25　天空提供了整个场景的环境光

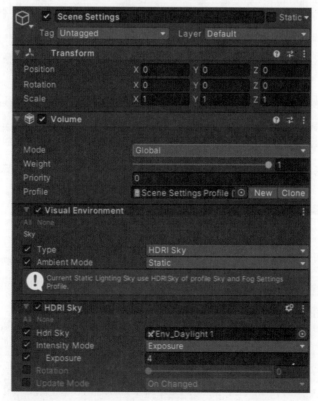

图2.26　为Volume的HDRI Sky添加Env_Daylight1天空盒

通过菜单Window→Rendering→Lighting Settings打开Lighting界面。在Environment（HDRP）中，将Profile和Scene Settings Profile（也就是和上面的Volume相关联的Profile资源文件）相关联，将Static Lighting Sky设置为HDRI Sky，如图2.27所示。

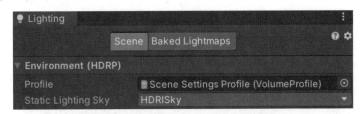

图2.27 关联HDRI Sky作为环境光

如果把这两处设置移除，我们就能看到，在只有直接光源影响的情况下整个场景的照明情况。可以看到，在光线没有直接照射到的地方是一片漆黑的，看上去非常不真实。在现实世界中，存在间接光照，也就是光线会发生反射和折射。这样的话，图2.28中完全黑色的区域或多或少会接受到一些间接光照而被照亮。

图2.28 场景中只有直接光照

为了解决这个问题，可以使用光照贴图烘焙技术来为整个场景提供全局光照（Global Illumination），也就是间接光照。从Unity 2019.3版本开始，Unity弃用了之前的Enlighten系统，改为使用自家研发的Progressive Lightmapper。下面我们来使用Progressive Lightmapper为场景烘焙光照贴图。请按照以下两个步骤来完成场景的光照烘焙操作。

步骤1：在打开的Lighting界面中，确保所有参数按照图2.29所示那样设置。

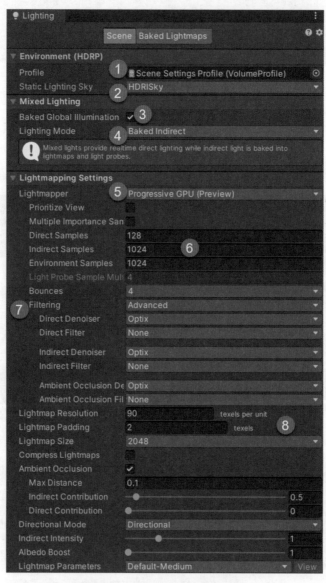

图2.29　光照烘焙界面参数设置

步骤2：单击Generate Lighting按钮开始烘焙（通常不需要勾选Auto Generate，如果勾选会在每次场景中出现修改时自动开始烘焙，导致编辑过程受到一定的影响）。

如图2.30所示，通过光照烘焙生成了非常丰富的间接光照信息，让整个场景感觉顿时逼真起来。

图2.30　完成光照烘焙获得间接光照信息以后的画面效果

如图2.31所示，我们可以在Lighting界面的底部看到与光照烘焙相关的数据。我们生成了23张2048像素×2048像素的光照贴图，文件大小为1.44GB。总的光照烘焙时长为46分55秒。所用显卡为Nvidia GeForce RTX 2080。（CPU配置为Intel Core i9-9820X @ 3.30GHz；内存为64GB。）

图2.31　烘焙完成后显示的结果数据

在后面章节会详细讲解光照烘焙相关的知识。

HDRP在进行光照烘焙的过程中，如果场景中存在光照探针组或者反射探针（设置模式为Baked），也会对它们进行烘焙。

如图2.32所示，对于反射探针，我们也可以通过Reflection Probe组件上的Bake按钮对其进行烘焙操作。

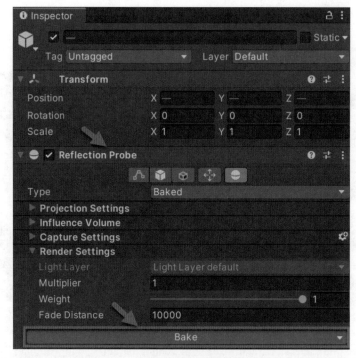

图2.32 通过单击烘焙按钮进行烘焙

2.3 本章总结

通过对Civic_Center_HDRP_Start这个实际示例的学习，我们了解了以下知识：

● 如何为一个已经摆放好模型的场景添加环境光等设置（Volume的使用）。

● 如何添加后处理效果。

● 如何在相机上添加全屏抗锯齿效果。

● 如何为场景添加光源、光照探针（Light Probe）和反射探针（Reflection Probe）。

● 如何为场景烘焙光照贴图。

如果只是知道这些基本操作，我们充其量只会照猫画虎，知其然但是不知其所以然。在下一章会详细讲解各个模块的原理，以及通过具体的项目来演示它们的用法。

第3章
HDRP配置文件和Volume框架详解

3.1 摘要

Unity从2018版本开始在编辑器中添加了SRP（Scriptable Render Pipeline，可编程渲染管线），并提供了两个已经实现的模板：URP（通用渲染管线）和HDRP（高清渲染管线）。加上已有的内置渲染管线，Unity编辑器中共有三套渲染管线。虽然Unity使用者有了更多的选择，能够针对不同的平台选择合适的渲染管线，但这也增加了复杂性，让人有些无所适从。

因此，在详细介绍HDRP的光照、材质、后处理等功能之前，我们先来了解一下HDRP高清渲染管线的总体架构是如何设计的。只有充分了解了HDRP的相关设计，才能更好地使用它。

在第1章提到过如何创建HDRP配置文件（HDRP Asset），但是没有详细讲解配置文件中的具体设置，以及这些设置与HDRP具体功能的关系。本章将详细讲解这个对HDRP高清渲染最为重要的配置文件。

3.2 HDRP配置文件（HDRP Asset）介绍

把HDRP配置文件比喻为HDRP项目的"渲染大总管"一点都不为过，因为它的作用就是管理HDRP项目的所有渲染功能。HDRP会使用这个配置文件生成一个HDRP渲染管线的实例，而这个渲染管线的实例包含用于渲染的中间资源。

在继续本章阅读之前，建议大家在电脑上打开项目Sponza_HDRP。如果你还没有下载实例场景工程，请使用在第1章提供的工程下载地址链接下载。

除了HDRP配置文件作为大总管存在，为了满足项目开发中不同的需求，HDRP还提供了另外两种渲染配置方式。

3.2.1 Frame Settings（帧设置）

帧设置针对的是场景中的Camera（相机）、Baked or Custom Reflection（烘焙或自定义反射）和Realtime Reflection（实时反射）的相关设置。后面两个反射相关的设置应用在Reflection Probe（反射探针）组件上。

帧设置的优先级低于HDRP配置文件，也就是说，如果在HDRP配置文件中没有打开某项功能，那么帧设置中对应的功能就会被自动禁用。

HDRP为帧设置提供了默认设置界面，我们可以通过菜单Project Settings→HDRP Default Settings→Frame Settings→Default Frame Settings For打开该界面，如图3.1所示。

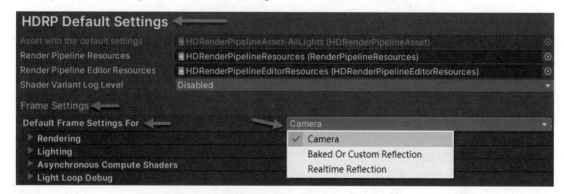

图3.1　HDRP默认设置界面中的默认帧设置

默认设置界面中有三个下拉选项，默认选中的是Camera。

我们也可以在以下组件中启用/禁用帧设置：

● Camera组件下的Custom Frame Settings。

● Reflection Probe组件和Planar Reflection Probe组件下的Custom Frame Settings。

上述两个组件对应的帧设置界面如图3.2所示。

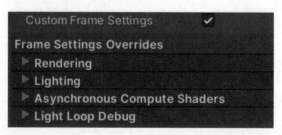

图3.2　Camera组件下的Custom Frame Settings

帧设置可以让我们为不同的相机和反射探针启用/禁用不同的HDRP功能组合。通过这样的灵活配置，不仅可以让我们实现不同相机和反射探针的独特画面效果，也可以在某些情况下关闭一些功能以提升总体性能。

3.2.2　Volume框架

Volume的作用是通过调整各项HDRP功能的参数，影响相机所看到画面的最终渲染效果。

Volume的优先级低于帧设置，也就是说，如果在当前相机的帧设置中没有打开某项功能，那么在Volume中对相关功能的调整是不起作用的。

我们可以通过图3.3来理解HDRP配置文件、帧设置和Volume之间的关系。

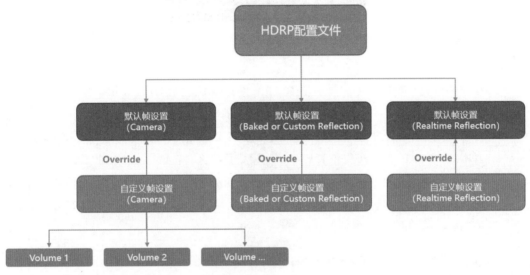

图3.3　HDRP配置文件、默认帧设置、自定义帧设置和Volume四者之间的关系

以下是对图3.3的解释：

- 每个HDRP项目中可以有多个HDRP配置文件。每个配置文件对应不同的画质或者目标平台（PC、Xbox、PlayStation）。但是HDRP项目每次只能使用一个HDRP配置文件，也无法在运行时切换HDRP配置文件。
- HDRP项目会为Camera、Baked or Custom Reflection和Realtime Reflection提供一套默认的帧设置。HDRP配置文件控制帧设置里面的功能，如果在HDRP配置文件中没有启用某项功能，则在帧设置里面其就会被禁用。
- 如果我们要在项目中使用在HDRP配置文件中已经启用的功能，也要确保默认帧设置中启用了相关的功能，如图3.4所示。可以看到，在HDRP配置文件中已经打开了Contact Shadows、Screen Space Shadows等功能。但是，只有在默认帧设置或者在相机和反射探针的自定义帧设置中勾选启用该功能，在项目中才能真正使用这些功能。也就是说，即使在HDRP配置文件中启用了某个功能，但是没有在帧设置中启用它，在项目中也是没法使用它的。

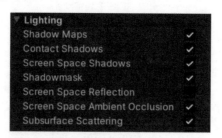

图3.4　在HDRP配置文件中已打开的功能

● 可以为场景中一个（或者多个）相机和反射探针自定义帧设置。如果在这些自定义帧设置中启用某个功能（前提是在HDRP配置文件中已经启用），那么自定义帧设置中的配置信息会覆盖（Override）默认帧设置中的配置信息。

● 可以在同一个场景中创建多个Volume。这些Volume的模式可能是全局（Global）的或者本地（Local）的。但是不管Volume的模式是什么，在Volume上做的参数调整，最终影响的是某个相机的画面效果。因此如果在当前活跃相机的帧设置（如果没有启用自定义帧设置，就使用默认帧设置）中没有启用某个功能，比如Fog，那么在与此相机相关的Volume中调整Fog参数值就没有任何意义。

通过以上讲解，相信大家对HDRP项目灵活的功能配置有了一些了解。这样的架构也为Unity的HDRP研发人员提供了非常灵活的扩展方式，从而可以为HDRP进一步添加各种新功能。

下面我们来详细了解一下HDRP配置文件这个大总管的具体功能和使用方法。

HDRP配置文件中的参数可以分成7类，下面我们来认识一下这些参数。

注：在阅读以下内容时，建议大家先快速过一遍。如果遇到不理解的地方，可以先做个标记。之后在实例讲解中遇到相关功能时，再回来查看相关信息，这样有助于增强你对功能和参数的理解。

1. Rendering（渲染）

如图3.5所示。

（1）Color Buffer Format（颜色缓存格式）

出于对性能的考虑，HDRP默认使用R11G11B10格式（不包含Alpha通道）。

如果我们要把HDRP渲染的画面合成到另外的图片上，就需要包含Alpha通道，这时就要选择R16G16B16A16格式。不过带Alpha通道的格式会对性能造成一定影响。

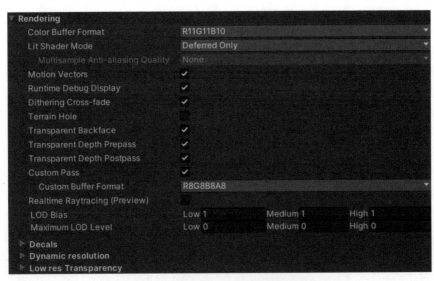

图3.5 HDRP配置文件中渲染相关设置

如果我们要使用R16G16B16A16格式作为最终渲染输出的格式，那么在Post Processing的Buffer Format中也要选择相同的格式，否则HDRP不会对Alpha通道做后处理，从而导致合成时因为Alpha通道上没有后处理效果，无法与颜色通道中的信息匹配。

比如在图3.6中，颜色缓存格式是R16G16B16A16，但是后处理缓存格式却是R11G11B10，这导致Alpha通道中没有画面中的后处理景深效果，最终将圆球与背景合成以后边缘没有模糊效果，如图3.6所示。

图3.6 当颜色缓存格式为R16G16B16A16和后处理缓存
格式为R11G11B10时，导致无法处理景深效果

（2）Lit Shader Mode（Lit着色器模式）

Lit Shader是HDRP材质使用的默认着色器。我们会在材质相关章节详细讲解Lit的使用方

法。这里可以选择Forward、Deferred或Both模式。在第1章中我们提及了这三个选项，下面再来重温一下。

- Forward（前向渲染）：Lit Shader仅使用前向渲染。
- Deferred（延迟渲染）：Lit Shader会使用延迟渲染，一些高级材质还会使用前向渲染。
- Both（延迟和前向渲染都可用）。

如果选择此模式，可以通过自定义帧设置（Custom Frame Settings）为相机选择Deferred或者Forward渲染。不过选择Both模式会让HDRP为两种渲染方式都编译相关的着色器变体，导致内存占用增加。

如果选择Forward或Both模式，则可以选择MSAA（Multisample Anti-aliasing Quality）抗锯齿效果。

（3）Motion Vectors（运动矢量）

如果启用该选项，则HDRP支持运动矢量。HDRP可以在屏幕空间反射（Screen Space Reflection）和运动模糊（Motion Blur）中使用运动矢量。通过Camera组件启用的Temporal Anti-aliasing（TAA）必须使用运动矢量才能正常工作。

如果禁用此选项，则运动模糊和TAA功能将不会工作，屏幕空间反射则会使用低质量渲染模式。

（4）Runtime Debug Display（运行时Debug显示）

启用该选项以后可以在运行时显示灯光和材质的属性信息。禁用则可以减少构建时间和着色器内存占用。正式编译出包时建议禁用。

（5）Dithering Cross-fade（平滑转换）

这是与Game Object的LOD转换相关的功能。启用该选项以后可以让HDRP在做LOD转换时进行平滑的转换。

（6）Terrain Hole（地形洞）

启用该选项以后可以显示地形上的凹陷孔洞。如果禁用此选项，则地形上的孔洞不会显示。

（7）Transparent Backface（透明背面）

如果你的场景中没有使用透明材质或者不会渲染透明材质的背面，则可以禁用此选项。禁用此选项可以减少构建时间。

此功能与Lit材质中的Back Then Front Rendering相关联（将Surface Type设置为Transparent时）。如果启用该选项，则材质中的选项生效，反之就没有效果（如图3.7所示）。

（8）Transparent Depth Prepass（透明深度预处理）

如果你的场景中没有使用透明材质或者没有在Lit材质中使用相关选项，则可以禁用此选项。禁用此选项可以减少构建时间。

此功能与Lit材质中的Transparent Depth Prepass相关联（将Surface Type设置为Transparent时）。如果启用该选项，则材质中的选项就生效，反之就没有效果（如图3.8所示）。

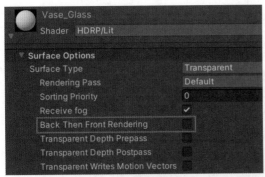

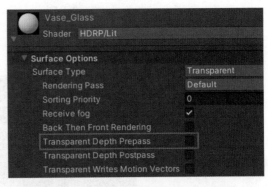

图3.7 Lit材质中的Back Then Front Rendering选项

图3.8 Lit材质中的Transparent Depth Prepass选项

（9）Transparent Depth Postpass（透明深度后处理）

如果你的场景中没有使用透明材质或者没有在Lit材质中使用相关选项，则可以禁用此选项。禁用此选项可以减少构建时间。

此功能与Lit材质中的Transparent Depth Postpass相关联（将Surface Type设置为Transparent时）。如果启用该选项，则材质中的选项生效，反之就没有效果（如图3.9所示）。

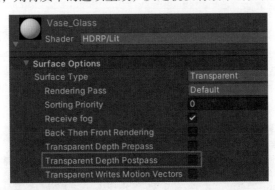

图3.9 Lit材质中的Transparent Depth Postpass选项

（10）Custom Pass（自定义通道）

如果你没有使用Custom Pass功能，则禁用此功能可以节约内存。

（11）Realtime Raytracing（实时光线追踪）

如果要在HDRP项目中使用实时光线追踪功能，则需要先启用此选项。

（12）LOD Bias（LOD偏差）

场景中的相机会使用此数值来计算LOD偏差。

（13）Maximum LOD Level（最大LOD级别）

用于设置相机支持的最大LOD级别。

（14）Decals（贴花）

启用/禁用贴花功能，以及调整与贴花相关的设置，如图3.10所示。

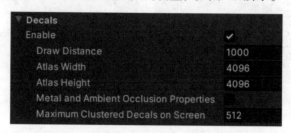

图3.10　HDRP配置文件中的贴花相关设置

- Draw Distance（渲染距离）：用于定义相机离开物体多远以后不再渲染贴花。比如设置为1000，则意味着场景中离开相机大于1000米的贴花不会被渲染。
- Atlas Width和Atlas Height：用于设置纹理图集的宽度和高度。这个纹理图集用于保存场景中所有投射在透明表面上的贴花。
- Metal and Ambient Occlusion Properties：启用该选项以后，贴花能够影响材质上的金属高光和环境光遮蔽。
- Maximum Clustered Decals on Screen：屏幕上能够同时显示的贴花数量（这些贴花影响的是透明表面）。

（15）Dynamic Resolution（动态分辨率）

启用/禁用动态分辨率功能，以及调整相关的设置，如图3.11所示。

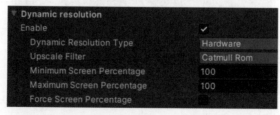

图3.11　HDRP配置文件中的动态分辨率相关设置

（16）Low res Transparency（低分辨率透明）

启用该选项以后使用低分辨率的透明效果。

2. Lighting（光照）

（1）Screen Space Ambient Occlusion（屏幕空间环境光遮蔽）

启用此选项以后可以为场景添加基于屏幕空间计算的环境光遮蔽效果。可以在Volume中的Ambient Occlusion Override中对效果进行调整。

（2）Volumetrics（体积光）

启用此选项以后可以为场景中的灯光和雾效增加体积光效果。如果要提高体积光的质量，则可以启用High Quality（高质量）选项，但是这会大幅增加性能消耗。

（3）Light Layers（光照层）

在这里启用/禁用光照层（Light Layers）功能，如图3.12所示。此功能可以让场景中的光源只照亮指定的物体，忽略无关的物体（具体用法之后会详细介绍）。

图3.12　HDRP配置文件中的光照层相关设置

（4）Cookies（光线遮罩）

光线遮罩（Cookies）可以用在多种光源中，为光照添加更逼真的效果。在光照相关章节和附录中会详细介绍它的用法。

如图3.13所示，可以在这里设置Cookie纹理图集的大小以及使用的格式等。增加Cookie分辨率虽然会增加内存的占用，但是也能提高光线遮罩的精度，改进渲染效果。

图3.13　HDRP配置文件中的光线遮罩相关设置

（5）Reflections（反射）

- 使用Screen Space Reflection（屏幕空间反射）选项可以启用/禁用基于屏幕空间的反射

效果。可以在Volume中的Screen Space Reflection Override中调整相关参数。

- 启用Compress Reflection Probe Cache（压缩反射探针缓存）选项可以对反射探针缓存进行压缩。Reflection Cubemap Size可用于设置反射探针Cubemap的分辨率。Probe Cache Size（反射探针缓存大小）可用于设置缓存中能够保存的反射Cubemap的最大数量。注：Cubemap为立方体贴图，是反射探针用于保存场景中反射信息的文件格式。在后面的章节中我们会详细讲解反射探针的原理和用法。
- Planar Reflection Probe（平面反射探针）的设置与上述Reflection Probe的设置相同。
- Max Planar Reflection On Screen：同一画面中可以显示的平面反射探针的最大数量。
- Maximum Reflection Probes on Screen：同一画面中可以显示的反射探针的最大数量。

（6）Sky（天空）

Sky相关设置如图3.14所示。

图3.14 HDRP配置文件中的天空相关设置

- Reflection Size：当场景中没有任何反射探针可用于计算物体表面的反射信息时，HDRP会使用天空盒Cubemap来计算反射信息。Reflection Size可以控制用于计算反射信息的天空盒Cubemap的分辨率。

注：此分辨率并不会影响天空盒本身的质量。

- Lighting Override Mask：这个选项可以让我们把环境光照与天空背景进行分离。如果在此指定了一个Layer而不是使用默认的Nothing，那么HDRP会在场景中寻找与此Layer相关联的GameObject，如果找到的GameObject中包含Volume组件而且可以对当前相机产生影响，那么HDRP就会使用这些Volume中的信息来计算环境光照。

比如我们想在场景中使用一个带太阳的天空盒Cubemap，来模拟一个带太阳的天空作为整个场景的背景。

为了模拟太阳光照，我们必须为场景添加一个Directional Light，但是如果我们在进行光照烘焙时使用的是带太阳的天空盒，那么加上用于模拟太阳的Directional Light，就会使烘焙所得的光照贴图同时包含来自Directional Light和带太阳天空盒的光照信息。这是不正确的做法。正确的做法是，光照烘焙用的天空盒不包含太阳。

这时我们可以用Lighting Override Mask来分离提供环境光的Volume和实际作为天空背景用的Volume。具体操作步骤如下。

步骤1：在场景中创建两个与天空盒相关的Volume。

步骤2：第一个Volume包含Visual Environment和HDRI Sky，用于显示天空背景（使用包含太阳的HDRI立方体贴图），将Layer设置为Default。

步骤3：第二个Volume包含Visual Environment和HDRI Sky，用于提供环境光照（使用不包含太阳的HDRI立方体贴图），将Layer设置为自定义层，比如命名为Environment Lighting。

步骤4：在HDRP配置文件中将Lighting Override Mask设置为Environment Lighting层。

步骤5：通过菜单Window→Rendering→Lighting Settings打开Lighting光照烘焙窗口，在Environment (HDRP)中将Profile指定为与第二个Volume相关联的Profile，并把Static Lighting Sky设置为HDRI，然后完成烘焙。

（7）Shadows（阴影）

Shadows相关设置如图3.15所示。

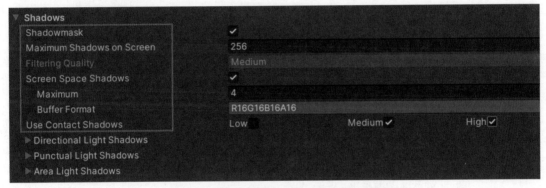

图3.15　HDRP配置文件中的阴影相关设置

- Shadowmask：控制Shadowmask光照模式（Shadowmask Lighting Mode）的启用/禁用。（在光照相关章节会详细介绍HDRP中的阴影，包括Shadowmask。）

- Maximum Shadows on Screen（同屏显示最大阴影数量）：用于控制同屏显示的最大阴影数量。超过这里设定的阴影数量之外的阴影将不被渲染。

- Filtering Quality（过滤质量）：用于选择阴影的过滤质量。选择高质量可以提升阴影质量，减少阴影边缘的锯齿。在Forward模式和Both模式下，可以选择Low、Medium和High三档质量。在Deferred模式下，只能使用Medium质量。

- Screen Space Shadows（屏幕空间阴影）：启用该选项以后，HDRP会在一个单独的通道中计算基于屏幕空间（在当前画面中能看到的所有物体，不包括屏幕外看不到的物体）的阴影。

其中，Maximum为当前项目能处理的最大数量的屏幕空间阴影；Buffer Format用于选择屏幕空间阴影的缓存保存格式，可以选择R8G8B8A8或者R16G16B16A16。

● Use Contact Shadows（使用接触阴影）：可以在此选择Low、Medium和High质量。然后在Light组件中可以选择可用的接触阴影质量，如图3.16所示。如果在HDRP配置文件中不勾选上述任何一项，那么只能在Light组件中选择Custom（自定义）选项。

图3.16　HDRP配置文件中的接触阴影相关设置

要使用接触阴影，需要在Default Frame Settings中启用Contact Shadows选项，如图3.17所示。

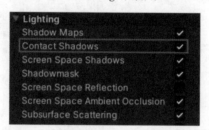

图3.17　默认帧设置中的接触阴影选项

下面看一下针对不同光源类型的阴影设置。

● Directional Light Shadows（平行光阴影）：图3.18界面中所示的选项用于控制平行光阴影。

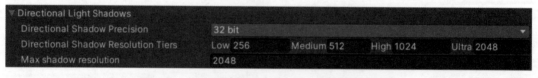

图3.18　HDRP配置文件中的平行光阴影相关设置

其中，Directional Shadow Precision（平行光阴影精度）用于控制阴影精度，16 bit比32 bit使用更少的内存，但是会牺牲精度；Directional Shadow Resolution Tiers（平行光阴影分辨率等级）用于控制阴影分辨率，比如Low = 256是指Shadow Map的分辨率为256像素×256像素。这些设置可以在Light组件的Shadows→Shadow Map→Resolution中找到，如图3.19所示。Max shadow resolution（最大阴影分辨率）用于控制Shadow Map的最大分辨率，比如这里设置为2048，那么即使我们把阴影分辨率等级里的Ultra设置为4096，最终Ultra设置中的数值也只会是2048。

图3.19 Light组件中用于控制Shadow Map分辨率的选项

● **Punctual Light Shadows（精确光源阴影）**：Punctual Light包含聚光灯（Spot）和点光源（Point）两种光源类型。我们可以通过图3.20所示的界面来进行精确光源的阴影设置。

图3.20 HDRP配置文件中的精确光源阴影相关设置

Punctual Lights Atlas（精确光源阴影纹理图集）里的Resolution（分辨率）用于控制阴影纹理图集的分辨率，Precision（精度）同平行光中的精度含义相同。启用Dynamic Rescale（动态缩放）选项，可以在无法把画面中的阴影全部放入当前阴影纹理图集时，自动切换到使用动态缩放阴影纹理图集。（注：启用动态缩放功能可能会导致光源众多的场景中的阴影闪烁跳动。）Punctual Shadow Resolution Tiers（精确光源阴影分辨率等级）与平行光阴影分辨率等级的含义相同，Max shadow resolution（最大阴影分辨率）与平行光最大阴影分辨率的含义相同。

● **Area Light Shadows（面积光阴影）**：Area Light Shadows相关设置如图3.21所示。

图3.21　HDRP配置文件中的面积光阴影相关设置

其中，Area Lights Atlas（面积光阴影纹理图集）与精确光源阴影纹理图集的含义相同，Area Shadow Resolution Tiers（面积光阴影分辨率等级）与平行光和精确光源阴影分辨率等级的含义相同，Max shadow resolution（最大阴影分辨率）与平行光和精确光源阴影分辨率等级的含义相同。

（8）Lights（光照）

Lights相关设置如图3.22所示。

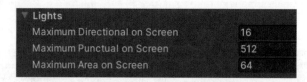

图3.22　HDRP配置文件中的光照相关设置

- Maximum Directional on Screen：同一画面中最多可以出现的平行光的数量。
- Maximum Punctual on Screen：同一画面中最多可以出现的聚光灯和点光源的数量。
- Maximum Area on Screen：同一画面中最多可以出现的面积光的数量。

3. Lighting Quality Settings（光照质量设置）

光照质量相关设置如图3.23所示。

（1）Screen Space Ambient Occlusion（屏幕空间环境光遮蔽）

Low、Medium和High三项配置下的参数都是一样的，唯一的区别是各项参数对应的数值。这些数值一般代表的是采样值。采样值越大，效果越好，但是性能消耗也越大。

这里的设置会被应用于Volume中的Ambient Occlusion设置中，如图3.24所示。

（2）Contact Shadows（接触阴影）

用于控制产生接触阴影时的采样值。数值越大效果越精确，当然性能消耗也更高。

（3）Screen Space Reflection（屏幕空间反射）

用于控制产生屏幕空间反射时的采样值。

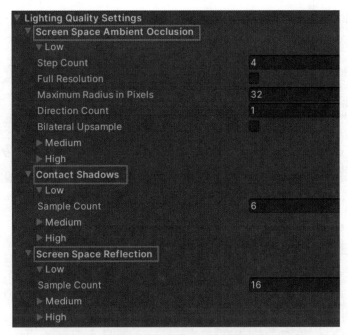

图3.23　HDRP配置文件中的光照质量相关设置

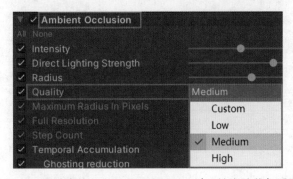

图3.24　Volume组件中的Ambient Occlusion（环境光遮蔽）质量设置选项

4. Material（材质）

Material相关设置如图3.25所示。

（1）Available Material Quality Levels（可用材质质量等级）

默认是所有材质质量等级都可使用。

图3.25　HDRP配置文件界面中的材质相关设置

（2）Default Material Quality Level（默认材质质量等级）

默认设置为High（高质量）。降低质量可以提高性能。

（3）Distortion（变形）

如果启用此选项，就可以在HDRP的Unlit着色器中使用Distortion功能。图3.26所示为一个材质Distortion设置的示例。

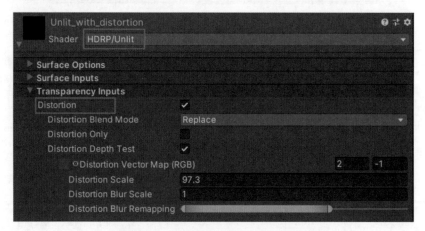

图3.26　Lit材质中的Distortion设置

（4）Subsurface Scattering（次表面散射）

在项目中启用/禁用次表面散射功能。如果启用High Quality（高质量）选项，则可以大幅增加次表面散射效果的采样值，但在提升效果的同时也会消耗更多的性能。

（5）Fabric BSDF Convolution

如果启用该选项，则在使用Fabric（织物）材质时，HDRP会单独为织物着色器（Fabric Shader）计算一份反射探针数据，用于生成更准确的光照效果。不过这样做会导致项目中存在两份反射探针数据，也会导致目前可见的反射探针数量减少一半（因为虽然反射探针数据增加了一倍，但是用于保存反射探针数据的缓存却还是原来的大小，所以为了给这一份额外的反射探针腾出所需的空间，原有的部分缓存数据会被移除）。

（6）Diffusion Profile List（**漫射配置文件列表**）

在此保存用于控制次表面散射效果和半透明效果的Diffusion Profile。一个HDRP配置文件最多可以保存15个Diffusion Profile。Diffusion Profile的具体用法将会在材质相关章节详细讲解。

5. Post-processing（后处理）

后处理相关的设置如图3.27所示。

图3.27　HDRP配置文件中的后处理相关设置

（1）Grading LUT Size和Grading LUT Format

这两项都是与后处理中的颜色分级（Color Grading）相关。

Grading LUT Size用于控制颜色分级时所用LUT（Lookup Texture）的大小。默认数值32提供了比较平衡的速度和质量表现。

Grading LUT Format用于设置LUT的编码格式。可以选择R11G11B10、R16G16B16A16或者R32G32B32A32格式。精度越高的格式颜色越准确，但是会消耗更多性能和占用更多内存。

（2）Buffer Format（**缓存格式**）

可以选择R11G11B10、R16G16B16A16或者R32G32B32A32作为颜色缓存格式。这里的颜色缓存为后处理通道所使用。精度越高的格式颜色越准确，但是会消耗更多性能和占用更多内存。

6. Post-processing Quality Settings（后处理质量设置）

图3.28所示界面中的设置和光照质量设置类似。可以在这里为后处理效果设置采样值等数值。

目前可以设置Depth of Field（景深）、Motion Blur（运动模糊）、Bloom（泛光）和Chromatic Aberration（色差）等数值。

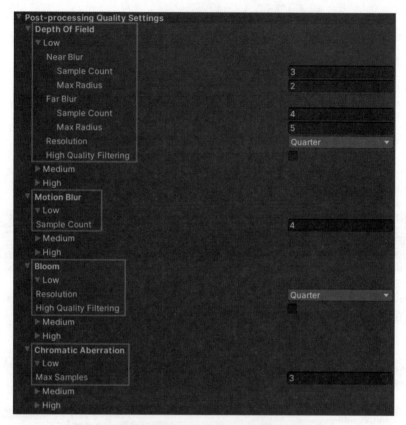

图3.28　HDRP配置文件中的后处理质量相关设置

以下这些设置为Volume组件中的后处理效果所使用。

（1）**景深**

如图3.29所示。

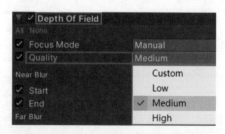

图3.29　Volume组件中的景深质量设置项

（2）**运动模糊**

如图3.30所示。

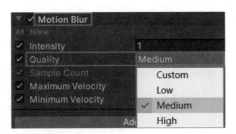

图3.30 Volume组件中的运动模糊质量设置项

（3）泛光

如图3.31所示。

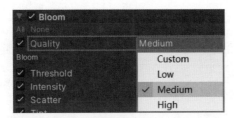

图3.31 Volume组件中的泛光质量设置项

（4）色差

如图3.32所示。

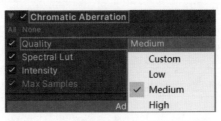

图3.32 Volume组件中的色差质量设置项

7. XR设置

如图3.33所示。

图3.33 HDRP配置文件中的XR相关设置

HDRP支持在以下平台上输出VR应用。

PC（需要DX11支持）

- Oculus Rift & Rift S (Oculus XR Plugin, Windows 10, DirectX 11)
- Windows Mixed Reality (Windows XR Plugin, Windows 10, DirectX 11)

PS4

- PlayStation VR
- Open VR*

3.2.3　针对不同平台使用不同的HDRP配置文件

因为不同计算平台的性能不同，所以在同一个HDRP项目中可以创建多个HDRP配置文件，针对不同的计算平台应用不同的HDRP配置文件。

我们为示例项目Sponza_HDRP创建了三个HDRP配置文件：

- HDRenderPipelineAsset–AllLights
- HDRenderPipelineAsset–Medium
- HDRenderPipelineAsset–High

要针对不同的平台使用不同的设置，需要将这三个HDRP配置文件关联到不同的质量等级上，如图3.34所示。

下面按照图中的序号解释一下各项设置。

（1）通过菜单Project Settings→Quality打开质量设置界面。

（2）通过Levels为指定平台（目前只有PC，如果通过Build Settings安装了多个平台，这里会显示多个平台选项）创建多个不同的质量等级，比如目前的Very Low、Low、Medium等。也可以单击Add Quality Level按钮添加更多的质量等级。

（3）选择某个质量等级，然后对其进行设置，如把Name设置为All Lights。

（4）把Rendering中的HDRP配置文件设置为HDRenderPipelineAsset–AllLights，以及调整下面的相关配置信息。

（5）通过Default（默认）右侧的小三角按钮选择默认的质量等级，如图3.35所示。

设置完质量等级以后，可以打开HDRP界面，查看所有与质量等级相关的HDRP配置文件信息，如图3.36所示。

图3.34 Project Settings界面中的质量（Quality）设置

图3.35 选择默认的质量等级

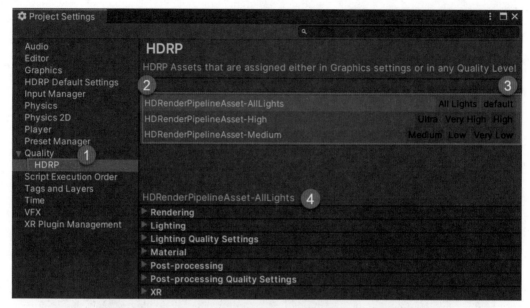

图3.36 查看当前所有与不同质量等级相关联的HDRP配置文件

按照图中的序号解释一下各项设置：

（1）通过菜单Project Settings→Quality→HDRP打开HDRP设置界面。

（2）在列表左侧可以看到三个与质量等级相关的HDRP配置文件。

（3）在列表右侧可以看到每个HDRP配置文件的质量等级，比如Ultra、Very High、High等。

（4）在这里可以对当前选中的HDRP配置文件进行功能设置、质量调整等。

注：如果在Graphics中设置了HDRenderPipelineAsset-AllLights作为当前项目默认的HDRP配置文件，但是为其设置的质量等级为Ultra（对应的HDRP配置文件为HDRenderPipelineAsset-High），那么当前项目实际使用的HDRP配置文件是HDRenderPipelineAsset-High。也就是说质量设置里面的HDRP配置文件会覆盖默认的配置文件。

3.3 Volume框架详解

Volume框架是HDRP最重要的组成部分之一。Volume框架的作用总结如下：

● 为场景设置来自天空盒的环境光照。

● 设置各种阴影效果，包括场景中的Contact Shadow和Micro Shadow。

- 设置场景中的雾效。
- 设置基于屏幕空间的反射和折射（Screen Space Reflection和Screen Space Refraction）、环境光遮蔽（Ambient Occlusion）。
- 设置后处理效果（Post-processing）。
- 设置实时光线追踪（Ray Tracing）。

使用Volume框架的方法就是把Volume组件添加到场景中的一个空GameObject上，然后在其上添加各种所需的Override（重载），比如Visual Environment、HDRI Sky和Fog等。当然你也可以把Volume组件添加到任何GameObject上，但是为了组织结构清晰，建议添加到空的GameObject上，并使用有意义的名称，比如Scene Settings、Post Processing等。

在同一个场景中可以添加多个带Volume组件的GameObject。每个Volume的模式可以按照需要设置成 Global（全局）或者Local（本地）。

Global模式（如图3.37所示）意味着这个Volume是针对整个场景生效。不管相机朝向哪里，Global模式的Volume都会被计算在内。

图3.37　Volume组件的全局模式（Global）

Local模式（如图3.38所示）的Volume则只在它的碰撞体（Collider）作用区域内生效。选择Local模式后，界面上会出现Add Collider按钮，你可以单击该按钮为当前的Volume添加一个碰撞体。一般我们使用性能最好的Box Collider。当然，如果有特殊需求，也可以使用其他类型的碰撞体。

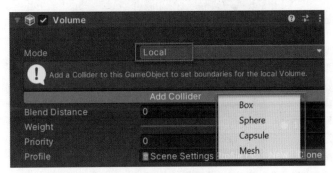

图3.38　Volume组件的本地模式（Local）

要让Volume组件生效，需要为它添加一个Profile（配置文件）（如图3.39所示）。Profile的本质是一个Scriptable Object，它本身并没有任何特殊功能，只是一个用来保存配置数据的地方。

图3.39　与Volume组件关联的Volume Profile

值得注意的是，在菜单Edit→Project Settings→HDRP Default Settings中已经包含了一个默认的Volume Profile。如果你没有在场景中设置任何Volume，那么这个默认的Volume就会起作用。因此，在场景中添加的Volume的各项属性就称为Override（重载）。例如，默认的Volume Profile中已经包含Shadows（阴影）设置，这时如果在场景中的Volume中选择Shadows作为Override，那么当前场景将不再使用默认Volume Profile中的Shadows设置。

在运行时，HDRP会遍历当前场景中所有处于激活状态的Volume，决定每个Volume对当前场景的贡献，然后使用当前相机的位置信息来计算Volume中各项重载（Override）对最终画面的贡献。下面我们来详细了解一下主要的Volume重载。

单击Volume组件中的Add Override按钮，如图3.40所示，我们可以看到目前的Volume重载被分成了9类（这个列表并不是固定不变的，随着HDRP版本的升级，里面的内容会越来越丰富）。

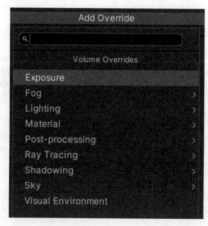

图3.40　Volume组件的重载（Override）目前被分为9个类别

接下来我们使用项目来说明这些Volume重载。（如果你还没有下载实例场景工程，请使用在第1章中提供的工程下载地址链接下载。）如果你要通过操作来学习，请先通过Unity Hub打开Sponza_HDRP工程。

注：这里不会按照上述列表的顺序来分别说明这些重载的用途，因为很多重载是相互关联的，比如Visual Environment和Sky。

3.3.1　Exposure（曝光控制）

因为HDRP是完全基于物理的渲染系统，所有的灯光设置和材质设置都是基于物理的，所以要想正常显示场景画面，就必须为场景设置正确的曝光。这也是为什么把曝光控制放在最前面介绍的原因。

如果一个Volume被添加了Exposure重载，那么所有受当前Volume影响的相机都会使用这个Exposure重载，受它的影响。这个曝光影响的是在当前Camera窗口显示的最终效果。

曝光指的是相机感光元器件接受的光线强度。曝光的数值越高，相机接受的光线强度就越大。

1. 曝光参数说明

Volume中的Exposure重载包含四种模式：Fixed、Automatic、Curve Mapping和Use Physical Camera。四种模式的应用场景如下。

（1）Fixed（固定曝光）

使用固定数值来控制曝光，该模式可应用于曝光变化不大的场景，也就是场景中的各个区域有类似的曝光强度。

我们也可以使用多个被设置为Local（本地）模式的Volume，通过Blend Distance（混合距离）来融合切换不同Volume的曝光。比如一个场景由两部分组成：一部分是灯光昏暗的室内场景；另一部分是明亮的室外场景。在真实世界中，当我们从室外进入室内时，我们的眼睛会自然地适应曝光的变化。在虚拟场景中，我们可以为室外部分和室内部分分别设置两个本地模式的Volume，并为它们设置不同的曝光，再添加合理的Blend Distance来模拟真实世界的曝光变化（当然，也可以用自动曝光来控制曝光的变化）。

不过，现在大家心中肯定有一个疑问："我怎么知道在不同的场景中正确的曝光值呢？"

答案是，因为HDRP的光照系统是完全基于物理的，所以可以参考物理世界真实的曝光值。图3.41列出了典型的曝光区间参考值（单位为EV100）。

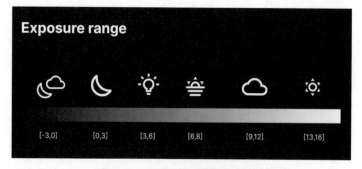

图3.41　典型曝光区间参考数值

（从左到右分别表示的是：夜晚、带人工照明的夜晚、室内光照、太阳下山、多云、太阳当空）

也可以参考Wikipedia网站的信息，如图3.42所示。

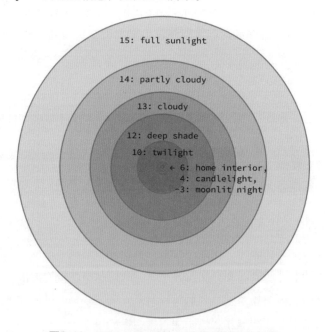

图3.42　Wikipedia网站上的典型曝光参考值

- full sunlight：大太阳的天气（曝光：15）
- partly cloudy：少云的天气（曝光：14）
- cloudy：多云的天气（曝光：13）
- deep shade：树荫，遮阳的地方（曝光：12）
- twilight：黄昏时分（曝光：10）

- home interior：屋内场景（曝光：6）
- candlelight：依靠烛光照亮（曝光：4）
- moonlit night：月光照亮的夜晚（曝光：-3）

不同光照条件下的曝光参考值（单位为EV100）如表3.1所示（来源：https://en.wikipedia.org/wiki/Exposure_value）。

表3.1　白天曝光参考值（单位为EV100）

光照条件	EV100
白天	
在完全或者轻微朦胧的日光条件下的浮沙天气或者小雪天气（能产生明显的阴影）	16
在完全或者轻微朦胧的日光条件下的场景（能产生明显的阴影）	15
在朦胧日光条件下的场景（能产生软阴影）	14
多云但是明亮的天气（不产生阴影）	13
阴郁沉重的天气	12
清晰阳光下在阴影下的开放区域	12

户外自然光曝光参考值（单位为EV100）如表3.2所示（来源：https://en.wikipedia.org/wiki/Exposure_value）。

表3.2　户外自然光曝光参考值（单位为EV100）

户外自然光	
彩虹	
晴朗的天空作为背景	15
多云的天空作为背景	14
落日和天际轮廓线	
太阳即将下山之前	12 ~ 14
太阳下山时	12
太阳刚刚下山	9 ~ 11
月球，海拔 > 40度	
满月	15
凸月	14
弦月	13
新月	12
血月	0 ~ 3
月光，月球海拔 > 40度	
满月	-3 ~ -2
凸月	-4
弦月	-6

续表

户外自然光	
北极光和南极光	
明亮	−4 ~ −3
中等亮度	−6 ~ −5
银河星系当空	−11 ~ −9

户外人工光源曝光参考值（单位为EV100）如表3.3所示（来源：https://en.wikipedia.org/wiki/Exposure_value）。

表3.3　户外人工光源曝光参考数值（单位为EV100）

户外人工光源	
霓虹灯和其他明亮的标志牌	9 ~ 10
夜间运动照明	9
火焰和着火的建筑物	9
明亮的街道	8
夜间街道和展示橱窗	7 ~ 8
夜间车辆交通	5
市集和游乐场	7
户外圣诞树发出的亮光	4 ~ 5
泛光照明的建筑物、纪念碑和喷泉	3 ~ 5
远处有灯光的建筑物	2

室内人工光源曝光参考值（单位为EV100）如表3.4所示（来源：https://en.wikipedia.org/wiki/Exposure_value）。

表3.4　室内人工光源曝光参考值（单位为EV100）

室内人工光源	
美术馆	8 ~ 11
体育赛事，舞台表演等	8 ~ 9
马戏团照明	8
冰灯照明	9
办公室场景	7 ~ 8
室内装修	5 ~ 7
室内圣诞树发出的亮光	4 ~ 5

在Volume的Visual Environment重载中，三种Sky（天空盒）类型都有自己的曝光控制。天空盒的曝光控制除了可以参考前面表格中的数值外，也可参考HDRP文档中提供的参考值，如表3.5所示。

表3.5　HDRP官方文档中提供的天空照明度参考值（单位为lux）

照明度（lux）	自然光照等级
120000	非常明亮的阳光
110000	明亮的阳光
20000	中午的蓝天
1000～2000	阴天中午的天空
< 1	月光明亮，无云的天空
0.002	没有月光，有辉光和星光的夜晚

（2）Automatic（自动曝光）

根据当前相机的位置信息和相关场景信息来自动调节场景曝光。非常适用于曝光随位置不同而发生变化的场景，比如从光照强烈的户外进入阴暗的室内或者从山洞中移动到山洞外。

在上述两种情况中，场景的曝光会发生很大变化，如果选用自动曝光，就可以模拟现实中人眼适应不同曝光的情况。例如从明亮的户外进入阴暗的室内时，我们的眼睛会从很明亮的光照条件中逐渐过渡到阴暗的室内光照条件中。

（3）Curve Mapping（曲线控制曝光）

通过曲线来控制场景的曝光。X轴代表目前场景的曝光，Y轴代表我们想要的曝光。曲线控制的方式一般留给业内专家使用。

（4）Use Physical Camera（物理相机控制曝光）

物理相机的各项属性在Camera组件中。如果选择此选项，则Volume界面中只剩下Compensation（补偿）这一项（如果你想对当前Volume所影响画面做过度曝光或者曝光不足的处理，可以使用这一参数）。

通过物理相机的Iso、Shutter Speed和Aperture参数来控制曝光，如图3.43所示。

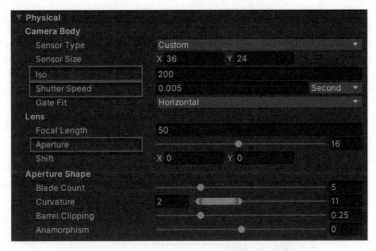

图3.43　Camera组件中的物理相机参数

使用物理相机的好处是，如果你对真实世界的各种相机参数很熟悉，就可以利用已有的知识来精确控制画面的曝光。具体如何设置物理相机的各项参数，可以参考图3.44所示的曝光三角图。

可以使用如图3.45所示的公式来计算具体的EV100曝光值。

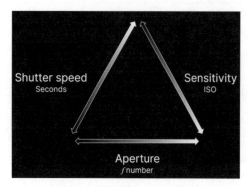

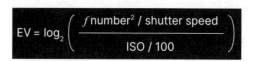

图3.44　物理相机曝光三角　　　　　　　图3.45　用曝光三角计算EV100曝光值的公式

如果我们想参考某种光照环境下的曝光值，可以拍一张照片（或者参考类似的照片），然后获取拍摄这张照片时所用的Iso、Shutter Speed和Aperture数值，再通过上述公式来获得此照片上的曝光值，然后应用到我们的HDRP场景中。

2. Exposure实例说明

下面我们通过Sponza_HDRP这个项目中的两个场景来说明曝光的使用。

第一个场景是中午时分，蓝天白云的晴朗天气（对应的是Sponza_Day场景），最终效果如图3.46所示。

图3.46　实例场景最终效果（白天中午）

第二个场景是满月带雾的夜晚（对应的是Sponza_Night场景），最终效果如图3.47所示。

图3.47　实例场景最终效果（夜晚满月）

我们来看一下第一个中午时分的场景。在Hierarchy中找到Scene Settings Volume，当前的环境、天空和曝光设置如图3.48所示。

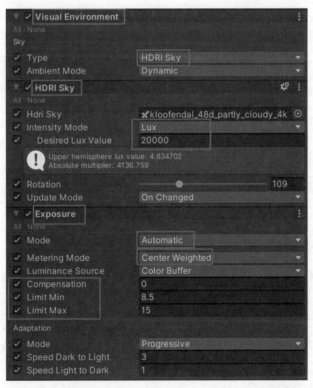

图3.48　白天中午场景的Volume组件：环境、天空和曝光重载的设置

在这个Volume中添加了三个Override：Visual Environment、HDRI Sky和Exposure。

（1）Visual Environment（环境设置）

用于控制整个场景所用的天空盒，以及此天空盒对整体环境光照的影响。可以在Sky的Type（类型）中选择None、Gradient Sky、HDRI Sky和Physically Based Sky四种天空类型。

- None：此Volume不会渲染天空盒。
- Gradient Sky：将渲染的天空分成高、中和低三层，你可以为这三层分别指定一个颜色。
- HDRI Sky：使用一个Cubemap（立方体贴图）来渲染整个天空。
- Physically Based Sky：用于模拟一个球状星球的天空。天空的大气层有两个部分。随着海拔高度的降低，大气层的空气密度会以指数级的速度降低。
- Ambient Mode：可以选择Static和Dynamic两种模式。

Static（静态模式）

在静态模式下，整个场景的环境光来自烘焙所得的Sky环境光。可以使用Lighting窗口中的Static Lighting Sky属性设置环境光（Lighting窗口用于设置光照烘焙，后面章节会详细讲解），如图3.49所示。

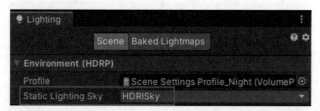

图3.49 使用Lighting窗口中关联场景所用Volume Profile中的HDRISky作为总体的环境光

Dynamic（动态模式）

在动态模式下整个场景的环境光来自在Visual Environment中设置的Sky环境光，比如图3.49中所示的HDRI Sky或者其他天空类型。这让我们可以动态地改变当前场景中的环境光。

下面举例说明动态模式的使用方法。

○ 可以为场景设置几个模式为Global（全局）的Volume，不同的Volume包含不同的Visual Environment和Sky类型，然后可以通过激活和禁用这些Volume来控制哪个Sky作为渲染当前场景的环境光。

○ 也可以为场景创建几个模式为Local（本地）的Volume，不同的Volume包含不同的Visual Environment和Sky类型，然后将这些Volume放到场景中不同的区域。当相机进入这些本地Volume的时候，会启用当前的Volume，从而改变当前场景的环境光。

（2）HDRI Sky（HDRI天空）

因为在Visual Environment中将Sky设置为HDRI类型，所以需要添加HDRI Sky这个重载并进行具体设置，如图3.50所示。

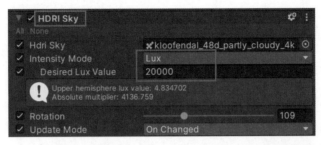

图3.50　白天中午场景的Volume组件（HDRI Sky重载的设置）

● Hdri Sky：指定一张用于渲染天空的Cubemap（使用HDRI贴图在Unity中转换而成。你可以在Unity资源商店中找到免费/收费的HDRI贴图资源，也可以通过类似hdrihaven.com 这样的网站免费下载）。

可以导入HDRI贴图并将其转换成可用的Cubemap用于天空的渲染，具体步骤如下。

步骤1：获得一张二维的HDRI贴图。

步骤2：将其导入Unity项目中，并在Project窗口选中它。

步骤3：在Inspector窗口中按照图3.51所示进行设置。

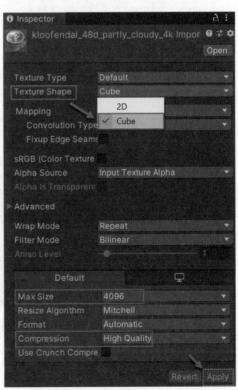

○ 将Texture Shape设置为Cube。

○ 选择一个Max Size，这里选择4096×4096（4K）的尺寸。你也可以选择更小的尺寸，比如2048×2048（2K）或者1024×1024（1K）。更小的尺寸可以减小文件大小，从而减少GPU上的压力和所需使用的显存，但是质量可能有所损失。

○ （可选）选择一个Compression（压缩）设置，压缩文件。

图3.51　Inspector窗口中的纹理导入（Texture Import）选项

步骤4：单击Apply按钮完成转换。

- **Intensity Mode（光照强度模式）**：用于控制来自天空的环境光强度，有如下三种模式可选：

  ○ Exposure，使用单位为EV100的数值来计算天空的亮度（可参考之前提供的Wikipedia上的曝光数值）。

  ○ Multiplier，使用一个固定的乘数来控制天空的亮度。

  ○ Lux，使用单位为Lux的数值来计算天空的亮度（可参考HDRP官方文档中提供的关于自然光的数值）。

- **Rotation（旋转HDRI贴图）**：拖动滑块可以旋转Cubemap从而改变当前相机可视范围内的天空显示。

- **Update Mode（更新模式）**：有三种更新模式可选择：

  ○ On Changed，当一个或者多个与天空相关的参数发生变化时更新。

  ○ On Demand，只有通过脚本中API触发才会更新。

  ○ Realtime，按照在Update Period中指定的间隔时间自动更新。

（3）Exposure（屏幕曝光）

在设置好Sky以后，需要通过控制Exposure重载来调整当前相机所看到的整个画面。图3.52所示是针对最终看到的画面所做的曝光控制。

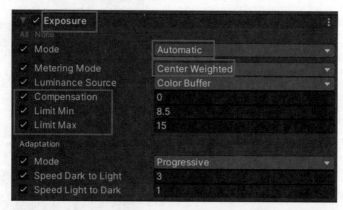

图3.52　白天中午场景的Volume组件（Exposure重载的设置）

之所以将Exposure的Mode（模式）设置成Automatic，主要原因是当前场景属于一个半开放式的场景。它既有处于屋顶下的部分，也有中间开放式的区域。如果在这样的场景中使用固定的曝光值，当角色在场景中游走时，就会遇到曝光过度或者曝光不足的情况。因此当前场景适用自动曝光。

下面我们一起来了解一下自动模式下的各项参数。

- Metering Mode：用于控制如何采样用于曝光的计算场景中的灯光，有三种模式可选择：

  ○ Average，针对整个画面进行采样，计算结果很稳定。

  ○ Spot，只针对画面中央的区域进行采样，计算结果不大稳定。如果画面中央的采样区域较暗，则整个画面可能曝光过度；反之则可能曝光不足。

  ○ Center Weighted，取前两者的优点。相机会为画面中的每个像素添加一个权重，最中心的像素权重最大，离开中心越远的像素权重越小。最后按照每个像素的权重对曝光进行计算。

- Luminance Source：在此选择用于计算场景曝光的缓冲数据，默认使用Color Buffer。

- Compensation：类似于很多相机上的设置，用于对通过自动计算获得的曝光进行补偿。如果你想获得曝光过度或者曝光不足的效果，可以使用这个参数来控制。通常情况下设置为0。

- Limit Min和Limit Max：分别用于控制场景自动曝光的最小值和最大值。可以用这两个值分别调节当相机处于场景的暗部和亮部时整体的曝光。

  ○ 当画面靠近场景中的亮部，比如一盏灯时，周围的环境会变暗，这可能导致画面暗部的曝光不足（场景中有很明亮的月光作为环境光，所以看上去不应该这么暗）。这时可以将Limit Max数值调低，以提升整个画面的曝光，如图3.53所示（夜晚场景）。

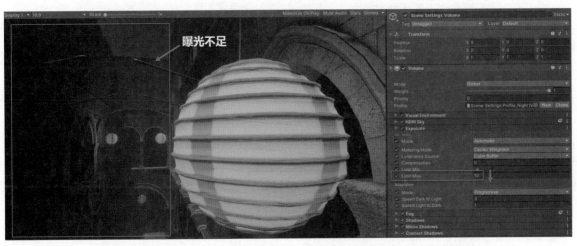

图3.53　使用Exposure重载中的Limit Max参数提升曝光不足区域的曝光

○ 如果画面处于场景的暗部，比如在黑暗的角落朝外看，那么外部环境会变亮，这可能导致画面亮部曝光过度（月光即使很亮也不应该像白天）。这时可以将Limit Min数值调高，来降低整个画面的曝光，如图3.54所示（夜晚场景）。

图3.54　使用Exposure重载中的Limit Min参数降低曝光过度区域的曝光

- Adaptation（适应）：用于控制画面在明暗之间变化过程中，也就是从黑暗到光明或者从光明到黑暗的转变过程中画面曝光的变化速度。可以有如下选择：

○ Fixed（固定的），HDRP固定的方式，无须输入任何参数。

○ Progressive（渐变的），可以设置Speed Dark to Light（从黑暗到光明的变化速度）和Speed Light to Dark（从光明到黑暗的变化速度）的值。参数值越大，曝光的变化速度越快。

3.3.2　Fog（雾效制作）

我们使用Sponza_HDRP项目的Sponza_Night_Fog场景来说明如何制作HDRP雾效，使用以下工具。

- Volume组件中的Fog：适合制作全局雾效。
- 顶部菜单GameObject→Rendering下的Density Volume（需要与Fog配合使用）：适合制作局部雾效，比如漂浮在空中的云团。

如果要制作体积雾效果（Volumetric Fog），首先要确保已经打开当前项目使用的HDRP配置文件中如图3.55所示的选项。

图3.55　HDRP配置文件中的Volumetrics相关选项

注：勾选High Quality选项会对性能产生影响，请确保使用的机器有很好的硬件支持。

1. 添加全局雾效

如图3.56所示，这是目前场景中的Fog配置。你可以注意到，其实这里没有打开所有与Fog相关的参数。在使用Volume中具体的重载时，虽然没人会阻止你单击All按钮来打开所有的参数选项，但是建议只打开需要的参数。因为每选一项参数，会增加额外的性能消耗（因为启用了任何一项参数都会导致为其分配一定的内存）。

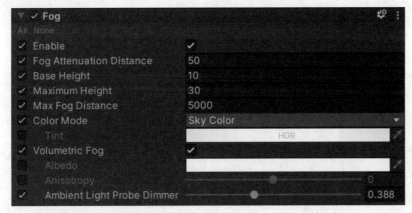

图3.56　夜晚满月场景的Volume组件（Fog重载的设置）

最终所获得的全局雾效如图3.57所示。

下面讲解一下各项参数。

（1）Enable

用于一键开关雾效。

（2）Fog Attenuation Distance（雾效衰减距离）

用于控制雾的能见度，数值的单位为m。对于当前场景，设置为50m。如果设置为10m，则意味着只能从当前位置看到10m开外的地方。图3.58所示是将该参数设为10m时的雾效。

图3.57　夜晚满月场景的全局雾效

图3.58　将Fog Attenuation Distance参数设置为10m时的雾效

（3）Base Height（基础高度）

用于控制连续雾效与指数雾效的边界高度。我们使用图3.59来做下解释。

图3.59　用2m高的方块作为Basic Height参数的参考物

如图3.59所示，我们把Base Height参数的值从10m改成了2m。在从地板到白色长方体顶部这2m的空间里，雾是连续的，没有衰减；从2m的高度开始，绿色箭头朝上，雾从此时开始会以指数衰减的方式显示。

因为这个场景的模型高度（从地板到屋顶）大约为12m，为了让天空中的月光洒下形成明显的体积雾效果，将Base Height参数值设为10m，差不多到屋顶的高度。

（4）Maximum Height（最大高度）

用于控制能够显示雾的最高高度，到了这个高度，雾的浓度会降到最底部雾浓度的37%。

（5）Max Fog Distance（雾效最大距离）

此最大距离以当前相机为起点。超过此最大距离以后，雾将不再被渲染。建议将此距离设置为大于相机组件中Clipping Planes→Far的数值，以防止天空盒上的雾和场景中物体上的雾看起来不一致。

（6）Color Mode（颜色模式）

用于控制雾的颜色。可选择Constant（不变的颜色），也就是使用单一颜色；也可选择Sky Color（天空颜色），该颜色适合在添加了天空盒的场景中使用，HDRP会对天空的颜色进行采样来控制雾的颜色。

在Sky Color模式下，会多出一个Tint选项。Tint中的颜色会与天空色进行相乘的操作（Multiply），因此这个颜色不会大幅度改变雾的颜色。

（7）Volumetric Fog（体积雾）

要想让场景具有体积雾的效果或者所谓"上帝之光"的效果，就需要打开这个选项。注意，体积雾的效果比较消耗性能，所以在使用时要注意实际性能消耗，视情况而定。

（8）Albedo

用于控制雾的整体颜色。不过在模拟真实世界时，我们一般不调整雾本身的颜色（雾本身是没有颜色的），因为雾反射的是天空和环境光的颜色。

（9）Anisotropy（各向异性）

用于模拟画面中前景和背景中的粒子对光产生的散射效果。如果该数值大于0，会增加雾的亮度，颜色接近场景中光源的颜色；如果该数值小于0，则会有相反的效果。

（10）Ambient Light Probe Dimmer（环境光光照探针调光器）

使用这个参数可以调整来自天空的环境光强度。数值越大，场景中的雾越亮，反之越暗，我们可以看下表3.6中不同数值下的效果对比。

表3.6　Ambient Light Probe Dimmer参数取不同数值的效果对比

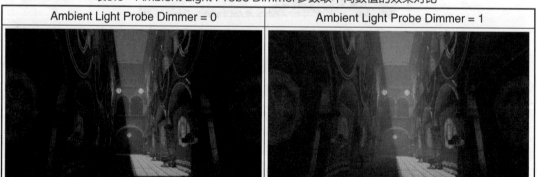

2. 使用Density Volume添加局部雾效

很多时候我们需要制作一些全局雾效无法达到的效果，比如只出现在指定区域的本地雾效。我们可以使用Density Volume来制作本地雾效。

我们可以按照以下步骤来制作一个在夜晚场景中的二楼之间漂浮的紫色云团，紫色云团会从左到右漂浮移动，如图3.60所示。

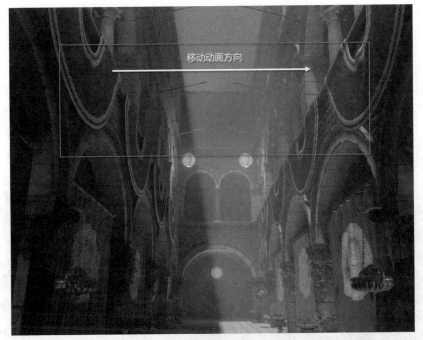

图3.60　局部雾效的示例场景

步骤1：通过顶部菜单GameObject →Rendering→Density Volume创建一个带Density Volume组件的GameObject。

步骤2：按照图3.61所示调整相关参数。

- Single Scattering Albedo （单次散射反照率）：用于控制雾的颜色。
- Fog Distance（雾效距离）：用于控制雾的浓度。
- Size（大小）：用于控制长方体的长宽高。图3.62所示为参数调整后的效果。可以

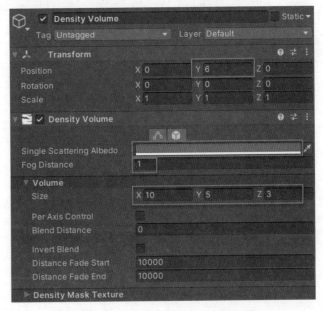

图3.61　Density Volume参数设置

看到，在左右两条走廊之间创建了一个长方体形状的紫色气团。

图3.62　参数调整后呈现的方块形状局部雾效

要让Density Volume正确显示，请确保以下两点：

- Volume的Fog重载界面中的Volumetric Fog选项为勾选状态。
- HDRP配置文件中的Volumetric和High Quality两个选项为勾选状态。

步骤3：当前的雾效并不符合我们的要求，所以要调整一些参数让它看起来像一团雾。

- 将Fog Distance数值改为10，这可以让雾淡一些。
- 将Blend Distance（混合距离）数值改为0.5，这可以把雾的边缘淡化，不让雾看上去是包含在一个长方体中。表3.7所示为参数调整前后的效果比较。

表3.7　调整Blend Distance（混合距离）参数前后效果对比

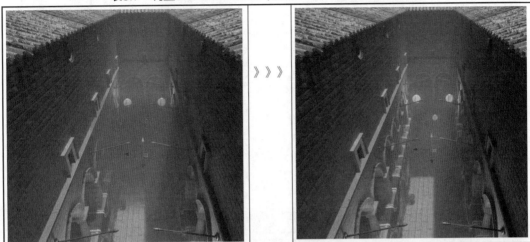

步骤4：现在这团雾还不是那么像雾，而且最终雾效中包含从左到右的移动动画，我们可以通过Density Mask Texture来实现这个效果。

要让Density Mask Texture起作用，必须为它指定一个Texture3D资源作为输入，然后才能调整Scroll参数让雾移动起来。可以使用两种方式制作这个Texture3D资源。

- 通过脚本动态生成一个Texture3D资源。创建一个名为Texture3DToDensityVolume的脚本，输入C#代码（如图3.63所示），然后把脚本关联到Density Volume这个GameObject上（如图3.64所示）。

  你可以在Project窗口的Scripts文件夹中找到这个脚本。此脚本参考自Unity论坛帖子。

  下面解释一下这个脚本。

  ○ RequireComponent(typeof(DensityVolume))：其要求这个脚本关联的GameObject必须拥有DensityVolume这个组件。

  ○ 在Start方法中（启动场景），创建一个尺寸为32像素×32像素×32像素的Texture3D资源。这个Texture3D资源里会包含32个32像素×32像素的图片。

  然后把Scroll Speed的X轴数值设置为0.5（如图3.64所示）。单击编辑器中的Play按钮，可以看到这团雾从左到右沿着X轴以每秒0.5m的速度移动。

  其他参数的使用：

  ○ 也可以设置Y和Z的数值，来配合X的数值，这样雾会沿着用三个数值综合计算出的移动方向进行移动。

  ○ 也可以通过调整Tiling参数在相应的方向上增加雾的厚度。

```
using System.Collections;
using System.Collections.Generic;
using UnityEngine;
using UnityEngine.Rendering.HighDefinition;
using UnityEngine.Rendering;

[RequireComponent(typeof(DensityVolume))]
public class Texture3DToDensityVolume : MonoBehaviour
{
    Texture3D texture;

    void Start() {
        // The curent density volume texture size is hard coded to be 32
        texture = CreateTexture3D(32);

        DensityVolume densityVolume = GetComponent<DensityVolume>();
        densityVolume.parameters.volumeMask = texture;
    }

    Texture3D CreateTexture3D(int size) {
        Color[] colorArray = new Color[size * size * size];
        texture = new Texture3D(size, size, size, TextureFormat.Alpha8, true);
        for (int x = 0; x < size; x++)
        {
            for (int y = 0; y < size; y++)
            {
                for (int z = 0; z < size; z++)
                {
                    // Calculate the radius
                    float f = Mathf.Sqrt(
                        Mathf.Pow(2f * (x - 0.5f * size) / size, 2) +
                        Mathf.Pow(2f * (y - 0.5f * size) / size, 2) +
                        Mathf.Pow(2f * (z - 0.5f * size) / size, 2)
                        );
                    // Fill pixels of radius <=1 with alpha = 1
                    f = (f <= 1f) ? 1f : 0f;
                    Color c = new Color(1.0f, 1.0f, 1.0f, f);
                    colorArray[x + (y * size) + (z * size * size)] = c;
                }
            }
        }
        texture.SetPixels(colorArray);
        texture.Apply();
        return texture;
    }
}
```

图3.63　Texture3DToDensityVolume脚本内容

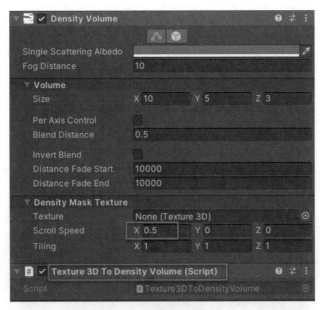

图3.64　将Texture3DToDensityVolume添加到Density Volume组件的GameObject上。
使用Scroll Speed控制雾在不同轴上的移动速度

- 使用Photoshop（或者任何画图软件）制作一个Texture3D资源。

  除了使用脚本自动生成Texture3D资源，我们也可以使用Photoshop或者任何画图软件来制作该资源，步骤如下（以Photoshop为例）：

  步骤1：在Photoshop中创建一张1024像素×32像素大小的黑白图片（Greyscale），示例如图3.65所示（你可以想象这张图包含了32个32像素×32像素的网格，在网格中你可以填入想要的形状，Unity中的Density Volume会采样这里的数据。黑色的部分被渲染为透明的，其他的按照灰度来渲染，越白的区域越明显。

图3.65　在Photoshop中创建的32像素×32像素的纹理

步骤2：将图3.65所示纹理导入Unity，在Project窗口中选中导入的纹理，然后按照图3.66所示的参数设置进行转换。

我们之所以选择这些选项是因为：

○ 我们只使用一个通道即Alpha通道。

○ 导入的图片是黑白图片，所以可以使用From Gray Scale从黑白图片上获取Alpha通道所需的信息。

○ 打开Read/Write Enabled选项是因为需要让Density Volume能够读取这个Texture3D上的信息，以决定如何渲染雾效。

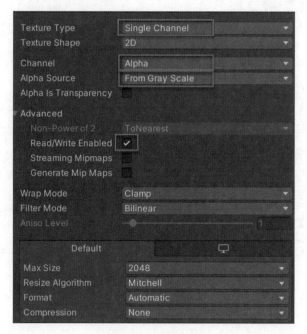

图3.66 设置参数

步骤3：通过顶部菜单Window→Rendering打开Density Volume Texture Tool窗口，将图3.65所示纹理转换成Texture3D格式（将Texture Slice Size设置为32），具体设置如图3.67所示。

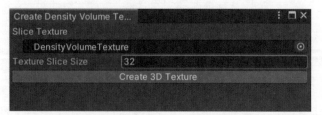

图3.67 在Density Volume Texture Tool窗口创建Texture3D资源

步骤4：成功生成Texture3D资源以后，将其赋值给Density Mask Texture中的Texture属性，然后将Scroll Speed设置为大于1，即可看到云朵形状的紫色雾团了。

使用Density Volume时需要注意，因为Density Volume渲染的分辨率并不高，所以很容易看到边缘和各个32像素×32像素采样叠加的效果。为了解决这个问题，需要调整Fog Distance（控制雾的浓度）、Volume的Size，以及Blend Distance参数，从而调节整个雾的显示效果。也可以通过调整Tiling参数来增加雾的厚度。

3.3.3　Lighting（光照）

Lighting组下包含4项Override（在光照章节详细讲解）。

1. Ambient Occlusion（环境光遮蔽）

针对当前镜头中全屏画面进行计算。通过计算场景中的灯光和物体周围环境，让裂缝、孔洞和物体之间交接处等区域的颜色变得更黑。在真实世界中，这些地方通常因为受到周围物体的遮蔽而显得更暗。

因为这是基于屏幕空间的效果，所以如果有屏幕外物体挡住了屏幕中的物体，那么屏幕中的物体就不会被放入环境光遮蔽的计算之中。这可能会导致在屏幕边缘的物体无法正确体现遮挡效果。

2. Indirect Lighting Controller（间接光照控制器）

- **Indirect Diffuse Intensity**：用于控制通过光照烘焙（Lightmapping）获得的间接光照贴图和光照探针（Light Probe）的Diffuse强度。HDRP会将此数值与光照贴图和光照探针的间接光数据相乘。
- **Indirect Specular Intensity**：用于控制反射探针（Reflection Probe）上的高光（Specular）强度。HDRP会将此数值与光照探针上的数值相乘。

3. Screen Space Reflection（屏幕空间反射）

- 用于控制基于屏幕空间的反射效果。
- 需要在HDRP配置文件中打开Screen Space Reflection选项才能生效。可以在HDRP配置文件的Lightings→Reflections部分找到这个选项。

4. Screen Space Refraction（屏幕空间折射）

用于控制基于屏幕空间的折射效果。

3.3.4　Material（材质）

在HDRP中，Diffusion Profile用于保存次表面散射（Subsurface Scattering）的配置信息。要让相关的次表面散射材质应用这些Diffusion Profile，需要先将它们添加到HDRP配置文件中，如图3.68所示。

图3.68 HDRP配置文件中的Diffusion Profile List设置

可以将所需的Diffusion Profile与材质进行关联。HDRP允许在同一个场景中同时使用15个Diffusion Profile。

如果某些Diffusion Profile只被应用在部分场景中，我们也可以只把这些Diffusion Profile添加到当前场景的Volume组件中的Diffusion Profile Override中，这样就不需要将它们添加到应用于整个项目的HDRP配置文件中了。这样做的好处是可以减少渲染时因为要寻找到正确的Diffusion Profile而消耗的性能。这对于包含很多植被的场景尤其有用，因为通常这样的场景会有很多的重复绘制（Overdraw）。图3.69所示为场景的Volume组件中的Diffusion Profile Override重载。

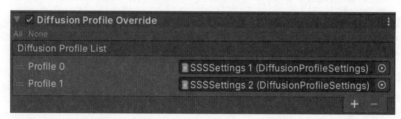

图3.69 场景的Volume组件中的Diffusion Profile Override重载

3.3.5 Shadowing（阴影处理）

我们将会在光照章节详细讲解如何设置阴影以及相关Override的用法。

3.3.6 Sky（天空）

除了之前讲解过的HDRI Sky，HDRP还提供了Gradient Sky和Physically Based Sky。

1. Gradient Sky（渐变天空）

打开Sponza_Day_GradientSky场景，选择Scene Settings Volume，这里的Volume使用的是Scene Settings Profile_Day_GradientSky。我们把Visual Environment中的Sky类型改成Gradient Sky，并添加Gradient Sky作为天空。之前使用的HDRI Sky则被移除（因为在Visual Environment中选择了Gradient Sky，所以HDRI Sky将不再起作用）。具体设置如图3.70所示。

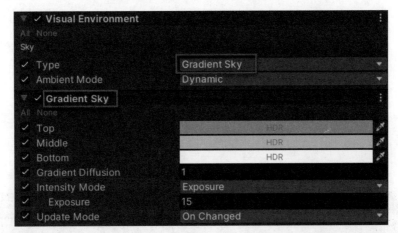

图3.70　将Volume组件中的Visual Environment重载的类型设置为Gradient Sky

参数解释：

- **Top、Middle和Bottom**：分别用于控制大气层上半层的颜色、地平线的颜色、大气层下半层的颜色（低于地平线的那部分）。
- **Gradient Diffusion**：用于控制地平线部分的颜色覆盖区域的大小（Middle），分成两种情况：
  - 该值大于0，默认值为1。如果设为0，则地平线部分的颜色会覆盖整个天空；值越大，地平线部分的颜色覆盖区域越小（这部分大气层看上去越厚）。
  - 该值小于0，如果值小于0，则Top和Bottom区域的颜色会互换。值越小，地平线部分的颜色覆盖的区域越小（这部分大气层看上去越厚）。

在表3.8中用两个不同的Gradient Diffusion值做了具体对比。

表3.8 不同Gradient Diffusion值下地平线部分的颜色覆盖区域的大小

Gradient Diffusion = 3	Gradient Diffusion = 12

- **Intensity Mode**：可以选择使用Exposure（单位为EV100），具体数值可以参考之前的讲解；也可以选择使用一个固定的乘数值。

图3.71所示是应用了Gradient Sky后的效果。

图3.71 应用了Gradient Sky后的画面效果

2. Physically Based Sky（基于物理的天空）

打开Sponza_Day_PBRSky场景，选择Scene Settings Volume，这里的Volume使用的是Scene Settings Profile_Day_PBRSky。我们把Visual Environment中的Sky类型改成Physically Based Sky，

然后添加Physically Based Sky作为天空。

基于物理的天空不仅适合用于创造地球环境，也可以用于创造外星球环境。当前所用设置如图3.72所示。

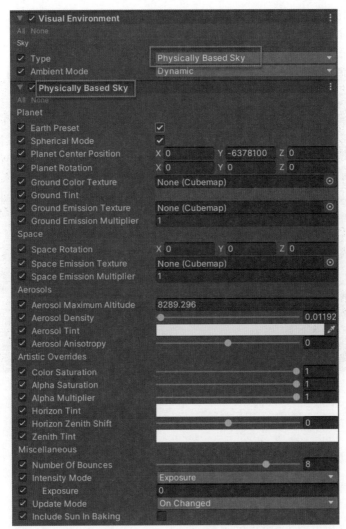

图3.72　将Volume组件中的Visual Environment重载的类型设置为Physically Based Sky

部分参数解释：

- Earth Preset：如果勾选该选项，则与模拟地球天空无关的选项会被隐藏。
- Planet Center Position：因为地球的直径大约为12742km，所以将这里的Y轴数值设置为–6378100m。

- Ground Color Texture：用于控制星球表面的纹理。
- Ground Tint：用于为Ground Color Texture着色。
- Ground Emission Texture：用于控制星球表面自发光部分的纹理。
- Ground Emission Multiplier：应用于Ground Emission Texture的乘数器。

图3.73所示是应用了Physically Based Sky后的效果。

图3.73　应用了Physically Based Sky后的画面效果

因为基于物理的天空参数众多，本节就不一一讲解了，详情可参考HDRP文档。

3.3.7　Post-processing（后处理）

在后处理章节会详细讲解各项Override。

3.3.8　Ray Tracing（实时光线追踪）

HDRP的实时光线追踪技术在本书第11章讲解。

3.3.9　Local Volume（本地Volume）使用示例

HDRP场景中可以同时存在多个Volume，比如一个Global Volume（全局Volume），多个本地Volume。当场景中有多个Volume存在时，HDRP会按照当前相机的位置来计算哪些Volume会对它产生影响，然后从这些对它产生影响的Volume中获取不同参数来计算最终的画面效果。

全局Volume总是对场景中的相机产生影响，而本地Volume只有当相机进入所设定的碰撞体（Collider）范围以后才会对其产生影响。

我们可以通过顶部菜单GameObject→Volume下的预制Volume来生成本地Volume，也可以通过Hierarchy窗口中的菜单进行创建，如图3.74所示。

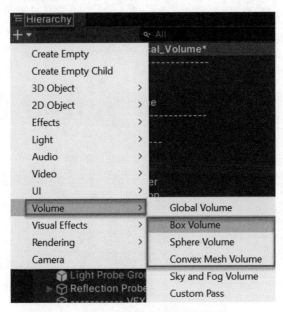

图3.74 通过Create菜单创建本地Volume

我们可以选择Box Volume、Sphere Volume和Convex Mesh Volume来生成预制的本地Volume。当然，也可以通过将Global Volume（全局Volume）的模式改成Local并添加一个碰撞体（比如Box Collider）将其转换成本地Volume。

打开Sponza_HDRP项目的Sponza_Night_Local_Volume场景。此前已经为场景的不同区域设置了本地Volume。

打开Scene窗口，将显示模式改为Wireframe（线框），再将透视图改为等距视图。如图3.75所示，我们可以看到Hierarchy窗口中的PostProcessing_Box_Volume1和PostProcessing_Box_Volume2分别对应城堡的上下两层，这两个本地Volume将上下两层空间分别用Box Collider包裹。场景中的Scene_Box_Volume1和Scene_Box_Volume2这两个本地Volume的Box Collider与PostProcessing的Box Collider包裹区域相同。

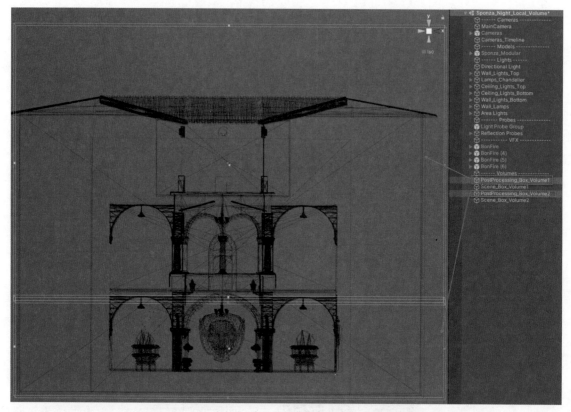

图3.75 PostProcessing_Box_Volume1和PostProcessing_Box_Volume2
分别包裹城堡的上下层空间

选择任意一个本地Volume，如图3.76所示，我们可以在Inspector窗口中看到本地Volume和
全局Volume的区别（其他用法两者相同）。

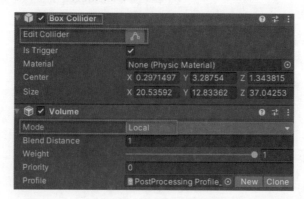

图3.76 需要为本地Volume配备一个碰撞器（比如Box Collider）其才能生效

- 本地Volume都有一个Collider。可以通过Edit Collider右侧的按钮打开Scene窗口，然后在此窗口中调整Collider的位置和大小。

- 本地Volume的Mode被设置为Local。

现在我们来测试一下效果。

如图3.77所示，我们可以通过菜单Window→Sequencing→Timeline打开Timeline窗口。

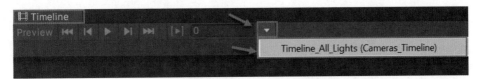

图3.77　在Timeline窗口中选择已经预先做好的一条Timeline

将Timeline动画资源加载以后，可以单击Timeline上的预览按钮来播放镜头动画（或者使用编辑器顶部的Play按钮播放整个场景），如图3.78所示。

图3.78　Timeline界面上的预览播放按钮

随着动画的播放，我们可以看到画面中从第二层的彩色，过渡到第二层和第一层之间的彩色+黑白色，最后过渡到第一层的黑白色。这是因为我们在第一层的后处理Volume（PostProcessing_Box_Volume2）中将Color Adjustment的Saturation（饱和度）值调成了-100。画面效果如表3.9所示。

表3.9　画面颜色会随镜头从城堡二层下降到一层的过程中按照本地Volume的不同设置而发生变化

镜头在第二层	镜头在第二层和第一层之间	镜头在第一层
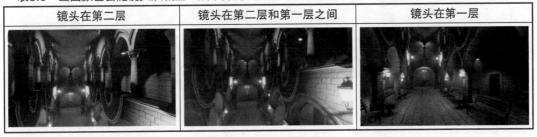		

本地Volume可以让我们为同一个场景中不同的区域设置截然不同的显示效果，它为我们打造场景氛围、突出画面重点提供了非常灵活的选择。

3.4 本章总结

本章详细介绍了HDRP配置文件，以及HDRP配置文件、Default Frame Settings（默认的帧设置）、相机和Reflection Probe上的Custom Frame Settings（自定义的帧设置）与场景中的Volume之间的关系。还介绍了如何为不同平台配置不同的HDRP配置文件。

本章通过Sponza_HDRP这个示例项目为大家更深入地介绍了Volume框架上主要的Overrides（重载）。可以把这些重载理解成用于控制HDRP场景渲染的不同属性，比如曝光、雾效（全局雾效和局部雾效）、阴影、间接光控制以及后处理效果等。

另外还学习了本地Volume的使用方法。相对于全局Volume，可以用本地Volume为场景中的不同区域配置截然不同的渲染效果。

下一章我们学习HDRP的光照系统和光照烘焙方法。HDRP完全基于物理的光照系统是学习HDRP渲染的一大门槛，所以将会用本书最长的篇幅来为大家详细讲解。还将继续使用Sponza_HDRP这一项目来进行具体功能的示范。

第4章
HDRP光照系统详解

4.1 摘要

本章和下一章将重点讲解如何给HDRP场景打光。内容包含以下几个部分：

- 为同一个场景制作白天（阳光明媚的中午时分）场景和夜晚（月光明亮带雾气的夜晚）场景。这部分内容提供了详细的操作步骤，建议大家按照步骤进行实践和学习。
- 介绍HDRP的光源类型和相关模式。
- 介绍如何使用Light Layer（光照层）。
- 详解如何使用Light Probe Group（光照探针组）为场景添加动态光照。
- 详解如何使用Reflection Probe（反射探针）为场景添加反射信息。
- 介绍如何在HDRP中处理各种类型的阴影。
- 详解如何使用Lightmapper对整个场景进行光照烘焙以获取逼真的全局光照（第5章重点讲解）。

4.2 Sponza_Day_Lighting场景打光步骤解析

本节为上手操作环节，我们要实现的目标如图4.1所示。

打开Sponza_Day_Lighting_Start场景。如图4.2所示，我们首先看一下这个场景的层级窗口（Hierarchy）。

可以看到，整个场景被分成了四个部分。

（1）Cameras

包含一个主相机和7个Cinemachine虚拟相机（Virtual Camera）。Cinemachine是一套强大的虚拟相机系统，提供了多种类型的相机组合方式，比如Dolly Track（模拟相机在一条指定轨道上运镜）。本场景中的虚拟相机的使用方式比较简单：与Timeline一起配合使用，用于切换不同的镜头。在Cameras_Timeline物体上有一个Playable Director组件和Animator组件，它们的作用是关联Timeline资源文件。Timeline和Cinemachine的用法超出了本书的范畴，建议大家通过文档和网上教程详细了解。

图4.1 为场景打光后的画面效果

图4.2 场景层级窗口中的内容

（2）Models

包含当前场景中的大多数模型。

（3）Lights & Probes

包含Directional Light（模拟日光）、灯笼模型和相关的Spot Light（点光源）、Light Probe Group（光照探针组，用于覆盖整个空间为动态物体提供间接光照信息）和Reflection Probes

（反射探针，用于为整个场景提供反射信息）。

（4）Volumes

包含针对整个场景环境的Volume设置（Scene Settings Volume）和针对后处理的Volume设置（Post Processing Volume）。

因为Lights & Probes和Volumes目前都是处于禁用的状态，所以理论上目前场景中是没有任何光照信息的。当前场景的画面表现如图4.3所示。

图4.3　没有任何光照信息的场景

可能有的读者就有疑问了，不是说目前场景中没有任何光照信息吗？为什么还可以看到场景中的物体呢？而且为什么所有的物体看起来有那么强烈的反光？

这是因为在HDRP的某项设置中关联了默认的Volume。这项设置可以在Edit→Project Settings→HDRP Default Settings界面中找到，如图4.4所示。

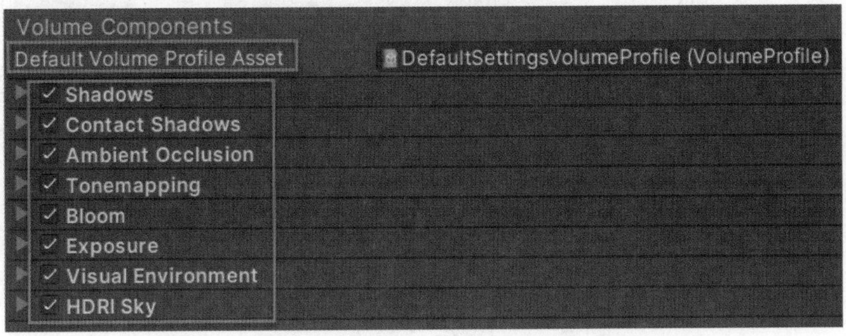

图4.4　Project Settings界面中的默认HDRP设置

在默认的Volume设置中已经启用了Visual Environment、HDRI Sky、Exposure、Tonemapping这些设置。因为这些设置的存在，所以我们看到了上述近似黑白的场景（虽然在Hierarchy窗口中看不到任何光源和Volume设置）。

特别是，因为我们在默认Volume设置中使用的HDRI Sky是Unity自带的默认天空盒（近乎纯色的蓝天），而HDRP场景在没有设置任何Reflection Probe的情况下，会默认使用天空盒作为反射信息的来源，从而导致整个场景中除了有来自HDRI Sky的环境光，还在所有物体上叠加了一层来自HDRI Sky的反射信息。

接下来我们按照具体的操作步骤来启用Hierarchy窗口中的各项组件，让整个场景亮起来。

4.2.1　步骤1：启用Scene Settings Volume

Volume组件的设置如图4.5所示。

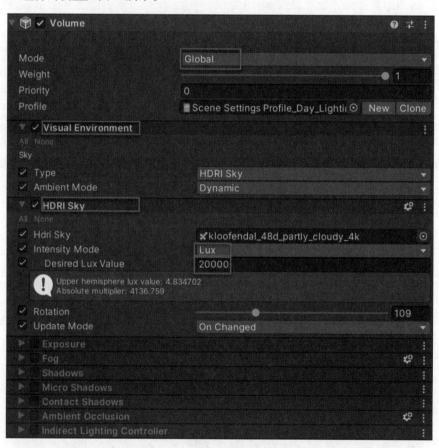

图4.5　场景中Scene Settings Volume下的Volume组件

此Volume的模式为Global（全局），意思是这个场景中的所有相机都受它的影响（虽然当前场景中只有一个相机，但是在同一个场景是可以同时摆放多个相机的）。

目前勾选了Visual Environment和HDRI Sky选项，它们的作用分别为：

- 在Visual Environment组件中选择天空的类型（可以选择None，就是不显示任何类型的天空）。这里选择了HDRI Sky作为天空的类型。

- 因为在Visual Environment组件中选择了HDRI作为天空的类型，所以需要为当前Volume添加一个HDRI Sky来关联具体的HDRI Cubemap作为天空。我们选择Lux光照强度模式，这里将Desired Lux Value设置为20000 Lux。HDRP文档的"Physical Light Units and Intensities"部分给出了其参考值，表4.1所示为"自然光"的参考值。

表4.1　HDRP文档给出的自然光强度参考值

照明度（lux）	自然光照等级
120000	非常明亮的阳光
110000	明亮的阳光
20000	中午的蓝天
1000～2000	阴天中午的天空
< 1	月光明亮，无云的天空
0.002	没有月光，包含天空辉光和星光的夜晚

这里选择Lux光照单位是因为此单位表示的光照信息只有方向信息没有强度衰减信息，也就是说此单位适合用于表示太阳光这一类对于地球来说只有角度变化、没有强度变化的光照信息。

执行步骤1后得到的结果如图4.7所示。

图4.6　执行步骤1后的画面效果

4.2.2　步骤2：启用Directional Light（平行光）

因为我们要创造一个中午时分阳光明媚的场景，所以必须为场景添加一个平行光源用于模拟太阳光。平行光参数设置参考图4.7。

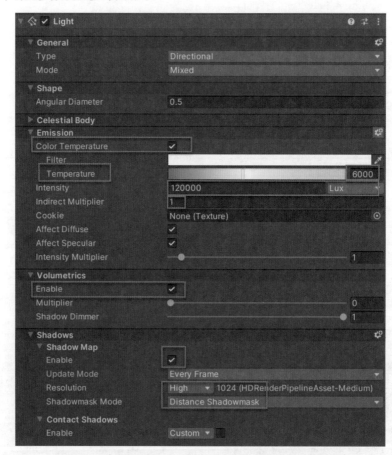

图4.7　用于模拟太阳光的Light组件中的主要参数设置

（1）Color Temperature（颜色温度）

勾选此选项，HDRP会使用Filter和Temperature两个参数来计算光源所发出光线的最终颜色。色温越高，越偏向蓝色；反之越偏向黄色。色温大于5000（单位为kelvins，表示为K）时，通常称为冷色调；反之则称为暖色调。关于色温设置可以参考附录B的有关内容。这里我们设置为6000K（参考的是垂直日光）。

（2）Intensity（光照强度）

光照强度用于控制实际太阳光的亮度。这里将其设置为120000 Lux。参考值来自HDRP文档中的"Physical Light Units and Intensities"部分，即表4.1中的"非常明亮的阳光"。

（3）Indirect Multiplier（间接光倍数）

将其设为1，用于模拟真实世界的光照。如果设为0，那么这盏灯就不会在场景中产生间接光照信息。（注：如果在Window→Rendering→Lighting Settings界面中没有启用Baked Global Illumination选项，则此参数无效。）

如果你想加大当前灯光对场景间接光照的影响，则可以将此参数调整为大于1。但是副作用是可能产生过于强烈的间接光照，导致画面失真。

（4）Volumetrics（体积雾）

此参数用于模拟光源发射的光线通过体积雾发生散射的现象。稍后我们会在Volume中启用Fog选项，然后就可以看到平行光穿过雾发生散射的效果了。

（5）Shadows（阴影）

勾选Enable选项可以让当前光源投射阴影。

Resolution（分辨率）用于控制阴影的质量，质量越高阴影效果越好，当然也会相应增加GPU的负担和内存的使用量，从而可能导致性能问题。

可以将Shadowmask Mode设置为Distance Shadowmask或者Shadowmask。Distance Shadowmask产生的阴影质量较高，不过对GPU的性能消耗较大。

执行步骤2后得到的结果如图4.8所示。

图4.8　执行步骤2后的画面效果

4.2.3　步骤3：启用Volume中的自动曝光控制

现在的画面存在曝光过度的情况，所以需要如图4.9所示启用Scene Settings Volume中的Exposure控制。

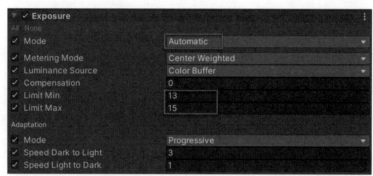

图4.9　在Volume组件中启用曝光（Exposure）控制

因为当前场景包含室内和室外两部分，所以使用Automatic模式做画面的曝光处理比较合适。如果选择Fixed（固定的），因为场景中有的部分露天，有的部分在屋檐下，所以场景不同部分的曝光值就会有较大差异，并不能用一个固定的曝光值代表所有情况。

通过Limit Min（最小曝光值）和Limit Max（最大曝光值）可以将画面的整体曝光控制在一定范围之内，防止在画面切换时通过自动曝光计算生成的曝光值过低或者过高，导致曝光不足或者曝光过度的问题。

执行步骤3后得到的结果如图4.10所示。

图4.10　执行步骤3后的画面效果

4.2.4　步骤4：启用所有灯笼模型和点光源

在Hierarchy窗口中选择Lantern_Lights，并在Inspector窗口中勾选启用它的GameObject。

通过菜单Window→Rendering→Light Explorer打开光源浏览窗口，然后勾选所有与灯笼相关的点光源（Point Light），如图4.11所示。

Enabled	Name	Type	Mode	Range
✓	Lantern Point light	Point	Mixed	5
✓	Lantern Point light	Point	Mixed	5
✓	Lantern Point light	Point	Mixed	5
✓	Lantern Point light	Point	Mixed	5
✓	Lantern Point light	Point	Mixed	5
✓	GasLantern_Point Light	Point	Mixed	3
✓	GasLantern_Point Light	Point	Mixed	3
✓	Lantern Point light	Point	Mixed	5
✓	Directional Light	Directional	Mixed	10

图4.11　在Light Explorer窗口查看场景中所有点光源并启用

执行步骤4后得到的结果如图4.12所示。

图4.12　执行步骤4后的画面效果

可以看到，因为我们使用明亮的户外阳光作为主光源，所以点光源的效果非常不明显。这是符合HDRP基于物理的光照规则的。

在夜间场景中我们可以看到这些与日间场景中的设置完全相同的点光源，成为场景中主要的光源，如图4.13所示。

图4.13　夜间满月场景渲染效果（Sponza_Night场景）

4.2.5　步骤5：启用场景中所有反射探针（Reflection Probe）

按照以下步骤查看和烘焙场景中的11个反射探针：

（1）在Hierarchy窗口中选择Reflection Probes，并在Inspector窗口中勾选启用它的GameObject。

（2）首先选择图4.14中所示的两个反射探针，并在Inspector窗口中启用反射探针调整按钮，如图4.14所示。

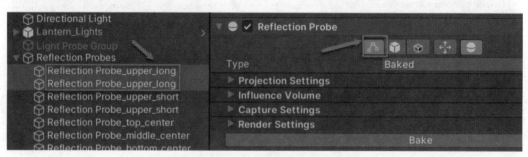

图4.14　用于调整反射探针的按钮

接着将Scene窗口左上角的显示模式改为Wireframe，此时可以清晰地看到这两个反射探针包含了二楼的两条长走廊，如图4.15所示。

图4.15　包含二楼两条长走廊的反射探针

最后，选择每一个反射探针，在Scene窗口中分别查看它们包含的区域。这些区域就是反射探针用于生成反射贴图Cubemap的区域，而这些反射贴图上的信息会被场景中的材质采样，用于计算物体表面的反射信息。

选择任何一个反射探针，就可以看到Reflection Probe组件中的Type（反射贴图生成的方式）被设为Baked（以烘焙方式生成反射贴图）。也可以选择Custom（自定义）或者Realtime（实时生成）方式。Custom（自定义）方式允许你自己指定一张Cubemap作为反射贴图（可用于制作特殊效果）。Realtime（实时生成）方式则可以提供比较精确的反射贴图，但是因为是实时计算出来的，所以性能较差。当前场景中的11个反射探针都采用了烘焙方式生成反射贴图，这是为场景提供反射信息性能最好的一种方式。

（3）生成场景所需的反射探针。由于目前选择Baked（烘焙）方式生成反射贴图，因此我们可以使用两种方式来进行烘焙（烘焙之前要确保参与烘焙的物体被标记为Static）：

- 第一种方式是先选中所有11个反射探针，然后在Inspector窗口中的Reflection Probe组件中，如图4.16所示，单击Bake按钮进行烘焙。

图4.16　反射探针组件中的Bake按钮

- 第二种方式是通过Window→Rendering→Lighting Settings窗口进行单独烘焙（也可以和场景的光照烘焙一起进行）。可以按照图4.17所示步骤进行烘焙。

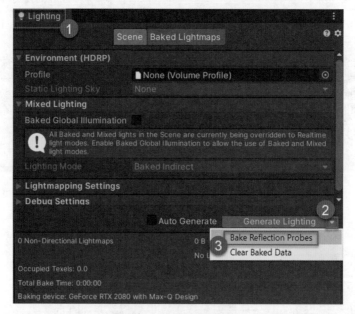

图4.17　烘焙的操作顺序

打开Lighting Settings窗口，单击Generate Lighting按钮右侧的倒三角符号，单击Bake Reflection Probes。系统会自动从当前场景中找到被标记为Baked类型的反射探针，完成烘焙。

表4.2对反射探针烘焙前后的效果进行了对比。为了展示烘焙前后的区别，挂盆的材质光滑度被设置为100%，类似于镜面反射。

如果你想测试表4.2中的效果，可以先把挂盆材质的Smoothness Remapping滑块拖动到最右侧，这样可以让挂盆表面产生100%的反射。材质的光滑度设置如图4.18所示。

表4.2　场景中反射探针烘焙之前和之后，挂盆和铁链表面反射信息的变化对比

反射探针烘焙之前：挂盆和铁链表面反射的是HDRI天空，此时可以清晰地看到天空和下面的地面，让人感觉整个挂盆并不在城堡内部。	反射探针烘焙之后：挂盆和铁链表面反射的是它四周的物体。

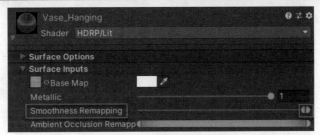

图4.18　Lit材质的光滑度设置

因为我们将挂盆和铁链的材质光滑度设置为最高，所以可以清晰地观察到反射探针烘焙前后，物体表面发生的变化。

4.2.6　步骤6：启用场景中的光照探针组（Light Probe Group）

在Hierarchy窗口中选择Light Probe Group，并在Inspector窗口中勾选启用它的GameObject。

在Scene窗口左上角选择Wireframe显示模式，并在Light Probe Group组件中单击Edit Light Probes按钮，如图4.19所示。

图4.19　光照探针组的组件上用于编辑的UI按钮

图4.20所示是在Scene窗口中以Wireframe模式显示的场景中所有的光照探针（Light Probe）位置。

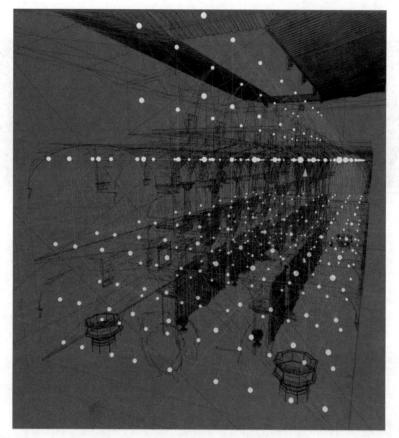

图4.20　以线框形式显示的光照探针位置

从图4.21则可以看到光照探针组覆盖了大部分区域。

光照探针组的作用是用烘焙的方式把场景中的间接光照信息（也就是当直接光照射到场景中物体的表面时，光线与物体发生碰撞并反弹所获得的光照信息）烘焙到这些黄色圆球所代表的光照探针上。当游戏运行时，场景里的动态物体游走于场景的各个区域。动态物体虽然无法参与光照烘焙（只有静态物体才能参与光照烘焙计算，稍后会在光照烘焙章节详细解释），但是可以通过采样这些光照探针上的间接光照信息，为自己提供更逼真的表面光照效果。

光照探针被认为是一种价廉物美，为动态物体提供间接光照信息和生成动态阴影的高性能解决方案。

光照探针组的烘焙不像反射探针可以通过组件上的烘焙按钮进行烘焙，光照探针的烘焙需要同时使用Lighting烘焙界面与场景的光照贴图来完成。

图4.21　光照探针组覆盖整个场景

4.2.7　步骤7：完成整个场景的光照烘焙

如果场景中只有直接光照信息，则大部分区域都会是漆黑一片。因为在现实世界中，大多数事物是由间接光照亮的。那么我们如何在Unity中来模拟这些间接光呢？有两种方法：

- 光照贴图烘焙（Lightmapping）。
- 实时光线追踪（Realtime Raytracing）。

由于目前实时光线追踪技术属于预览阶段，更因为需要指定的Nvidia RTX显卡的支持，所以还无法在大多数项目中应用。这里我们使用所有计算平台都支持的光照贴图烘焙技术。

Unity的光照贴图烘焙技术经过了好几次技术更新和迭代。在Unity 2019版本之前，Enlighten是推荐的光照贴图烘焙方式。自Unity 2019.3开始，Enlighten正式退出历史舞台，取而代之的是Unity自己研发的光照贴图烘焙技术，称为"渐进式光照贴图烘焙"（Progressive Lightmapper）。

Progressive Lightmapper有两个版本：CPU版本和GPU版本。CPU版本和GPU版本的参数目前完全一样。不用细讲大家应该也能猜到，CPU版本主要使用CPU来进行光照贴图的计算，GPU

版本用于计算的主要硬件就是GPU了。对于CPU和GPU这两个版本，当然首选GPU。原因很简单：烘焙速度快。GPU版本的烘焙速度一般比CPU要快10倍左右。前提是GPU上的显存足够支撑整个烘焙过程；如果显存不够，系统就会自动切换到CPU版本继续烘焙，此时烘焙速度会显著降低。

下面我们来进行具体的烘焙操作。

首先，确保所有静态物体（目前场景中所有的物体都为静态物体）被标记为Static。可以在Hierarchy窗口中选中Sponza_Modular选项，在Inspector窗口中勾选Static选项，如图4.22所示。

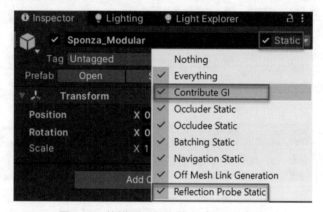

图4.22 将模型设置为静态（Static）的

其实对于光照烘焙来说，只要确保勾选Contribute GI（贡献全局光照）和Reflection Probe Static（反射探针静态）选项即可。这两项可以确保相关联的模型会参与光照贴图的烘焙和反射探针的烘焙。

然后，通过菜单Window→Rendering→Lighting Settings打开光照烘焙窗口，并使用图4.23所示的设置完成烘焙。

下面我们分别介绍上述光照烘焙窗口的各项重要设置参数。

（1）Environment（HDRP）

在这一项设置中可以指定所用的环境光Volume，并指定相关联的Sky作为环境光的来源。

在这里可以使用当前场景中所用的Volume，前提是此Volume必须包含一个Sky相关的Override；也可以使用其他专门用于烘焙的Volume，前提也是它必须包含一个Sky相关的Override。在此处指定的Sky（当前使用的是HDRI Sky）所提供的环境光信息会被烘焙到光照贴图中。

（2）Mixed Lighting

要想烘焙全局光照，必须在这里勾选Baked Global Illumination（烘焙的全局光照）选项，然后选择一种光照模式：Baked Indirect或者Shadowmask。

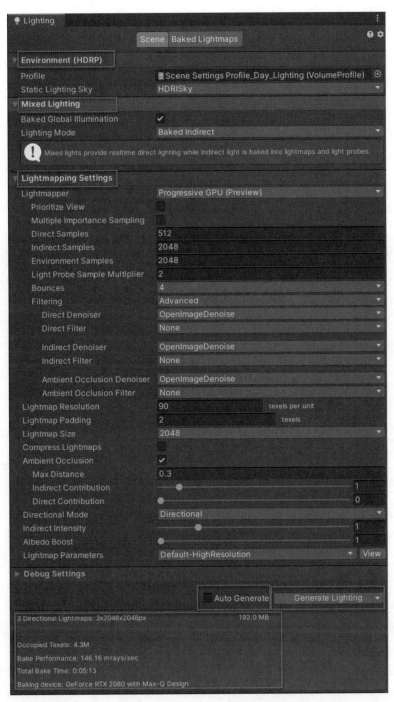

图4.23　光照烘焙参数设置

Shadowmask和Baked Indirect之间的区别是：前者除了烘焙间接光照信息，也会在Lightmap（光照贴图）中把阴影烘焙进去。Shadowmask模式可以提供最逼真的阴影效果，当然性能消耗和内存占用也是较高的。Shadowmask模式适用于远处存在可见物体的场景，比如在高端机器上运行的开放世界游戏。

（3）Lightmapping Settings

- Lightmapper：可以选择Progressive GPU或者Progressive CPU，首选GPU版本。

- Direct Samples、Indirect Samples和Environment Samples用于设置采样值。采样值越大，光照贴图细节越多，相应的烘焙时间也越长。

- Bounces用于控制进行光线追踪计算时光线的反弹次数。反弹次数越多，光照贴图细节越多，相应的烘焙时间也越长。

- 在Filtering下可以选择一种Denoiser（降噪算法）。可以分别为Direct Denoiser、Indirect Denoiser和Ambient Occlusion Denoiser选择不同的降噪算法。一般建议是根据不同的平台为这三项选择同一种降噪算法。比如为Nvidia显卡选择Optix；为AMD显卡选择Radeon Pro。OpenImageDenoise来自英特尔，是基于CPU的降噪算法，可用于所有平台。

- Lightmap Resolution：此数值用于控制光照贴图的分辨率。分辨率越高，光照贴图的细节越多，相应的烘焙时间也越长。一般刚开始测试烘焙光照贴图时，可以尝试将其设为20或者30，然后逐渐增加，直到能够在合理的烘焙时长里获得满意的光照贴图细节。

- Lightmap Padding：用于控制光照贴图中，按照UV分开的光照贴图区域之间的间隔大小。如果此间隔太小，有可能造成光照贴图边缘的颜色渗透。但是如果间隔太大，又会浪费光照贴图空间，增加贴图数量，导致光照贴图在内存中的占用增大。

- Lightmap Size：用于控制每一张光照贴图的最大尺寸。

（4）Auto Generate

一般在正式烘焙时不勾选此选项。如果场景较小或者硬件较好（比如开发用的电脑上配备了显存较大的显卡），则可以在试验烘焙阶段启用此选项。这样每次修改场景中组件的数值或者移动、旋转、缩放物体时，Lightmapper会进行自动烘焙。

（5）Generate Lighting按钮

当设置完所有参数后，单击此按钮开始烘焙。

（6）烘焙数据展示区

在数据展示区可以看到光照烘焙的具体进度。Progressive Lightmapper在此界面为我们提供一个预估的烘焙时长。这样可以快速判断当前的烘焙参数是否合理，烘焙时长是否可以接受。

烘焙完成以后，会在数据展示区显示烘焙所得的光照贴图数量以及文件大小，也会显示总的烘焙时长和参与烘焙的显卡信息等。

（7）GPU版本和CPU版本的渐进式光照贴图烘焙速度的对比见图4.24和图4.25。

这里烘焙所用的机器为一台笔记本电脑，主要配置信息如表4.3所示。

表4.3　烘焙用电脑的主要配置信息

CPU	Intel(R) Core(TM) i7-9750H CPU @ 2.60GHz
GPU	GeForce RTX 2080 with Max-Q Design，显存8GB
RAM	64GB

因为CPU烘焙时间非常久，所以图4.24展示的是一个预估时长（ETA）。

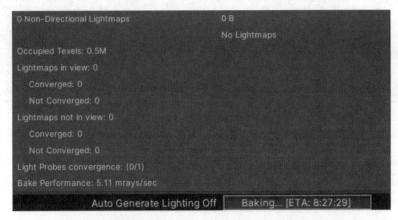

图4.24　渐进式光照烘焙（CPU版本）的烘焙时长预估

相比之下，GPU烘焙时间就非常短。

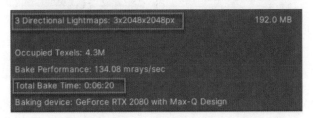

图4.25　渐进式光照烘焙（GPU版本）的实际烘焙时长

执行步骤7后得到的结果如图4.26所示。

图中红框区域中原先没有光照信息，虽然看上去有点暗，却是已经包含了来自光照贴图的全局光照信息。因为间接光照信息已经被烘焙进了光照贴图中，所以接下来我们可以用Volume中的Indirect Lighting Controller来增强整个场景的间接光照强度。

图4.26 执行步骤7后的画面效果

4.2.8 步骤8：增强间接光强度

在Hierarchy窗口中选择Scene Settings Volume，启用Indirect Lighting Controller（间接光控制器），如图4.27所示。

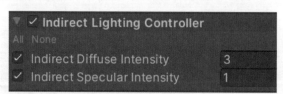

图4.27 Scene Settings Volume中间接光控制器重载的具体设置

- Indirect Diffuse Intensity（间接光漫反射强度）：HDRP会将由烘焙获得的光照贴图和光照探针（Light Probe）上的数据乘以这个值。
- Indirect Specular Intensity（间接光高光强度）：HDRP会将任何类型（Baked、Custom或者Realtime）的反射探针（Reflection Probe）上的数据乘以这个值。

通过以下几张图（见图4.28～图4.33）我们来直观地感受一下将它们设置为不同值时的效果。

- Indirect Diffuse Intensity：0；Indirect Specular Intensity：0

该画面中没有任何来自间接光照的漫反射和高光，没有被平行光照到的地方漆黑一片。

图4.28　只有直接光照的画面效果

- Indirect Diffuse Intensity：1；Indirect Specular Intensity：0

该画面中只有来自间接光照的漫反射，没有高光。

图4.29　直接光+间接光漫反射的画面效果

- Indirect Diffuse Intensity：0；Indirect Specular Intensity：1

该画面中只有来自间接光照的高光，没有漫反射。

图4.30　直接光+间接光高光的画面效果

- Indirect Diffuse Intensity：1；Indirect Specular Intensity：1

该画面中既有来自间接光照的高光，也有漫反射。与烘焙完成时的效果一致。

图4.31　直接光+间接光漫反射和高光的画面效果

- Indirect Diffuse Intensity：3；Indirect Specular Intensity：1

在该画面中，我们把来自间接光照的漫反射强度增加到原来的3倍，高光强度不变。

图4.32　直接光+间接光漫反射强度x3+间接光高光强度x1的画面效果

- Indirect Diffuse Intensity：3；Indirect Specular Intensity：3

在该画面中，我们把来自间接光照的漫反射强度增加到原来的3倍，高光强度也增加到原来的3倍。

图4.33　直接光+间接光漫反射强度x3+间接光高光强度x3的画面效果

我们最终选择的数值是：Indirect Diffuse Intensity为3；Indirect Specular Intensity为1。

4.2.9　步骤9：处理阴影和环境光遮蔽

阴影对于画面的最终表现非常重要，直接关系到画面效果是否让人感觉真实。

之前在解释灯光参数的时候，我们介绍了Directional Light（平行光）的Shadows设置。在Shadows组件中包含Shadow Map和Contact Shadows两部分设置。如图4.34所示，目前只启用了Shadow Map（阴影贴图），没有启用Contact Shadow（接触阴影）。

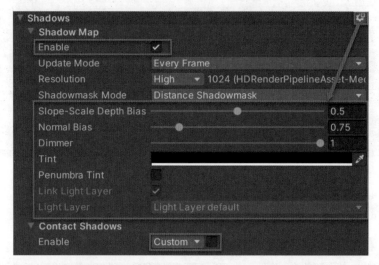

图4.34　平行光Light组件中的阴影控制参数

值得注意的是，右上角的齿轮+一个加号的图标，单击它会打开下方的高级设置参数。这些高级设置参数在默认情况下是不显示的，比如我们之后会详细讲解的Light Layer参数。

虽然当前场景中还有8个点光源（Point Light），但是因为主光源（平行光）够亮，所以可以基本忽略这些点光源发出的光。如果只启用平行光的Shadow Map选项，则画面中的阴影会比较"硬"，如图4.35中红色区域所示。

以下是设置阴影的具体步骤：

（1）设制阴影效果我们首先看一下Angular Diameter选项，如图4.36所示将其设置为1.3（单位为角度的度）。使用该选项可以控制平行光在物体上的高光强度，以及阴影的柔软程度。

如图4.37所示，调整Angular Diameter参数以后，阴影变得比之前"柔软"了不少。

图4.35 只启用平行光的Shadow Map选项时的阴影效果

图4.36 平行光Light组件中的Angular Diameter参数

图4.37 调整Angular Diameter参数后的软阴影效果

（2）在Hierarchy窗口中选择Scene Settings Volume，如图4.38所示，启用Shadows属性。

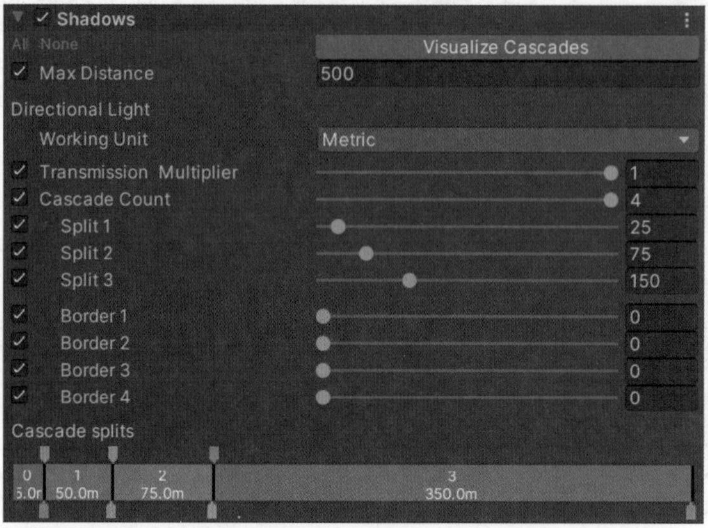

图4.38 启用Scene Settings Volume中的阴影重载

针对不同类型的光源，Shadows属性的作用分别如下。

- 对于Punctual Light（精确光源）类型（从一个点发射光线的光源，在Unity中为聚光灯（Spot Light）和点光源（Point Light））

  使用Max Distance（最远阴影投射距离，单位为m）参数控制这类光源投射阴影的最远距离（超过此距离后，阴影将不再被渲染）。

- 对于平行光类型

  这里使用Max Distance参数来控制Shadow Cascade（阴影级联）的最远显示距离（超过此距离后，阴影将不再被渲染）。在Directional Light区域中包含下面这些参数。

  ○ Working Unit（工作单位）：用于设置Split和Border数值的具体单位。如果设置为Metric，则HDRP会使用m为单位；如果设置为Percent，则HDRP会使用百分比数值。这里我们使用m作为单位。

  ○ Transmission Multiplier（光传输乘数）：数值为0～1。可用于控制平行光照射到厚物体上时应用到光线强度上的乘数。

  ○ Cascade Count（阴影级联数）：数值为1～4的整数。分别代表最少1个级联和最多4个级联。将它设置为不同的级联次数后，下面的Split和Border输入值的数量会发生相应的变化。比如设置4个级联，则下面会出现3个Split输入值和4个Border输入值。

○ 为了理解阴影级联的工作方式，请打开Sponza_Day_Shadow_Cascade场景，观察场景的Volume组件中的Shadows属性设置，如图4.39所示。

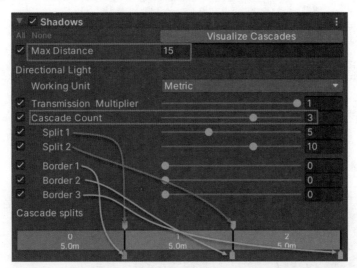

图4.39 Sponza_Day_Shadow_Cascade场景的Volume组件中的阴影重载

解释如下：

- 最远阴影渲染距离为15m。
- 将级联数设置为3。第一级Split 1为0～5m，第二级Split 2为5～10m，第三级为10～15m。超过15m以后不再渲染当前平行光的阴影。
- 可以设置Border 1～3来控制从一个级联范围内阴影过渡到下一个级联的距离（稍后具体解释）。
- 在图4.39中分别用红色箭头线和绿色箭头线标出了在Cascade splits中我们可以使用的滑块，以及每个滑块对应的Split和Border数值。

我们通过图4.40再来看一下场景中阴影的具体情况。

由图4.40我们总结如下：

- 因为Max Distance是15m，所以HDRP不再渲染15m以外的阴影。
- 离开镜头越远的阴影，质量越低。因为离开镜头较远，我们也不需要精度很高的阴影。

除了如图4.40那样通过手动计算镜头离开某个物体的距离，然后计算阴影的级联情况，我们也可以单击Visualize Cascades（级联可视化）按钮在场景中直接查看级联情况，如图4.41所示。

图4.40　用于描述阴影级联不同等级距离的示例场景

图4.41　单击Visualize Cascades按钮后可以清晰地看到阴影级联的情况

下面我们来看如何使用Border参数控制从上一级联阴影到下一级联阴影的过渡距离。如图

4.42所示，我们可以通过Border的滑块来设置数值，也可以通过Cascade Splits来设置Border的数值。

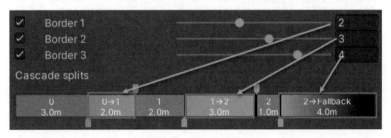

图4.42　Border参数

在当前镜头中的对应效果如图4.43所示。

图4.43　对应图4.42中的设置参数的具体效果

（3）接着我们为阴影添加更多细节。在Hierarchy窗口中选择Directional Light，在Shadows的Contact Shadows区域中选择High，如图4.44所示。

图4.44　在平行光Light组件中选择接触阴影（Contact Shadows）的质量等级为高

　　这里我们要注意：如果没有在HDRP配置文件中设置Contact Shadows质量等级，我们就无法在Directional Light的阴影选项中选择预设的Contact Shadows质量（不过可以选择自定义）。

　　图4.45展示了HDRenderPipelineAsset–Medium资源中针对Contact Shadows的设置（可以在Project窗口中的Settings文件夹下找到这个文件，选中它即可在Inspector窗口中查看所有HDRP相关的配置信息）。

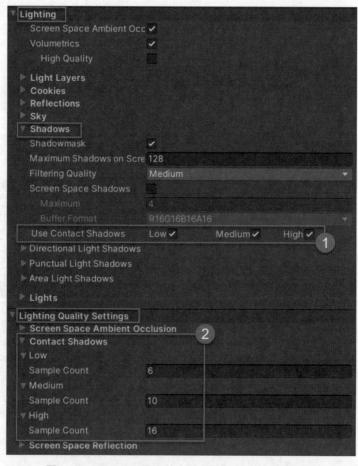

图4.45　HDRP配置文件中针对接触阴影的质量设置

可以在Lighting→Shadows下找到位置1的Use Contact Shadows（使用接触阴影）选项，在这里可以勾选Low（低质量）、Medium（中档质量）和High（高质量）三项，也可以只勾选其中一项。

Low、Medium和High分别对应Lighting Quality Settings（灯光质量设置）中Contact Shadows下的Low、Medium和High。可以在质量设置中为三个质量等级选择不同的Sample Count（采样数量），采样数量越大，阴影质量越高，当然性能消耗也越大。

要想让Contact Shadows在当前相机画面中起作用，如图4.46所示，还要确保在Project Settings→HDRP Default Settings中针对Camera的Frame Settings启用Contact Shadows。

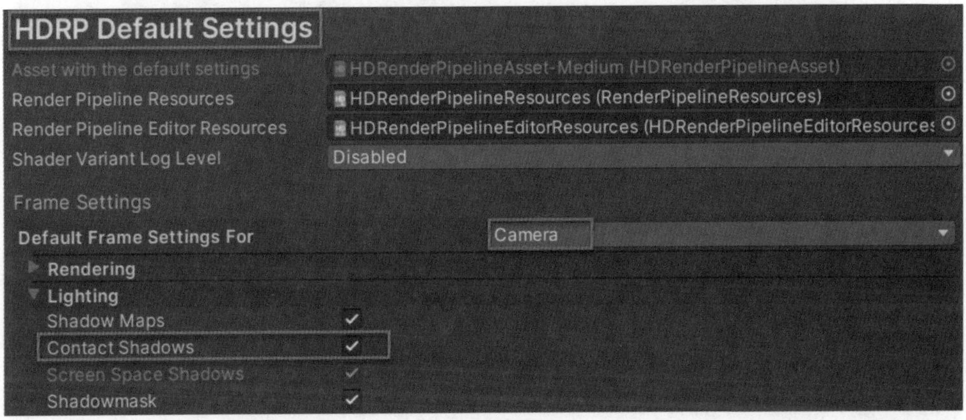

图4.46 在Project Settings界面中的默认HDRP设置界面上为Camera的默认帧设置启用接触阴影

图4.47显示了在启用Contact Shadows之后，HDRP为画面中的一些地方添加的接触阴影。

图4.47 为画面添加的接触阴影

（4）添加接触阴影以后，虽然乍看之下场景中的阴影更丰富了，但是你可能也注意到了不正常的地方，比如红色帘布下方的接触阴影很黑很硬，而且这一圈阴影和其他阴影是分开的。但是在平行光组件的设置里面和HDRP配置文件中并没有提供可以调整这些接触阴影的选项。这时我们就要用到Volume中的Contact Shadows属性了。

在Hierarchy窗口中选中Scene Settings Volume，然后如图4.48所示，在Volume组件中启用Contact Shadows属性。

图4.48　在Scene Settings Volume中启用接触阴影重载

- Enable：控制当前Volume所影响的相机画面中接触阴影的开关。
- Length（长度）：用于控制Raymarching算法所用射线的长度（以m为单位）。这也代表射线可以捕捉到的用于阴影计算的细节的最长距离。为了解决帘布下接触阴影与普通阴影分离的问题，我们使用1m作为射线的长度。
- Opacity（透明度）：用于控制阴影本身的透明度。这里调整为0.6，把原先很黑很硬的阴影调整得柔和和细微一些。
- Quality（质量）：用于控制阴影的质量。质量越高，采样数量越大，相应的性能消耗就越大。如果这里选择Custom，则我们可以自定义Sample Count（采样数量）。

因为接触阴影的算法是基于屏幕空间的，所以它只能采样当前画面的数据用于接触阴影的计算。如果接触阴影在场景中过于明显（很黑很硬），那么在画面移动时，画面边缘的接触阴影可能出现问题，比如移动镜头时，由于边缘物体消失，从而导致屏幕空间采样数据不足，最终导致接触阴影本身逐渐消失。

因此在使用接触阴影时，需要将其调整得细微一些，作为主要阴影的补充，而不是让接触阴影成为画面中阴影的主角。

图4.49展示了调整接触阴影以后的画面效果，画面中红色箭头所指的即为接触阴影。可以看到它们比之前更细微了，与普通阴影更融为一体了。

图4.49 调整接触阴影以后的画面效果

注：Contact Shadows只会在当前场景中的"主光源"上起作用。那么HDRP是如何判断场景中哪个光源是主光源的呢？有以下两种判断方式。

● 当前场景中没有平行光灯（Directional Light）的情况：HDRP判断当前画面中，哪一盏灯的包围盒（Bounding Box）尺寸在屏幕上占比最大，那么占比最大的那盏灯就是主光源。整个场景中也只有那盏灯能够投射接触阴影。

● 当前场景中有平行光灯的情况：不管场景中还有什么光源，这盏平行光灯都是主光源。这种情况下只有平行光灯会投射接触阴影。

（5）除了灯光投射的阴影，通过对屏幕空间计算获得的接触阴影，还可以添加Micro Shadows（微阴影）。在Scene Settings Volume中启用Micro Shadow属性。如图4.50所示，微阴影的参数很简单，一个Enable开关和Opacity（透明度）参数，它用于调整阴影的透明度。

图4.50 Volume组件中的微阴影设置参数

Micro Shadows会使用材质上的Normal Map（法线贴图）和Ambient Occlusion Map（环境光遮蔽贴图）来计算物体表面微小的阴影。HDRP不会使用网格表面数据来计算微阴影。注意，使用Micro Shadows会增加性能的消耗。图4.51所示是添加了Micro Shadows以后的画面效果。Micro Shadows为粗糙的墙面添加了更多微小的阴影，提升了真实感。

图4.51　添加了微阴影以后的画面效果

（6）最后我们要添加Ambient Occlusion（环境光遮蔽），简称AO。

环境光遮蔽也是基于屏幕空间计算出来的，所以会有和Contact Shadows类似的边缘显示问题。因此在使用环境光遮蔽时，原则上不能把效果调得太明显，而是以辅助为主。

在Scene Settings Volume中启用Ambient Occlusion，参数设置参考图4.52。

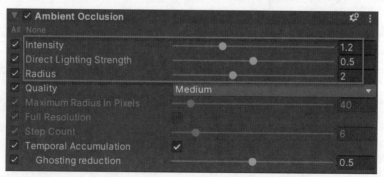

图4.52　在Scene Settings Volume中启用环境光遮蔽重载

- Intensity（强度）：用于控制环境光遮蔽的显示效果。数值越大，效果越强，其影响的区域（墙角、空洞等）会变得更黑。

- Direct Lighting Strength（**直接光照强度**）：用于控制接受直接光照的区域的环境光遮蔽强度。数值越大，该区域越黑。

- Radius（**半径范围**）：用于控制HDRP在屏幕空间中搜索遮挡物的范围。此数值越大，环境光遮蔽起作用的区域越大，但是显示质量可能会降低。

- Temporal Accumulation：启用该选项以后可以在计算AO时，利用前面生成的帧获得更好的效果（需要在相机的Custom Frame Settings中启用Motion Vectors支持）。不过可能在这个过程中会产生鬼影效果（Ghosting）。为了减弱鬼影效果，我们要用到下一个设置。

- Ghosting Reduction（**减弱鬼影**）：数值越接近于0，鬼影越严重，但是这可以减少画面中因为使用Temporal Accumulation而产生的噪点；反之数值越接近于1，鬼影效果越不明显，但是噪点会更严重。我们选择0.5作为折中的方案。

- 如果感觉目前的AO效果不明显，可以把Intensity设得高一些，比如4。把Direct Lighting Strength设为1，这样可以明显看出有AO效果的区域，如图4.53中红色箭头所指的区域。

图4.53 比较夸张的环境光遮蔽效果

执行步骤9后得到的结果如图4.54所示。

图4.54　执行步骤9以后的画面效果

4.2.10　步骤10：添加雾效

现在整个场景的直接光照、间接光照、反射、阴影、细节阴影，还有环境光遮蔽都已正确设置。为了让整个场景看上去有一点神秘的氛围，我们可以往里面添加雾效。

在Hierarchy窗口中选择Scene Settings Volume，启用Volume组件中的Fog重载，参数设置参考图4.55。

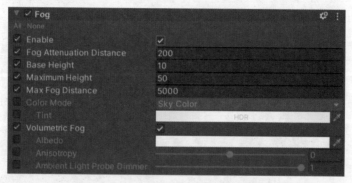

图4.55　Scene Settings Volume中的Fog重载

因为之前已经详细讲解过Fog相关的参数，所以这里不再具体描述各个参数的细节。

不过大家可能注意到，这里没有勾选Color Mode、Tint、Albedo、Anisotropy和Ambient Light Probe Dimmer这5个参数。没有勾选的原因是我们不需要这些参数，如果勾选，则会增加无谓的性能消耗。虽然消耗的性能很少，但是能省则省。

执行步骤10后得到的结果如图4.56所示。

图4.56 执行步骤10后的画面效果

从画面中可以明显看到，之前比较暗的地方亮了起来，这是因为光线在穿过雾的时候发生了散射所致。

如图4.57所示，单击Fog属性右上角的齿轮（带一个加号）按钮可以打开Fog的其他参数。

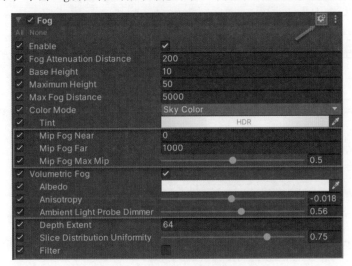

图4.57 有关Fog的更多参数选项

关于雾的高级参数设置，我们在Volume框架部分详细讲解过（包括Density Volume的具体使用方法）。

4.2.11 步骤11：画面抗锯齿处理

虽然抗锯齿处理和打光无关，但却是美化当前场景画面很重要的一个步骤。在HDRP中，按照所用Lit Shader Mode的不同，我们有以下抗锯齿处理方式。

- 如果Lit Shader Mode为Forward Only或者Both：可以使用硬件抗锯齿（Multisample Anti-Aliasing，简称MSAA）和主相机上后处理抗锯齿这两种方式。如果两种方式都使用，获得的抗锯齿效果会进行叠加。
- 如果Lit Shader Mode为Deferred Only：只能使用主相机上后处理抗锯齿的方式。

可以在HDRP配置文件中设置Lit Shader Mode，有三种模式，分别如图4.58、图4.59和图4.60所示。

- Forward Only：

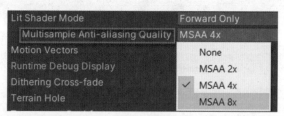

图4.58 如果在HDRP配置文件中选择Forward Only模式，则MSAA会变成可选状态

- Deferred Only：

图4.59 如果在HDRP配置文件中选择Deferred Only模式，则MSAA被禁用

- Both：

图4.60 如果在HDRP配置文件中选择Both模式，则MSAA会变成可选状态

两种方式的区别：

（1）硬件抗锯齿MSAA（Multisample Anti-aliasing）

使用MSAA的目的是移除多边形边缘的锯齿，但是比较消耗性能，它会增加内存和CPU的占用。

（2）主相机上的抗锯齿选项

在Hierarchy窗口中选择MainCamera选项，如图4.61所示，我们可以在相机组件中找到Anti-aliasing（抗锯齿）选项。

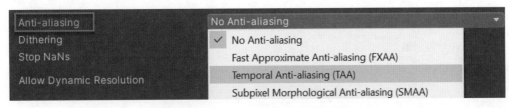

图4.61 相机组件下的抗锯齿选项列表

之前我们简单描述过这三种抗锯齿模式，以下为补充内容：

- 三种抗锯齿模式都属于后处理阶段的抗锯齿方法。它们会在画面中找到各种存在锯齿的边界进行处理，不管这些边界是模型的边界还是贴图的边界。
- FXAA针对锯齿进行模糊处理，它的速度是三种模式中最快的，适用于移动端等硬件条件不够好的平台。
- SMAA与FXAA相比稍微费些性能。它在试图消除锯齿的同时会让画面变得更锐利。也是因为这个特点，SMAA有可能会忽略某些锯齿。
- TAA相比于前两者，可以处理更多情况下的锯齿。

如图4.62所示，我们也可以使用TAA Sharpen Strength参数来控制画面中被处理过的锯齿的锐利度，数值越大越锐利。

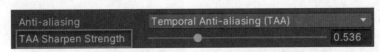

图4.62 使用TAA Sharpen Strength参数调整锯齿的锐利度

使用TAA时要注意的一点是，必须在HDRP配置文件中打开Motion Vectors选项，如图4.63所示。

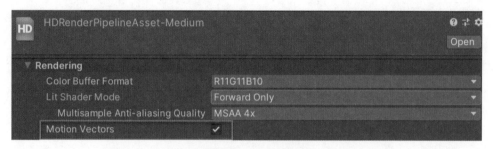

图4.63　在HDRP配置文件中打开Motion Vectors选项

因为TAA依赖Motion Vectors中的历史数据来进行抗锯齿处理，所以在某些情况下，如果场景中的某个物体还没有Motion Vectors历史数据，那么就有可能在物体边缘产生鬼影重叠的问题。不过这样的现象很不明显，基本可以忽略。

以下是在主相机的Anti-aliasing四种不同模式下同一画面的抗锯齿效果（截图来自Unity编辑器的Game窗口，将Scale设置为6倍。将Lit Shader Mode设置为Forward Only，没有打开MSAA模式）。

- No Anti-aliasing：没有做抗锯齿处理，画面中锯齿明显，如图4.64所示。
- FXAA：做了快速抗锯齿处理，锯齿被消除但是画面比较模糊，如图4.65所示。

图4.64　没有做抗锯齿处理的画面效果　　　　图4.65　使用FXAA模式的画面效果

- SMAA（将SMAA Quality Preset设置为High）：相比于FAXX抗锯齿的效果，画面更锐利，如图4.66所示。
- TAA（将TAA Sharpen Strength设置为0.3）：相比于前面两者，该模式的抗锯齿效果更平衡，如图4.67所示。

图4.66　使用SMAA模式的画面效果

图4.67　使用TAA模式的画面效果

注：如果当前Lit Shader Mode支持MSAA，则MSAA和相机上的抗锯齿方法可以一起使用。

4.2.12　步骤12：添加后处理Volume组件

最后一个步骤是添加后处理效果。在HDRP中添加后处理效果与添加环境光照阴影等使用的是同一个Volume框架。所以其实就是先创建一个新的Volume，然后创建并关联一个用于后处理的Volume Profile就可以了。

当然也可以把这些属于后处理的Override与Visual Environment、HDRI Sky或者Shadows这些Override放到同一个Volume Profile中。不过把后处理相关的Override单独放到一起更易于管理和维护。

在Hierarchy窗口中找到Post Processing Volume，在Inspector窗口中勾选启用GameObject。

在这一步我们会用到6个与后处理相关的Override，如下所示（注：关于后处理的内容在后面章节详细介绍）。

- Tonemapping（色调映射）：参数设置如图4.68所示。

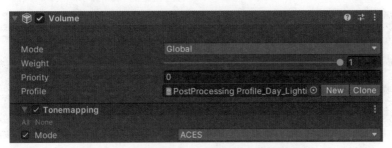

图4.68　后处理Volume的色调映射参数设置

- Color Adjustment（颜色调整）：参数设置如图4.69所示。

图4.69 后处理Volume的颜色调整参数设置

- Bloom（泛光）：参数设置如图4.70所示。

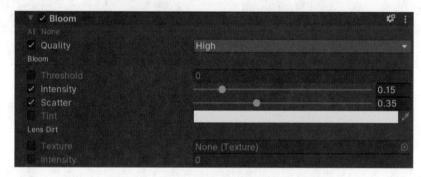

图4.70 后处理Volume的泛光参数设置

- Chromatic Abberation（色差）：参数设置如图4.71所示。

图4.71 后处理Volume的色差参数设置

- Vignette（晕映）：参数设置如图4.72所示。

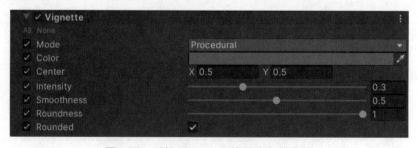

图4.72 后处理Volume的晕映参数设置

- White Balance（白平衡）：参数设置如图4.73所示。

图4.73　后处理Volume的白平衡参数设置

执行步骤12以后得到的最终效果如图4.74所示。

图4.74　执行步骤12后的画面效果

4.3　Sponza_Night_Lighting场景打光步骤解析

夜晚场景的打光步骤与日间场景的打光步骤完全一致，所以我们就不在这里重复了。下面我们来学习夜间场景打光和日间场景打光几个不一样的地方。

4.3.1　修改Directional Light设置

如图4.75所示，将夜间场景的平行光色温（Color Temperature）和强度（Intensity）调整为月光的色温和强度。因为对于夜间场景需要模拟的是明亮月光，所以把Directional Light的亮度设置为0.6 Lux（亮度数值参考HDRP的官方文档）。

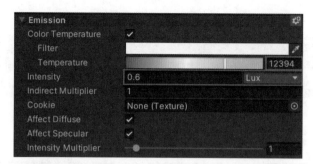

图4.75　平行光Light组件的Emission相关参数

4.3.2　修改Scene Settings Volume→HDRI Sky设置

如图4.76所示，我们把天空盒替换成带月亮的HDRI高动态图，亮度参考之前章节列出的Wikipedia数值。

图4.76　在Volume组件中把天空的HDRI图替换成带月亮的HDRI图

4.3.3　修改Scene Settings Volume→Exposure（曝光）设置

如图4.77所示，考虑到夜间场景的曝光条件，我们将Limit Min和Limit Max参数值做了适当调整。

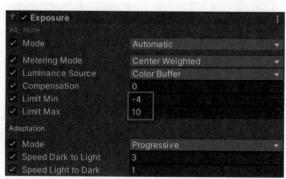

图4.77　在Volume组件中调整曝光的Limit Min和Limit Max数值

4.3.4　修改Scene Settings Volume→Fog（雾效）设置

如图4.78所示，夜间的雾气比较浓一些，所以将Fog Attenuation Distance参数值调小到80。我们不想要很多来自天空盒的环境光，所以降低Ambient Light Probe Dimmer参数值到0.38。

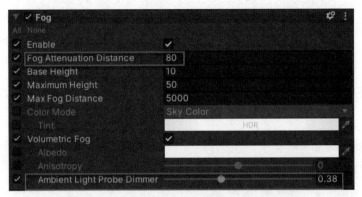

图4.78　在Volume组件中调整雾效的相关参数

4.3.5　修改Scene Settings Volume→Contact Shadows（接触阴影）设置

如图4.79所示，因为Contact Shadows（接触阴影）是基于屏幕空间计算得到的，而且夜间场景中有很多对比很鲜明的区域，导致有些地方的接触阴影在镜头移动时会显示不正常，比如提前消失（因为用于采样的周围环境物在当前画面中不存在了），所以把Distance Scale Factor禁用，把Opacity（阴影透明度）进一步降低，让画面中有阴影但又不会过于明显。

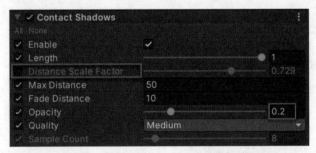

图4.79　在Volume组件中调整接触阴影的相关参数

4.3.6　修改Post Processing Volume→Color Adjustments（颜色调整）设置

如图4.80所示，这里把颜色的饱和度调高，让场景看上去受橘色灯笼的影响更大，突出橘色灯笼对整个场景光照的影响。

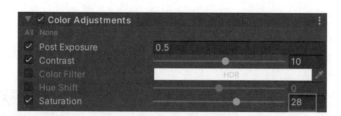

图4.80　在Volume组件中调整颜色的相关参数

4.3.7　修改Post Processing Volume→White Balance（白平衡）设置

如图4.81所示，因为我们不需要为场景添加绿色或者不需要洋红的整体着色，所以在白平衡选项组中禁用Tint（画面着色），将Temperature（温度）设置为–10，因为夜晚场景看上去应该比较冷色调一些。

图4.81　在Volume组件中调整白平衡的相关参数

完成所有步骤以后获得如图4.82所示的夜间满月最终效果。

图4.82　最终获得的夜间满月场景画面效果

4.4 光源类型和模式

这一节我们使用Sponza_Night_All_Lights场景来讲解所有光源的类型。

4.4.1 Unity中的光源类型有哪几种

在HDRP中可以通过Light组件来控制的光源类型有4种：Spot Light（聚光灯）、Directional Light（平行光）、Point Light（点光源）和Area Light（面积光），如图4.83所示。

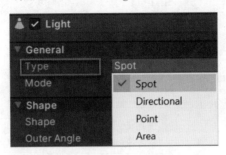

图4.83 Light组件中的4种可选光源类型

我们还可以使用材质中的Emission Inputs（自发光输入）参数把网格转变成由自发光材质控制的光源。以下是针对4种光源的具体描述和示例。

1. Spot Light（聚光灯）

聚光灯的特性是光线可被限定在一个具有一定半径的锥体内，对准一个方向投射光线。因此，聚光灯可用于模拟室内环境天花板上的射灯、室外环境的探照灯、汽车的前大灯、手电筒灯等有固定的光线投射方向的人造光源。下面我们来看一下Sponza_Night_All_Lights场景中的两个具体示例。

（1）天花板顶灯

图4.84所示是场景中长廊顶部的顶灯，光源类型为聚光灯。

我们来看一下这盏灯的各项参数。在Hierarchy窗口中选择Ceiling_Lights_Top/Lamp_Ceiling_Long6/Spot Light。在Inspector窗口中我们可以看到，Light组件的参数分成5个部分：General（通用设置）、Shape（灯光形状）、Emission（发光设置）、Volumetrics（体积光）和Shadows（阴影）。

- **General（通用设置）**

  如图4.85所示，在这里可以修改灯光的类型，现在的光源类型是Spot（聚光灯），但是我们可以随时将其改成其他类型（Directional、Point或Area）。

图4.84　天花板顶灯是一盏聚光灯

○ Mode（光源模式）：可以选择Realtime（实时）、Mixed（混合）或者Baked（烘焙）。我们这里选择Mixed模式。如果选择Realtime，这盏灯只提供直接光照；如果选择Baked，只提供烘焙到光照贴图和光照探针（Light Probe）中的光照信息（烘焙完成后我们可以禁用这盏灯，因为在游戏运行时这盏灯不会再发挥作用）；Mixed模式是最灵活的模式，它能提供直接和间接光照信息，而且在游戏运行时，除了通过光照贴图提供间接光照信息，也能提供实时光照和阴影。

在后面的光照烘焙部分我们将会讲述在Mixed光照模式下，静态物体和动态物体在不同的光照烘焙模式下如何接受光照和产生阴影。

单击图4.85所示界面右上角的齿轮按钮，**打开Light Layer（光照层）参数**。使用此参数可控制当前这盏灯对场景中的哪些物体投射光线。后面我们会专门介绍如何使用Light Layer。

图4.85　Light组件中的通用（General）参数

● Shape（光源形状）

如图4.86所示，Shape参数用于控制射出光线的整体形状，可以选择Cone（圆锥体）、

Pyramid（金字塔）和Box（长方体）。

图4.86 Light组件中的光源形状（Shape）参数

图4.87中顶灯的形状类型是Cone（圆锥体），其对应以下三个参数：

○ Outer Angle（外部角度）（红色箭头线条），用于控制圆锥体的外射角度。
○ Inner Angle（内部角度）（绿色箭头线条），用于控制内侧的圆锥体角度（注意这里的单位是百分比%）。
○ Radius（半径范围），用于控制光源的半径范围。此参数对高光的强弱、灯光的衰减还有阴影的柔和程度都有影响。此数值越大，产生的阴影越柔和。

图4.87 聚光灯的外部角度（Outer Angle）和内部角度（Inner Angle）

注：Pyramid和Box两种光源形状对应不同的相关参数，具体使用方法请参考相关文档。

图4.88所示是将Inner Angle参数调整到100%的效果。可以看到，打到墙上的光圈边缘非常锐利，这是因为现在的Outer Angle和Inner Angle的角度是相同的，所以不会产生任何的光线衰减效果。当然在现实中是不可能看到这样的效果的。

图4.88 将聚光灯的内部角度（Inner Angle）调整到100%的效果

- Emission（发光设置）

发光设置（Emission）参数如图4.89所示。

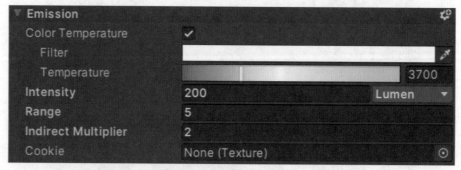

图4.89 Light组件中的发光设置（Emission）参数

○ 我们可以通过Filter（过滤）或者Filter + Color Temperature（色温）的方式来调整灯光的颜色。

当没有启用Color Temperature选项时，改变Filter的颜色可以直接改变灯光的颜色。

当启用Color Temperature选项时，HDRP会使用Filter选择的颜色和Color Temperature的颜色进行计算以获得最终的灯光颜色。

这里我们将Filter设置为纯白色（这会将Filter选择的颜色对最终灯光颜色的影响移除），把色温设置为3700K（单位为kelvins，中文翻译为"开尔文"）。使用色温来控制灯光颜色的好处是我们不必通过猜测来设置灯光颜色，而是可以通过物理世界中的参考值来设置色温，从而获得正确的灯光颜色。色温的数值我们可以参考附录A中给出的基于物理的光照单位和参考数值。

○ 聚光灯的Intensity（光照强度）单位可以选择Lumen（流明）、Candela（坎德拉）、Lux（勒克斯）和EV100。这里选择流明作为单位，数值设置为200，因为我们想模拟走廊里装饰性的顶灯。参考数值可以查看附录A。你可以使用其他光照单位，HDRP会在单位之间进行自动换算。

○ Range（光照范围）：这里设置为5m。该参数用于控制光源能够触达的最远距离（不适用于平行光，因为平行光用于模拟没有距离限制的光源，比如太阳光）。

○ Indirect Multiplier（间接光倍数）：用于控制当前光源在光照贴图烘焙时生成的间接光强度。具体行为如下：

如果设置为0，则在光照烘焙时此光源不会生成任何间接光。

默认数值为1，用于模拟真实世界的间接光照。如果要为受当前光源影响的场景增加更多间接光，则可以将此数值设置为大于1。

如果没有在Lighting窗口中勾选Baked Global Illumination（烘焙的全局光照）选项，那么此选项不起作用。

○ Cookie（光线遮罩）：无须消耗很多性能就可以通过使用一张2D纹理或者Cubemap来模拟复杂的光照效果。详细介绍请参考附录C。

○ 如图4.90所示，单击Emission界面右上角的齿轮（带加号）按钮，可以打开与当前光源形状相关的额外参数。

　　• Reflector（反光板）：打开此选项，可以在聚光灯后模拟出一个"隐形"的反光板。因为聚光灯本质上是一个加上了遮挡形状的Point Light（点光源），所以反光板的作用是把聚光灯向后发射的光线进行反射，从而可以在不增大光照强度的情况下大大增强聚光灯的光照强度。

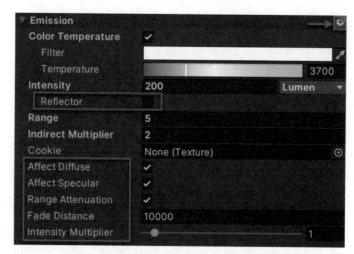

图4.90 发光设置（Emission）的额外参数

- **Affect Diffuse（影响漫反射）**：默认为打开状态，意指此光源的光照信息会影响受光物体表面的漫反射（Diffuse Color）。

- **Affect Specular（影响高光）**：默认为打开状态，意指此光源的光照信息会影响受光物体表面的高光。

- **Range Attenuation（光照范围衰减）**：默认为打开状态，意指光线会按照Range（光照范围）的设置进行衰减；如果禁用该参数，则光线不会按照Range的设置衰减（光照效果会变得很不真实）。

- **Fade Distance（光照消失距离）**：如果当前画面的相机离开光源的距离超过该数值（这里的单位为m），那么光源的光照信息将会消失。该参数仅支持Realtime和Mixed两种光照模式。其默认数值为10000m，意思是除非相机离开光源超过10000m，否则总是渲染光源发射的光线。

- **Intensity Multiplier（光照强度倍数）**：这里的数值将会与之前设置的Intensity数值相乘。其默认数值为1，意思是当前的光照强度就是前面设置的Intensity数值。我们可以在这里调整光源的光照强度，但是无须调整之前设置的Intensity数值。通过控制这个倍数数值，可以用Timeline、动画或者脚本来动态控制光源的光照强度。

● **Volumetrics（体积光）**

在当前场景的Scene Settings Volume中我们添加了Fog（雾）选项，因此如果在光源下启用Volumetrics选项（如图4.91所示），将会生成与光源形状匹配的体积光效果。此选项不支持Area Light（面积光）。

○ **Multiplier（体积光倍数）**：用于控制体积光的光照强度。

○ **Shadow Dimmer（阴影调光器）**：用于控制体积雾的强度。如果设置为0，则可以让体积雾散射的计算加快，提高游戏运行性能。

图4.91 Light组件中的体积光（Volumetrics）参数

● **Shadows（阴影）**

图4.92显示的是Light组件中阴影的默认参数。

图4.92 Light组件中的阴影（Shadows）参数

○ **Enable选项**：一般情况下我们都会启用光源的阴影选项。当然，如果场景设计需要，也可以选择禁用阴影。

○ **Update Mode（更新模式）**

• Every Frame（每一帧）：HDRP会对每一帧都计算并更新阴影。

• On Enable（Game Object启用时）：只在当前光源的Game Object启用时计算并更新阴影。

• On Demand（按需更新）：只有在脚本中通过调用光源Game Object上的HDAdditionalLightData组件的RequestShadowMapRendering()方法时才会计算并更新阴影（在之后的HDRP版本中，HDAdditionalLightData组件可能会被取消。如果你使用的HDRP版本不存在HDAdditionalLightData组件，可参考文档的具体描述）。

○ **Resolution（阴影分辨率）**：用于设置阴影的分辨率大小。有5个选项：Custom、Low、Medium、High和Ultra。

这些选项对应的具体分辨率数值可以在HDRP配置文件中进行指定，如图4.93所示。

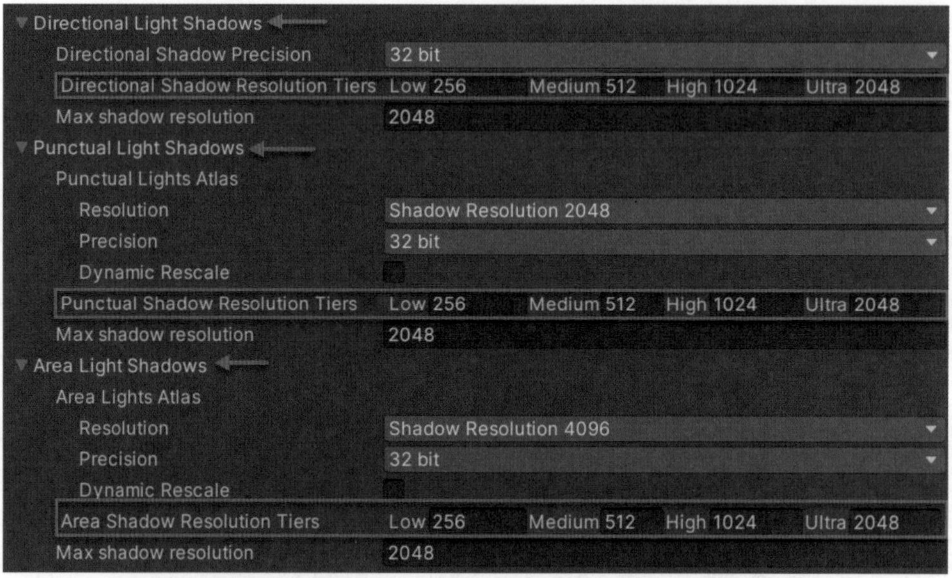

图4.93　HDRP配置文件中阴影的质量级别设置

- 对于Directional Light：使用Directional Shadow Resolution Tiers来控制这些选项对应的分辨率数值。
- 对于Spot Light和Point Light：使用Punctual Shadow Resolution Tiers来控制。
- 对于Area Light：使用Area Shadow Resolution Tiers来控制。

阴影分辨率越高，阴影越清晰，当然性能消耗也越大。

○ **Near Plane（近平面）**：单位为m，用于控制当前光源到受光物体开始投射阴影的距离。可以把这个平面想象成一个与光源投射平面平行的一个平面。我们使用表4.4来说明此参数的使用效果。

表4.4 将Near Plane设置为不同数值时产生的阴影效果

将Near Plane设置为2.4m，红色箭头指示光照方向。因为当前从距光源较远的位置开始投射阴影（绿色线条指示的位置），所以画面中右下角用红色线条圈出的区域没有从柱子投射的阴影。	将Near Plane设置为0.1米，红色箭头指示光照方向。因为当前从距光源很近的位置开始投射阴影（绿色线条指示的位置），所以画面中右下角用红色线条圈出的区域出现了从柱子投射的阴影。

- ○ **Shadowmask Mode（阴影遮罩模式）**：只有在光源被设置成Mixed（混合）模式时才会出现这个选项，有两种阴影遮罩模式，它们的区别如表4.5所示。

表4.5 Distance Shadowmask和Shadowmask两种阴影遮罩模式的对比

Distance Shadowmask	Shadowmask
可以为场景中所有物体投射阴影 （如果光源与相机之间的距离小于Emission选项组中的Fade Distance数值）	可以为场景中非静态物体投射阴影 （如果光源与相机之间的距离小于Emission选项组中的Fade Distance数值）
阴影类型：实时阴影	阴影类型：实时阴影＋静态物体的烘焙阴影
光源与相机之间的距离超过Fade Distance以后，实时阴影不再被渲染。静态物体会使用烘焙阴影，动态物体没有阴影。	光源与相机之间的距离超过Fade Distance以后，实时阴影不再被渲染。静态物体会使用烘焙阴影，动态物体没有阴影。

注：如果光源类型为Directional Light，则因为Emission选项组中不存在Fade Distance参数，HDRP会使用在Volume组件中的Shadows中设置的Max Distance数值。

从性能角度看：

- Distance Shadowmask模式对GPU造成的压力较大，但是阴影效果更真实，因为相比通过光照烘焙获得的阴影，实时阴影的分辨率更高。
- Shadowmask模式则对内存压力较大，因为要让靠近相机的静态物体有清晰的阴影，我们必须使用较大分辨率的阴影纹理。

○ Contact Shadows（接触阴影）

接触阴影的作用是捕捉使用普通阴影算法无法获得的阴影细节，比如在一些表面交接区域的阴影。接触阴影是通过Ray Marching算法采样屏幕空间的Depth Buffer（深度缓冲区）中的数据计算获得的，所以它本质上是一种基于屏幕空间的阴影。因此接触阴影会因为无法采样到屏幕空间外的数据，导致某些时候在屏幕边缘处出现阴影瑕疵。

要使用接触阴影，除了在Light组件中启用Contact Shadows选项，还要在当前场景的Volume组件中添加Contact Shadows选项，如图4.94所示。

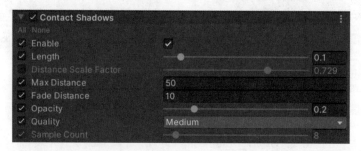

图4.94　Volume组件中的接触阴影（Contact Shadow）的参数

Volume组件中的Contact Shadows的各项参数的作用是控制场景里所有已经启用了Contact Shadows选项的光源。可以通过这里的Enable选项关闭场景中所有的接触阴影（即使Light组件中的Contact Shadows处于启用状态）

如图4.95所示，我们可以在HDRP配置文件中控制Contact Shadows的采样质量。Sample Count（采样值）越高，接触阴影的质量越高，当然性能消耗也越大。

关于接触阴影的一个使用建议是，这属于锦上添花的细节阴影，如果因为打开Contact Shadows选项而导致游戏性能下降，或者出现明显的阴影瑕疵，则可以选择禁用该选项或者把Opacity（透明度）调低。这样可以让接触阴影产生的瑕疵变得不那么明显。

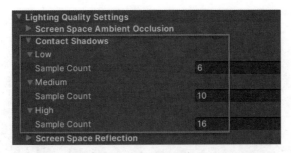

图4.95　HDRP配置文件中的接触阴影采样质量设置

○ Shadows（阴影）额外参数

如图4.96所示，我们可以单击界面右上角的带加号齿轮按钮打开额外的阴影参数。

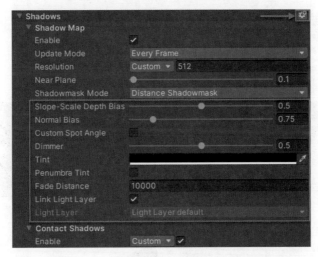

图4.96　Light组件中关于阴影的额外参数

这些额外参数与聚光灯相关，你选择不同的光源类型和模式会呈现不同的额外参数。因为聚光灯的额外参数基本上代表了所有光源类型的额外参数，所以我们拿聚光灯的额外参数来学习。

• Slope–Scale Depth Bias

此参数用于避免阴影产生自我交叉。HDRP会使用这里的偏移值进行最终阴影距离的计算。

我们可以通过HDRP的Debug窗口来查看不同数值下的阴影效果。通过菜单Window→Render Pipeline→Render Pipeline Debug打开该窗口，如图4.97所示，打开Shadow Debug Mode选项。

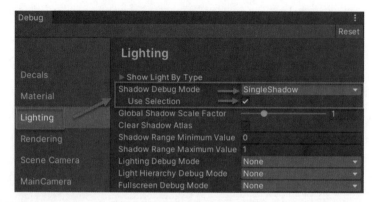

图4.97 在Render Pipeline Debug窗口将Shadow Debug Mode设置为SingleShadow

我们通过表4.6来对比将Slope-Scale Depth Bias设置为不同数值时的阴影效果。

表4.6 Slope-Scale Depth Bias取不同数值时的阴影效果对比

将Slope-Scale Depth Bias设置为0，红色箭头和用红色线条圈出的区域标示出了阴影交叉的地方	将Slope-Scale Depth Bias设置为0.5，左侧那种阴影交叉的现象消失了
	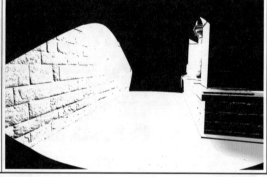

- Normal Bias（**法线偏移**）：用于控制受光物体表面法线的偏移量。使用该参数在某些情况下可以解决漏光的问题。
- Custom Spot Angle（**自定义聚光灯角度**）：（只适用于聚光灯）在阴影渲染时指定一个自定义的圆锥体角度，也就是说在渲染阴影的时候不使用光源的圆锥体角度。
  启用此选项后会出现用于调整Shadow Angle（阴影角度）的滑块，其数值在1~Outer Angle之间。也就是说，如果Shape中的Outer Angle数值为120（度），那么Shadow Angle的最大数值也为120（度）。

- Dimmer（调光器）：用于控制阴影的透明度。数值越小，阴影越透明。
- Tint（着色）：用于为阴影进行着色。这会影响实时阴影和接触阴影，但不会影响烘焙获得的阴影。
- Penumbra Tint（仅为半影着色）：如果启用此选项，则着色只会应用到半影中。

表4.7展示了不同的Tint和Penumbra Tint组合能够产生的阴影效果。

表4.7　Tint和Penumbra Tint参数组合产生的阴影效果对比

Tint为黑色 （禁用Penumbra Tint选项） 阴影为黑色	Tint为红色 （禁用Penumbra Tint选项） 阴影变成了红色	Tint为红色 （启用Penumbra Tint选项） 阴影主体为黑色，边缘（半影）为红色

- Fade Distance（阴影消失距离）

用于定义光源与相机距离多近时渲染阴影。两者之间的距离在此数值内时，光源产生的阴影会被渲染，此时在画面中就可以看到阴影；两者之间的距离大于此数值时，当前光源生成的阴影不会被渲染，此时在画面中看不到光源产生的阴影。

- Link Light Layer（关联光照层）和Light Layer（光照层）

在默认情况下，当前光源会为场景中所有符合条件的物体投射阴影。通过使用Light Layer，我们可以让当前光源只为场景中的某些物体投射阴影（前提是这些物体已被指定给某个Light Layer）。Light Layer的使用方法将会在后面章节详细讲解。Link Light Layer和Light Layer这两个参数存在如下联动关系：

如果禁用Link Light Layer，则可以为阴影单独指定Light Layer。这个Light Layer可以与之前在General中设置的光照Light Layer不同。也就是说同一盏灯的光照Light Layer和阴影Light Layer可以不同。

如果启用Link Light Layer，则阴影Light Layer会沿用之前在General中设置的光照Light Layer。这意味着同一盏灯的阴影Light Layer总是与光照Light Layer相同。

（2）探照灯/强力射灯

对于探照灯或者汽车前大灯这一类光源，在灯泡的后面都会放置一块反光板用来增强光的强度。在HDRP中我们可以用聚光灯作为光源类型，再启用聚光灯的Reflector选项来模拟这一类灯光的效果，如图4.98所示。

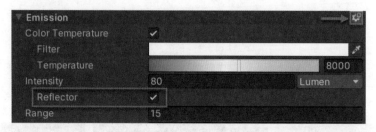

图4.98　在Light组件中启用Emission中额外的Reflector选项

表4.8对比了在不同光照强度下，启用和禁用Reflector选项所产生的效果。

表4.8　在不同光照强度下启用/禁用Reflector选项所产生的光照效果

Intensity：80（Lumen） Reflector：禁用	Intensity：80（Lumen） Reflector：启用	Intensity：1600（Lumen） Reflector：禁用
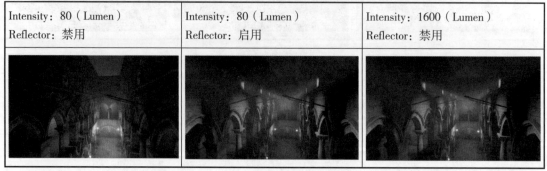		

在创建这一类光源时，可使用以下方式来模拟探照灯或者汽车前大灯的效果：

● 根据这一类光源的实际发光强度（可以参考汽车前大灯的Lumen数值，比如产品包装上的Lumen数值）来设置Intensity的数值（单位为Lumen）。

● 启用Reflector选项。

2. Directional Light（平行光）

该光源进行带方向的光线投射，但是其没有投射距离的概念。可用于模拟自然光源，比如太阳光、月光等。

　　因为没有光线投射距离的概念（无限远），所以平行光的Light组件中不存在Range Attenuation和Fade Distance这样的参数。

　　平行光参数中有一个Celestial Body（天体）参数组是别的光源类型中没有的。此参数组仅在我们使用Volume中的Physically Based Sky作为Visual Environment时才会起作用。

　　如图4.99所示，当前场景中的平行光光源为整个场景添加月光亮度的光照信息，你可以在图中的地面上看到微弱的月光。

图4.99　低亮度的平行光光源为场景提供了微弱的月光

3. Point Light（点光源）

　　该光源向四面八方投射光线。可用于模拟普通灯泡，比如室内天花板上的顶灯和吊灯，模拟从灯笼中发出的光，以及与提供火焰特效的光源配合使用等。我们的夜间场景中大多数灯具的光源类型都是点光源。下面分别看一下各个灯具的组成。

作为主光源一部分的路灯

　　在Hierarchy窗口中找到如图4.100所示的这盏路灯的GameObject，如图4.101所示。

图4.100　路灯效果

图4.101　在层级窗口中找到路灯 GameObject

这盏灯主要由4部分组成。

- **Mesh_street_light**：灯具的模型网格，包括灯罩和下面的支架。请注意，在此物体的 Mesh Renderer组件中，将Rendering Layer Mask设置为了Light Layer 3，意思是只有那些 在Light组件中把Light Layer 3加入影响范围的光源，才能为物体提供光照信息。具体设 置如图4.102所示。

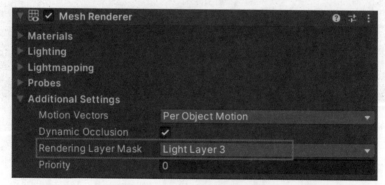

图4.102　将Mesh_street_light的Mesh Renderer组件中的 Rendering Layer Mask设置为Light Layer 3

- **Mesh_bulb_emissive**：在灯具中央，用于表示灯泡的模型网格带自发光材质，但是不 是光源的一部分。自发光材质只是用于表现这是一个灯泡。
- **Main_point_light**：灯具的主光源。自带Light Cookie（光线遮罩），用于模拟光线被 灯具遮蔽的效果（灯具本身的阴影），启用了体积光和阴影效果。具体参数设置如 图4.103所示。

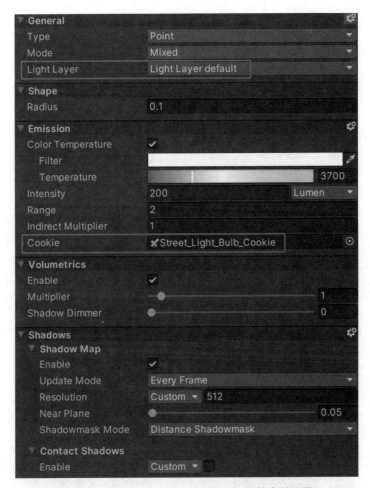

图4.103 Main_point_light的Light组件参数设置

如图4.103所示，这里的Light Layer被设置为Light Layer default，所以这盏灯不会照亮灯具模型（因为灯具模型的Light Layer被设置为了Light Layer 3）。

另外，如图4.104所示，在阴影的额外参数中，请注意，我们没有勾选Light layer 3这一层，这意味着主光源将不会投射灯具模型本身的阴影（在画面中看到的灯具本身的阴影，是通过Light Cookie生成的）。

- Glass_point_light：灯具的次要光源。因为它的作用只是提供玻璃灯罩的效果（让玻璃灯罩发光）和把灯具本身照亮，所以并不需要启用体积光和阴影效果。Intensity（光照强度）数值也不用很高，可以将Range限制在很小的范围内。具体参数设置如图4.105所示。

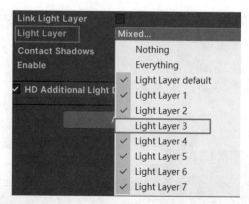

图4.104　Light组件中Shadows→Shadow Map额外参数组中的Light Layer参数

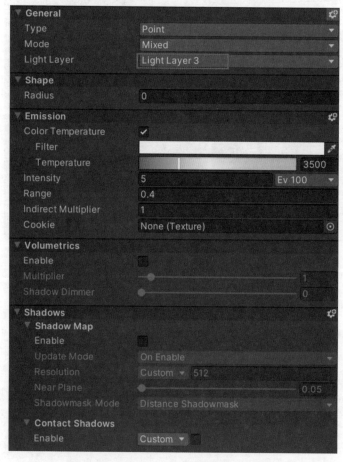

图4.105　Glass_point_light的Light组件

　　请注意，这里的Light Layer被设置为Light Layer 3，因此这盏灯会照亮灯具模型本身。

　　可能大家有疑问，为什么要用一个额外的点光源来照亮玻璃灯罩和灯具本身呢？我们通过表4.9中的两张图来说明不同的设置对最终灯具渲染效果的影响。

表4.9　不同的设置让路灯的光照效果完全不同

将Mesh_street_light的Rendering Layer Mask设置为： Light Layer 3 启用Glass_point_light，并将Light Layer设置为： Light Layer 3	将Mesh_street_light的Rendering Layer Mask设置为： Light Layer default 禁用Glass_point_light

该设置让灯具的发光行为与现实中一致： 由Light Cookie生成的阴影表现了灯具本身的细节。玻璃灯罩的发光具有层次感（灯泡处于灯具的底部中央，所以灯罩的发光在灯泡位置最亮，光照强度向外逐渐减弱）。	该设置导致主光源将灯具本身的阴影投射到墙上，但是灯具本身却并没有被照亮。而且灯罩顶部出现了不应该有的阴影。另外，灯罩的发光也没有层次感。

　　下面给出了几个点光源的应用示例，如图4.106～图4.108所示。

装饰性的路灯

图4.106 装饰性路灯效果

吊灯

图4.107 吊灯效果

为火焰特效提供光照

图4.108 火焰效果

4. Area Light（面积光）

该光源通过整个面投射光线。可用于模拟从室外通过窗户向室内投射光线的效果，例如摄影棚中的反光板等。

我们在夜晚场景的一扇门前放一个长方形的面积光灯，来模拟一个发光通道的入口（在Hierarchy窗口中找到Area Lights组件的Game Object）。光照效果如图4.109所示。

图4.109　模拟发光通道入口的面积光

面积光的参数与之前详细描述过的聚光灯的参数大多数是相同的，因此我们在这里只讲解面积光独有的参数。

（1）Shape（光源形状）

如图4.110所示，当前画面中使用的是Rectangle（长方形）的光源，可以通过Size X和Size Y来控制面积光的宽度和高度（以m为单位）。

图4.110　长方形面积光的宽高设置

如图4.111所示，也可以将其换成Tube（管状）灯，仅用于实时光照，不提供间接光照。Length用于控制管子的长度（单位为m）。

图4.111　管状面积光的长度设置

如图4.112所示，将其换成Disc（碟状）灯，仅用于生成烘焙光照信息，不支持实时光照。Radius用于控制碟子的半径（单位为m）。

图4.112　蝶状面积光的半径设置

Emission选项中的Display Emissive Mesh（显示自发光网格）选项

对于长方形和管状的面积光，我们可以勾选Display Emissive Mesh来显示光源本身（参数设置如图4.113所示）。如果不启用该选项，我们只能看到场景中面积光发射出的光线，但是看不到光源的形状。启用此选项以后，HDRP会自动生成一个网格，并添加自发光材质到网格上面。Cast Shadows、Motion Vectors和Same Layer（Custom Layer）这些选项都是用来设置HDRP为面积光生成的网格的。

图4.113　面积光Emission选项中的Display Emissive Mesh选项

Shadows选项中的额外参数（以下参数仅适用于长方形面积光）

如图4.114所示为长方形面积光额外的阴影参数。

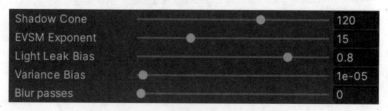

图4.114　长方形面积光额外的阴影参数

- Shadow Cone（阴影锥体角度）：用于控制投射阴影的锥体角度大小。数值范围在10～179度。数值越大，锥体的阴影投射范围越广。
- EVSM Exponent（EVSM指数）：使用场景的深度分布数据来计算阴影。增加此数值可以减少漏光情况的发生，并改变阴影的表现。
- Light Leak Bias（漏光偏移）：在阴影分辨率较低的情况下，有可能发生漏光情况。表4.10给出了在不同阴影分辨率下柱子阴影的具体表现。

（其他参数配置：Shadow Cone = 100；EVSM Exponent = 5；Variance Bias = 0；Blur Bias = 0）

表4.10　当漏光偏移（Light Leak Bias）参数为0时，阴影分辨率大小对阴影效果的影响

Light Leak Bias = 0 阴影Resolution = Low （256像素）	Light Leak Bias = 0 阴影Resolution = Medium （512像素）	Light Leak Bias = 0 阴影Resolution = High （1024像素）	Light Leak Bias = 0 阴影Resolution = Ultra （2048像素）

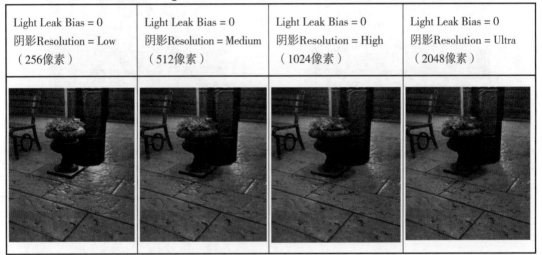

很明显，阴影分辨率越高，阴影效果越好，在High和Ultra分辨率下已经基本没有了漏光现象。不过分辨率的增大，必然导致内存占用增加，从而导致游戏运行性能下降。

表4.11则为我们展示了在应用Light Leak Bias之后的效果。可以清楚地看到，应用了Light Leak Bias以后，即使在Low（低）分辨率下，漏光的情况也大大改观。在Medium（中等）分辨率下，阴影的渲染效果可以与更高分辨率下的阴影效果媲美。

（其他参数配置：Shadow Cone = 100；EVSM Exponent = 5；Variance Bias = 0；Blur Bias = 0）

表4.11 在阴影分辨率较低的情况下可通过调整漏光偏移（Light Leak Bias）参数来解决漏光现象

Light Leak Bias = 0.965 阴影Resolution = Low（256像素）	Light Leak Bias = 0.63 阴影Resolution = Medium（512像素）

- Variance Bias：针对EVSM算法的数值修正。
- Blur passes（模糊处理次数）：用于控制HDRP对阴影进行模糊处理的次数。数值越大，模糊处理的次数越多，阴影越柔和，但是对性能的影响也越大。

5. 自发光材质

自发光材质可以为场景中的静态物体提供光照，但不会对动态物体提供光照。动态物体可以通过Light Probe（光照探针）来获取光照信息（后面会详细讲解光照探针的原理及使用方法）。

在材质章节会详细讲解自发光材质的使用方法。

4.4.2 Unity中的光照单位

在Light组件中，光源类型和光照单位的对应关系如表4.12所示。

表4.12 不同光源类型对应的光照单位

光源类型	光照单位
Directional Light（平行光）	Lux
Spot Light（聚光灯）	Lumen、Candela、Lux、EV100
Point Light（点光源）	Lumen、Candela、Lux、EV100
Area Light（面积光）	Lumen、Nits、EV100

HDRP的光照系统是完全基于物理来模拟的，因此当我们为某个光源选择照明单位时，需要了解这个单位的具体含义，以及所选单位的参考数值。只有为光源选择了正确的照明单位和数值，才有可能为场景打造真实可信的光照环境。

每个光照单位的具体含义请参考附录A。

4.4.3　如何制作和使用Light Cookie为灯光添加更多细节

目前的实时渲染技术还无法完全模拟真实世界中各种光源生成的丰富多彩的阴影细节，比如无法在低端机器上模拟由光线追踪生成的软阴影，也无法生成因为折射现象产生的焦散效果（caustics）。

为了解决上述问题，我们需要使用预先制作好的Light Cookie来模拟点光源和聚光灯生成的阴影细节。Light Cookie的本质是在射出的光线前面覆盖一张图片。

在Sponza_Night_All_Lights场景中找到SpotLight–LightCookie。我们可以分别对表4.13中给出的ColofulLightCookie和SpotLightCookie这两张图片进行测试。

表4.13　用于测试的两张Light Cookie图片

表4.14所示是通过将Light Cookie应用到一盏聚光灯上以后打出来的光（当Light组件的Shape属性被设置为Cone（圆锥体）时）。

表4.14　当将聚光灯形状设置为圆锥体时Light Cookie的效果

如果把Shape设置为Pyramid（金字塔）或者Box（长方体），则打出来的光会变成表4.15所示的样子。

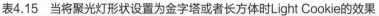

表4.15 当将聚光灯形状设置为金字塔或者长方体时Light Cookie的效果

从上面的例子可以总结出如下结论：

（1）通过Light Cookie的光线可以使用Cookie上的颜色。

（2）光照的强度不受Light Cookie的控制。

如图4.115所示，在将用作Light Cookie的图片导入Unity以后，要在导入界面把Wrap Mode设置为Clamp而不是默认的Repeat。

图4.115 在导入界面设置Light Cookie的Wrap Mode

如果设置成Repeat模式，当把图片关联到Light组件的Cookie属性上时，会收到如图4.116所示的警告：如果不设置成Clamp模式有可能会导致打出来的光出现瑕疵。

图4.116 将Light Cookie设置成Repeat模式时会报错

以上是最简单的Light Cookie示例，因为使用的是聚光灯类型，所以只需要一张平面图即可实现Cookie的效果。但是如果要给点光源制作Light Cookie呢？如图4.117中所示的墙上的点光源会向所有方向投射光线，生成复杂的阴影效果。对于这样的灯具，我们就无法使用简单的Light Cookie来实现复杂的阴影效果。

图4.117　Light Cookie可以提供更复杂的阴影效果

上述点光源使用的Light Cookie如图4.118所示。这是一张由6张图组成的Cubemap。

图4.118　应用到图4.117中点光源上的Cubemap类型的Light Cookie

制作Cubemap类型的Light Cookie要复杂得多。详细的制作方法可以参考附录C，其中详细列出了制作Cubemap 类型Light Cookie的方法（使用3dsmax+Arnold渲染器和Unity的Progressive Lightmapper两种方法），以及应用到HDRP光源上的具体步骤。

4.4.4 光照相关的常见问题汇总

1. 为什么场景中会出现奇怪的阴影块

如果光源设计不当的话，我们可能会看到如图4.119所示的黑块（红色框标出）。这些黑块会在相对固定的地方出现，有的时候也会在镜头移动的时候随机闪烁。

图4.119 光源设计不当导致渲染的画面中出现黑块

HDRP使用的是一个可配置的瓦片/集群、延迟/前向的混合式光照架构（Configurable hybrid Tile/Cluster/Deferred/Forward lighting architecture）。HDRP在代码中默认限制每一个Tile只能接受一定数量光源的光照信息。这个光源的数量被限制为24个。如果某个Tile接收到超过24个光源的光照信息，其上就会因为超过24个光源的那部分光照信息与现有光照信息"打架"而出现上述黑块。

我们可以打开Window→Render Pipeline→Render Pipeline Debug窗口，通过Lighting部分查看每个Tile具体接收到了多少个光源的光照信息，界面设置如图4.120所示。

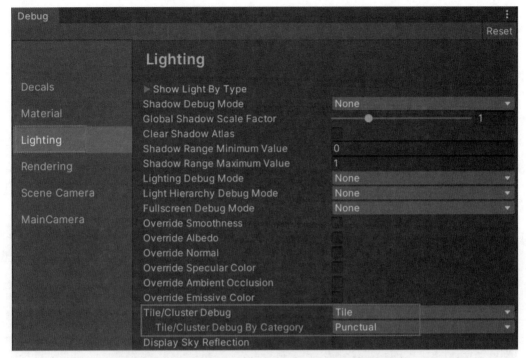

图4.120　在Render Pipeline Debug窗口进行设置

当前场景中的光源除了一个Directional Light外，其他都是Spot或者Point光源。因为这两种光源都属于Punctual类型，所以把Tile/Cluster Debug By Category（根据灯光类型来做瓦片/集群调试）设置为Punctual。

打开Debug模式以后，我们可以在Scene窗口或者Game窗口看到叠加在场景画面之上的数据，如图4.121所示。你可以移动相机镜头，这些数字会随着画面的改变而改变。图中每个数字代表一个Tile，数字则代表每一个Tile接收到的光照信息的光源数量。图4.121中用红色线框标出的区域为超过24个光源的Tile。大家可以看到数字越高，颜色越深，代表这个区域受光的光源数量越多。通过这种方式我们可以非常直观地看出哪些区域需要优化。

解决黑块问题的方法本质上就是将受影响区域中，每一块Tile接收光照的光源数量限制在24个以下。我们可以通过检查场景中每一个光源的影响范围（Range数值）来限制同一个Tile接收光照信息的光源数量。

给图4.121中画面造成麻烦的是，在城堡两端带五个灯泡的吊灯（图4.122中用红框标出了这20个点光源），因为它们的Range数值被设置得过高。如果把这些点光源的Range数值设置成10（m），我们就能看到上面画面中的黑块。

图4.121　启用Debug时Scene窗口会显示每个Tile接收到的光源数量

我们可以在Hierarchy窗口中找到这些点光源。经过测试，把图中点光源的Range值设置成3.8，这样我们就可以把每个Tile接收光照信息的光源数量限制在24个以内，从而消除任何情况下的黑块问题。

当然，我们也可以解除每个Tile最多只能接受24盏灯光照的限制。打开Project Settings → HDRP Default Settings → Default Frame Settings For（Camera）的Light Loop Debug设置，然后将Deferred Tile选项禁用，如图4.123所示。禁用Deferred Tile以后，上述的黑块就会消失。不过要注意的是，游戏在运行时帧率会明显下降，整个游戏的性能会显著下降。

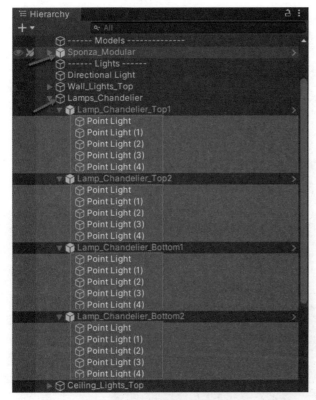

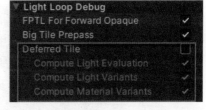

图4.122　层级窗口中影响画面渲染效果的20个点光源　　图4.123　在默认帧设置中的Light Loop Debug中禁用Deferred Tile选项

2. 为什么在相机镜头移动时场景中的阴影会扭曲或者闪烁

如图4.124所示，这是因为在HDRP配置文件中我们启用了阴影的Dynamic Rescale（动态缩放）选项。

图4.124中的Punctual Light Shadows中包含聚光灯和点光源的阴影设置。面积光的阴影设置则单独放在Area Light Shadows中。

如果我们在启用Dynamic Rescale选项的情况下播放场景中的Timeline动画，就会注意到图4.125中箭头所指的阴影会发生移动、闪烁或者扭曲。

禁用Dynamic Rescale选项，这些不自然的阴影表现就会自动消失（**注：这样的阴影表现也有可能出现在内置渲染管线中，但是在内置渲染管线中是无法通过设置某个参数来解决这个问题的**）。

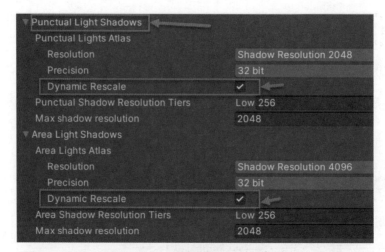

图4.124　HDRP配置文件中的Punctual Light Shadows配置选项

图4.125　启用Dynamic Rescale选项阴影可能发生移动、闪烁或者扭曲

3. 未启用体积光的High Quality（高质量）选项，可为什么编辑器中的灯光雾效会有那
　 么多噪点

在Project Settings→Quality→HDRP中，我们可以查看HDRP配置文件中的Volumetrics选项的
设置，如图4.126所示。

图4.126　HDRP配置文件中体积光的设置

如图4.127所示，没有启用High Quality（高质量）选项，但在编辑器模式下可以看到聚光
灯打出的光柱包含很多噪点。

图4.127　禁用体积光的高质量选项的情况下的效果

不过在游戏运行时，这些噪点则会消失。

原因：在编辑器中只是预览，所以如果不启用高质量选项，预览时会有噪点。当然启用
高质量选项不仅可以减少编辑器中的体积光噪点，在运行时也会获得更好的体积光效果，如
图4.128所示。不过启用高质量选项也要付出很大的性能代价。

图4.128 启用体积光的高质量选项的情况下的效果

4. 启用高质量选项对性能影响到底有多大

打开Sponza_Night_All_Lights场景，我们分别在启用和禁用高质量选项的情况下运行场景，看看性能的对比。

（1）图4.129所示是启用高质量选项时的运行数据。

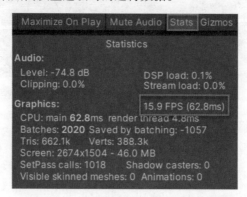

图4.129 启用高质量选项时的运行数据

（2）图4.130所示是禁用高质量选项时的运行数据。

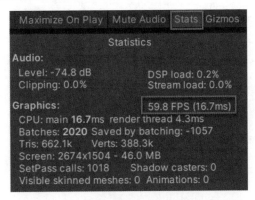

图4.130　禁用高质量选项时的运行数据

我们可以看到，启用体积光的高质量选项对性能的影响是很大的，所以一定要慎用Volumetrics→High Quality选项。

另外，如图4.131所示，上述测试使用的Lit Shader Mode是Deferred Only（在Deferred模式下无法使用MSAA）。如果我们使用Forward Only模式，也会对性能造成影响。

图4.131　HDRP配置文件中的Lit Shader Mode选项

注：上述测试的电脑配置为Intel(R) Core(TM) i9-9820X CPU @ 3.30GHz 3.31GHz，RAM 64GB，Nvidia GeForce RTX 2080。

5. Console窗口提示："Max shadow requests count reached……"，该如何解决

图4.132中的报错，原因是当前场景中所有光源生成的阴影数量超出了在HDRP配置文件中指定的数量。

[09:56:46] Max shadow requests count reached, dropping all exceeding requests. You can increase this limit by changing the max requests in the HDRP asset
UnityEngine.GUIUtility:ProcessEvent(Int32, IntPtr)

图4.132　最大阴影数量超过限制

通过Edit→Project Settings→Graphics界面，我们看到与当前的Scriptable Render Pipeline Settings相关联的HDRP配置文件是HDRenderPipelineAsset-AllLights。

在Project窗口中选中HDRenderPipelineAsset-AllLights，然后在Inspector窗口中找到

Lighting→Shadows区域中的Maximum Shadows on Screen设置。在这里可以设置允许同屏显示的最大阴影数量，当前数值是256。如果我们把此数值改成128，那么上述报错就会出现。

那么是什么原因导致当前场景中的阴影数量超过256个了呢？具体原因如下：

通过顶部菜单Window→Rendering→Light Explorer打开Light Explorer界面。我们可以看到目前有32个点光源（Point Light），22个聚光灯（Spot Light）和1个平行光灯（Directional Light）。这些光源产生的阴影数量如表4.16所示。

表4.16 场景中光源数量和所生成阴影数量统计

光源类型	光源数量	每个光源产生的阴影	阴影总数
点光源（Point Light）	32	6	6x32 = 192个
聚光灯（Spot Light）	22	1	22个
平行光灯（Directional Light）	1	按照Volume中Cascade设置的数量，默认为4	4个
		阴影总数：	218个

因此要解决上述问题，我们必须把同屏可以显示的最大阴影数量提升到大于218个。这样即使同屏显示所有的光源，也不会显示上述报错。

当然，如果场景中产生阴影的光源过多，也会对性能造成很大影响。

4.5 光源分层

4.5.1 光源分层的作用

在HDRP中我们可以使用Light Layer（光源分层）功能做以下事情：

（1）让光源只照亮场景中指定的物体，并投射阴影。

（2）让光源只照亮指定的物体，但是让其他物体投射阴影。

4.5.2 光源分层实例讲解

我们在介绍光源时举了如何使用墙上的灯具（带Light Cookie）的例子。现在我们用另一个例子来系统介绍光源分层的用法。

要使用光源分层功能，首先必须在HDRP配置文件中将Light Layer功能打开（如图4.133所示）。

默认提供了8层，从Light Layer default、Light Layer 1一直到Light Layer7。你可以把这些名称改成更容易理解的名称，这里我们把Light Layer 7改成Spot Light Behind Door，以方便接下来的示例制作。

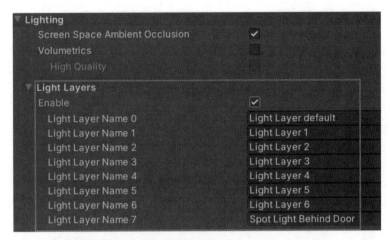

图4.133 HDRP配置文件中的Light Layer设置

我们来制作门后亮光的效果。具体是让门后的光从门的四周透出来，但是又不会照亮门前面的地板和墙壁。下面我们按照步骤进行制作。

首先在Hierarchy窗口中找到Details_Door_B，双击此物体可以在Scene窗口对其聚焦，如图4.134所示。

图4.134 场景中的Details_Door_B

步骤1：在Hierarchy窗口中创建一个Area Light，命名为Area Light Behind Door。按照图4.135所示的数值设置Transform组件，这样就把生成的面积光放到门后的位置了。

图4.135　Area Light Behind Door面积光的位置和旋转设置

步骤2：按照以下数值设置Light组件参数。

我们按照图4.136所示设置面积光的Light组件参数：

● 将Light Layer设置为Light Layer default。

● 将Size X和Size Y设置为1。

● 启用Color Temperature并将Temperature设置为2059开尔文（偏黄色）。

● 将Intensity（光照强度）设置为200。将Range设置为0.8（m）。

● 不启用Shadow Map，这样可以减少一些性能消耗。

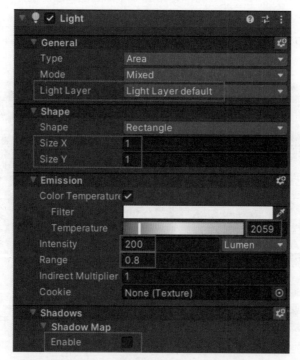

图4.136　门后面积光的Light组件参数设置

设置完以后的效果如图4.137所示。可以看到地板上红框区域也被门后的光源照亮了。这显然不是我们想要的。

图4.137 门后面积光生效，但是也照亮了地板和两侧不该照亮的地方

步骤3：接下来我们为光源和这扇门设置Light Layer。

在Hierarchy窗口中选择Area Light Behind Door，将General下的Light Layer设置为Spot Light Behind Door，不选Light Layer default。设置完Light Layer以后，Inspector中的显示如图4.138所示。这时可以观察到门上的亮光消失了，因为现在的面积光只会影响场景中Mesh Renderer上Rendering Layer Mask里包含Spot Light Behind Door的物体。

图4.138 设置面积光的Light组件的Light Layer

然后，找到Details_Door_B，在它的Mesh Renderer组件中的Rendering Layer Mask中勾选Spot Light Behind Door，但是不要把Light Layer default选项取消，因为我们还想让别的光源能够在门上起作用。具体设置如图4.139和图4.140所示。

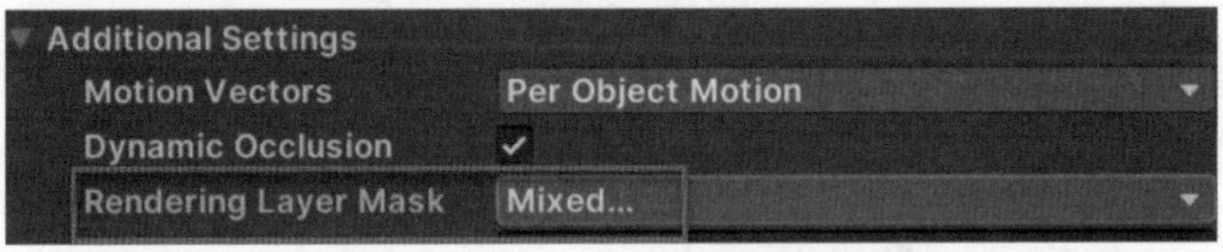

图4.139 Details_Door_B的Mesh Renderer组件中Rendering Layer Mask的设置

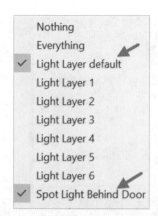

图4.140　勾选Rendering Layer Mask选项列表中的具体选项

设置完成后就得到了如图4.141所示的最终效果。

图4.141　应用Light Layer功能后的最终效果

　　注：在使用Light Layer时，一旦在某个受光物体上应用了Light Layer，我们一定要注意物体周围的光源分布情况。因为只有将受光物体所在的Light Layer也指定给光源，才能让光源照亮相关的受光物体。

4.6　使用光照探针

4.6.1　为什么要使用光照探针

我们可以为场景中的静态物体烘焙间接光照信息，但是如何为场景中的动态物体提供间接光照信息呢？答案就是使用光照探针。

当然，光照探针的作用并不仅仅是为动态物体提供间接光照信息。光照探针的具体作用如下：

- 为静态物体（包括LOD）提供间接光照信息。
- 为场景中那些比较小的物体提供间接光照信息。如果让这些小物体参与光照贴图烘焙，会因为占用光照贴图空间而导致光照贴图尺寸变大，进而导致内存占用升高影响运行性能，所以我们可以让这些小物体从光照探针中获取间接光照信息。具体示例如图4.142和图4.143所示（来自Sponza_Day场景）。

图4.142　放在角落中的花盆中的植物在画面占比重比较小

对于该示例说明如下：

- 启用花盆中植物模型网格的Mesh Renderer组件的Contribute Global Illumination（贡献全局光照）选项，这可以让植物网格参与全局光烘焙。

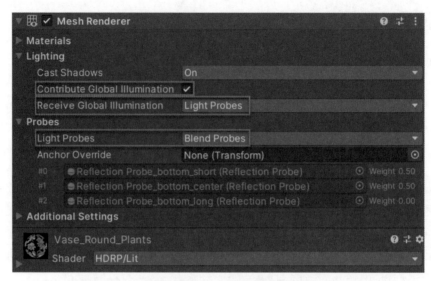

图4.143　植物模型Mesh Renderer组件的具体设置

- 将Receive Global Illumination（获取全局光的方式）设置为Light Probes而不是 Lightmaps。因为设置成了从Light Probes获取间接光照信息，所以植物网格本身从烘焙 所得的间接光照信息不会被保存到光照贴图中，从而达到节约光照贴图空间进而节省 运行时内存占用的目的。

  注：需要在光照贴图烘焙之前，把需要从Light Probes获取间接光的物体的Mesh Renderer按照示例来设置，这样才能正确完成烘焙。如果在烘焙时将Mesh Renderer设 置为从Lightmaps获取全局光信息，待烘焙完成再切换成Light Probes，此时光照探针不 会起作用，因为这时候光照贴图已经烘焙完成了。

- 为场景中的移动物体提供间接光照信息。

光照探针中包含的信息以L2球面调和函数（L2 Spherical Harmonic Function）的形式存在。 每个光照探针分别保存RGB三个通道的9个浮点数，一共是27个浮点数。当场景中的物体靠近 这些光照探针时，它们会从光照探针获取间接光照信息。

4.6.2　使用光照探针的基本步骤

步骤1：创建光照探针组（Light Probe Group）

通过菜单GameObject→Light→Light Probe Group在场景中创建一个光照探针组，如图4.144 所示。

图4.144　场景中分布的光照探针组

图4.145所示是光照探针组的参数设置。

图4.145　光照探针组的参数设置

光照探针组的功能和参数描述如下。

● Edit Light Probes按钮：在未单击Edit Light Probes按钮时，下面的所有参数和按钮为禁用状态。单击该按钮可以启用这些参数和按钮。

● Show Wireframe（显示线框）：可以显示或者隐藏上面示例图中用于连接黄色光照探针的紫色线框。

● Remove Ringing（移除振铃）：此选项默认为启用状态。"振铃"现象在明暗对比强烈的情况下可能出现。如图4.146所示，画面右下角圆球背面的光斑就是所谓的"振铃"。不过启用此选项虽然可以自动移除"振铃"光斑，但这也会让光照探针不大准确，而且会降低光线对比度。我们可以避免把直接光照信息烘焙到光照探针中，而是为光源选择Mixed光照模式，只将间接光照信息烘焙到光照探针上。

图4.146　"振铃"现象（来自Unity官方文档）

- **Selected Probe Position（选中的光照探针位置）**：当我们在场景中选中某个光照探针时，这里会显示它的当前世界坐标信息。
- **Add Probe（添加探针）**：往现有光照探针组上添加一个新的光照探针。
- **Select All（选中所有）**：选择组里的所有光照探针。
- **Delete Selected（删除选中的探针）**：删除在组里选中的一个或多个光照探针。
- **Duplicate Selected（复制选中的探针）**：复制在组里选中的一个或多个光照探针。

步骤2：通过光照烘焙完成间接光的生成

要想让光照探针起作用，我们首先要完成对整个场景的烘焙，因为光照探针上的间接光照信息来自光照烘焙（下一章会详细讲解光照烘焙）。完成光照烘焙以后，我们可以在Lighting（烘焙界面）窗口中找到Debug Settings，并选择All Probes No Cells，如图4.147所示。

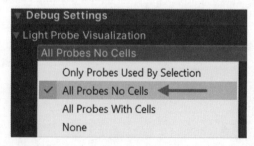

图4.147　烘焙窗口（Lighting）中的Debug Settings设置选项

这样设置以后，我们就可以在场景中看到光照探针组里的所有光照探针，并且能够直观地看到每个探针上面的颜色信息（间接光照信息）。请注意看图4.148，画面右边的两个光照探针表面保存了从绿色挂布和红色挂布反弹的间接光照信息。

图4.148　反弹的间接光照信息

步骤3：调整光照探针组

如果要对光照探针组进行调整，需要注意以下三点：

（1）如果调整了光照探针组，包括移动位置、增加/删除/修改了组里的光照探针，我们就需要重新烘焙场景。只有这样，修改过的光照探针才能获得正确的间接光照信息。

（2）如果没有设置场景中的物体从Lightmaps获取全局光照信息，则默认情况下会使用Light Probes来获取间接光照信息。

（3）光照探针摆放有一定的原则，否则容易造成穿帮。摆放的原则如下：

- 在明暗交界的地方要多放一些光照探针，如图4.149和图4.150所示。

图4.149　在明暗交界处要多放一些光照探针（1）

图4.150　在明暗交界处要多放一些光照探针（2）

- 因为接受光照探针间接光照信息的物体会针对离它最近的4个探针进行采样，所以探针之间的间距要合理，如图4.151所示可以看到白球采样的四个光照探针。你仔细观察，就会发现白球下半部分有来自红色挂布保存在光照探针上的红色间接光照信息。

图4.151　白球从离它最近的4个光照探针采样获取间接光照信息

表4.17和表4.18很好地说明了如何正确摆放光照探针，我们也可以参考官方文档中的示例。

表4.17　不正确的光照探针摆放方式导致汽车表面的间接光显示不正确

两个光源在左右两侧，光照探针只放在左右两侧。	汽车在中间位置时，只能采样左右两侧的探针，导致整个车子都被照亮，汽车表面没有明暗过渡的效果。
	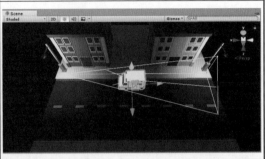

表4.18　正确摆放的光照探针可以让汽车表面在所有位置都能获取真实自然的间接光照

两个光源在左右两侧，光照探针放在左、中、右三个位置，分别代表亮、暗、亮的光照条件。	汽车在中间位置时，会采样两侧及中间的探针，这样汽车表面就有自然的明暗过渡效果。
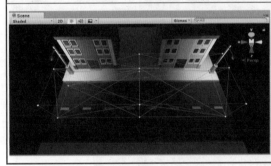	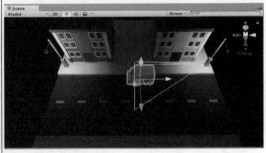

4.6.3　Mesh Renderer组件中的Probes选项详解

我们来看一下使用默认Blend Probes方式与使用Light Probe Proxy Volume方式接受间接光照信息的区别。

注：为了能够清晰地看到两种方式的效果，我们把Hierarchy窗口中Scene Settings Volume的Indirect Lighting Controller（间接光控制器）的Indirect Diffuse Intensity（间接光漫反射强度）从3临时增加到了10。

使用默认Blend Probes方式的物体其Mesh Renderer组件中的Probes设置如图4.152所示。

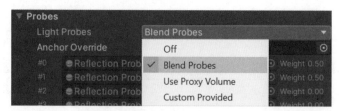

图4.152　默认选择Blend Probes作为Light Probes的使用方式

　　我们使用Sponza_Day场景中的Box_LightProbe物体做测试，获得表4.19所示的对比结果。可以看出，白色方块表面无法同时在不同的区域接受来自不同区域的间接光照信息。最好的结果也只是把左右两种间接光颜色进行平均混合而已。

表4.19　未使用Light Probe Proxy Volume时方块表面在不同位置
从光照探针获得的间接光照信息并不准确

白色方块靠近左侧红色挂布，方块接受单一红色间接光照	白色方块居中，方块上的间接光颜色是红色和绿色平均后的颜色	白色方块靠近右侧绿色挂布，方块接受单一绿色间接光照

　　使用默认Light Probe Proxy Volume（简称LPPV）方式的物体其Mesh Renderer组件的Probes设置如图4.153所示。

图4.153　Light Probe Proxy Volume的Mesh Renderer组件中的Probes设置

　　如图4.154所示，LightProbeProxyVolume（可以是任何其他名称）是一个被添加了Light Probe Proxy Volume组件的 Game Object。

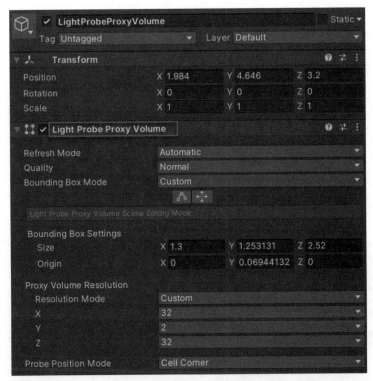

图4.154　可将Light Probe Proxy Volume组件添加到任何空的Game Object上

同样使用Sponza_Day场景中的Box_LightProbe物体做测试，获得如表4.20所示的对比结果。可以看到，使用了LPPV以后，白色方块在不同位置接受到了非常准确的间接光照信息。

表4.20　使用Light Probe Proxy Volume时方块表面在不同位置
能从光照探针获得很逼真的间接光照信息

白色方块靠近左侧红色挂布，方块主要接受红色间接光照，右侧靠近绿色挂布的部分接受一些绿色间接光照	白色方块居中，方块上的间接光是红色和绿色各一半，中间部分的间接光很自然地混合在一起	白色方块靠近右侧绿色挂布，方块主要接受绿色间接光照，左侧靠近红色挂布的部分接受一些红色间接光照

两种模式之所以会产生如此不同的结果是因为，在使用Blend Probes方式时，虽然物体会对周围4个光照探针进行采样，但是最终只会得到一种间接光颜色。当物体较小时，这是可以接受的。但是当受光照探针影响的物体体积较大时（如表4.20中的白色大方块），将单一的间接光颜色应用到整个物体表面会产生不正确的间接光照效果。

Light Probe Proxy Volume可以在指定的包围盒（Bounding Volume）内部生成一个三维空间网格，其中包含以内插值方式替换的光照探针。这些以内插值方式替换的光照探针会被上传到一张3D纹理中，然后系统会采样这张3D纹理，让物体表面最终获得的间接光具有渐变效果，从而使得物体表面获得正确的间接光照信息。

下面来看一下Light Probe Proxy Volume组件的各项参数。

（1）Refresh Mode（更新模式）

包括Automatic（自动更新）、Every Frame（每帧更新）和Via Scripting（通过脚本更新）模式。

（2）Quality（质量）

Low（低质量）和Normal（正常质量）。

（3）Bounding Box Mode（包围盒模式）

- Automatic Local（自动本地空间）：系统自动在本地空间生成一个包围盒把当前物体包围住，然后将当前物体层级下包含Light Probes属性的值设置为Use Proxy Volume。
- Automatic World（自动世界空间）：系统自动在世界空间生成一个包围盒把当前物体包围住，然后将当前物体层级下包含Light Probes属性的值设置为Use Proxy Volume。
- Custom（自定义）：按照设置的Size和Origin生成一个包围盒。

（4）Bounding Box Settings（包围盒设置）

- Size（大小）：定义包围盒的大小。
- Origin（原点）：定义包围盒的原点。

（5）Proxy Volume Resolution（Proxy Volume分辨率）

- Resolution Mode：可以选择Automatic（自动）模式，此时系统会为XYZ指定默认的每单位以内插值方式替换的光照探针数量，或者可以选择Custom（自定义）模式。
- X，Y和Z：选择自定义模式，我们可以自己指定每个方向上使用的每单位以内插值方式替换的光照探针数量。我们在上面测试中设置的是，X=32，Y=2，Z=32，选中LPPV物体以后在Scene窗口看到的效果如图4.155所示。

（6）Probe Position Mode（探针位置模式）

这些以内插值方式替换的光照探针被放在一个3D网格中。在这里我们可以选择这些插值探针在3D网格中的放置方式。在某些情况下，这些插值探针可能会穿透墙壁或者其他几何体，从而导致漏光现象的发生，这时我们可以尝试切换到Cell Corner或者Cell Center这两种模式来解决漏光问题（如图4.156所示）。

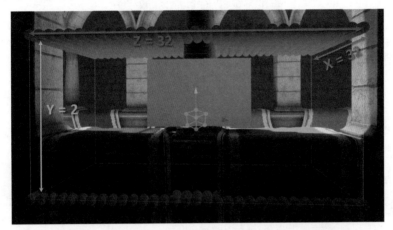

图4.155　设置Proxy Volume Resolution参数后的效果

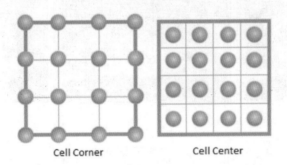

图4.156　Cell Corner和Cell Center模式

4.6.4　如何使用Mesh Renderer组件的Probes→Anchor Override参数

使用Anchor Override（锚点重载）参数可以关联场景中的某个GameObject，并将其中心点作为当前物体对光照探针进行采样时的中心点。在默认情况下此参数为None，这时系统会使用当前物体网格的包围盒（Bounding Box）的中心点。默认设置如图4.157所示。

图4.157　Mesh Renderer组件的Probes中的Anchor Override参数

我们用一个示例来说明如何使用锚点重载的功能。在Sponza_Day场景的Hierarchy窗口中找到如图4.158所示的物体。

图4.158　Sponza_Day场景中的Ball_LightProbe_Anchor物体

父物体是一个圆球，子物体是一个胶囊。以下是在不同设置下这两个物体对周围光照探针的采样情况对比。

组合1

胶囊：Blend Probes模式 + Anchor Override为None

圆球：Blend Probes模式 + Anchor Override为None

结果如表4.21所示，圆球和胶囊按照自己的中心点对周围光照探针进行采样。最右侧的效果最明显，虽然胶囊已经进入绿色挂布的区域，但是间接光还是以红色为主。

表4.21　仅使用Blend Probes模式

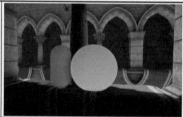
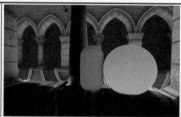

组合2

胶囊：Blend Probes模式 + Anchor Override为圆球的Transform

圆球：Blend Probes模式 + Anchor Override为None

结果如表4.22所示，圆球的Anchor Override为None，用的中心点就是自己的中心点。胶囊用的中心点是圆球的中心点。第二个图和第三个图的效果很明显，胶囊表面的间接光跟随圆球的变化而变化。

表4.22　胶囊使用Blend Probes模式并使Anchor Override关联圆球；圆球仅使用Blend Probes模式

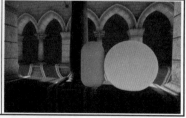

组合3

胶囊：Use Proxy Volume模式 + 圆球上面的Light Probe Proxy Volume + 圆球作为Anchor Override。具体设置如图4.159所示。

图4.159　胶囊使用的模式

圆球：Use Proxy Volume模式 + 自己上面的Light Probe Proxy Volume + Anchor Override为None。具体设置如图4.160所示。

图4.160　圆球使用的模式

结果：圆球的Anchor Override为None，用的中心点就是自己的中心点。胶囊用的中心点也是圆球的中心点。它们都用了圆球上的LLPV组件。具体设置如图4.161所示。

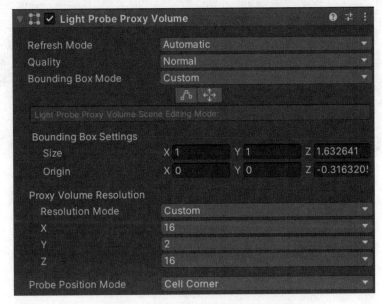

图4.161　圆球上的LLPV组件参数设置

如表4.23所示，可以看到，这一组合获得的效果最佳，圆球和胶囊在三个位置上都获得了正确的间接光照信息。

表4.23 组合3使得胶囊和圆球都获得了正确的间接光照信息

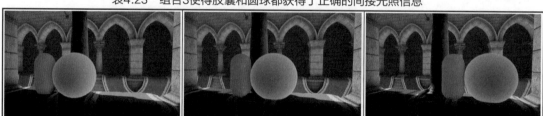

4.6.5 如果打开了Lighting窗口中Debug Settings中的All Probes No Cells 选项，但是在Scene窗口看不到光照探针如何处理

可以尝试打开Edit→Preferences→GI Cache窗口，如图4.162所示。

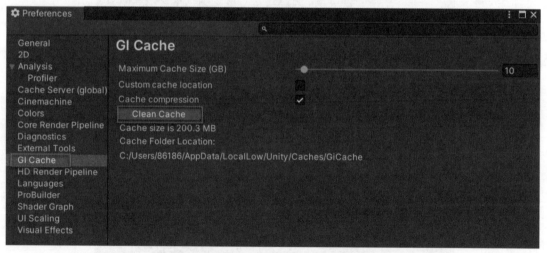

图4.162 Preferences界面中GI Cache设置里的Clean Cache按钮

单击Clean Cache按钮把全局光缓存文件清除，然后重新对场景进行光照烘焙操作，再次尝试打开All Probes No Cells这个Debug选项，就可以在Scene窗口看到光照探针了。

GI Cache（GI缓存）是Unity编辑器使用的内部数据缓存，用来保存进行光照贴图烘焙、光照探针烘焙以及反射探针烘焙时生成的中间文件。在第一次烘焙完成以后，使用生成的缓存文件可以加快之后烘焙的速度。当前机器上的所有Unity项目共用同一个GI Cache。可以在Preferences界面调整缓存的大小、自定义保存的路径和启用针对缓存文件的压缩，以及清理缓存。

注：当使用Lighting窗口中的Clear Baked Data（清除烘焙数据）按钮消除当前场景中烘焙好的全局光数据时，并不会将GI Cache中的缓存文件清除。

4.7　使用Reflection Probe为场景提供反射信息

在实时渲染应用中生成逼真的反射效果，同时又要保证渲染的帧率是一件很难的事情。在支持实时光线追踪的软件和硬件（足够强大且便宜到可以普及大众）出现之前，或者某种黑科技出现之前，我们都还需要依赖近似的方式来模拟反射效果。

HDRP提供了一个反射层级来为屏幕上的每个像素提供尽可能正确的反射信息。在这个反射层级中包含三种生成反射信息的方式。HDRP使用它们的先后顺序为：首先使用Screen Space Reflection（屏幕空间反射，简称SSR）方式。如果没有找到合适的反射信息，HDRP会接着使用Reflection Probe（反射探针）。如果还是没有得到合适的反射信息，最后会使用来自天空的反射信息（Sky reflection）。

那么HDRP是如何判断什么是"合适的反射信息"的呢？HDRP在使用上述三种反射信息的计算方式时，会根据权重是否达到1来判断是否获得了"合适的反射信息"。这三种方式的权重计算如下：

（1）SSR会自动控制自己的权重。

（2）反射探针的权重可以通过它的Weight属性进行手动编辑。你可以为不同的反射探针设置不同的权重，这样可以让有重合区域的反射探针进行合理的融合。

（3）天空反射的权重固定为1。

下面我们来看看这三种计算反射信息的方法。

4.7.1　Screen Space Reflection（屏幕空间反射）

要使用SSR，需要先在HDRP配置文件中将该选项打开，然后使用Volume中的Screen Space Reflection来调整相关参数。如图4.163所示，我们可以在HDRP配置文件中启用SSR。

图4.163　HDRP配置文件中的屏幕空间反射（SSR）选项

注：你可以在指定相机的Custom Frame Settings中启用SSR，但是前提是在HDRP配置文件中已启用了SSR。

如图4.164所示，在HDRP配置文件中启用SSR选项以后，我们可以在Volume中调整SSR参数。

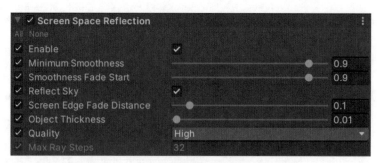

图4.164　在Volume组件中调整SSR参数

1. SSR参数解释

- **Enable**：可以一键启用/禁用当前Volume的SSR。

- **Minimum Smoothness（最小光滑度）**：只有材质的光滑度（Smoothness）大于等于这里设置的数值，SSR才会在材质关联的物体表面起作用。比如当前数值为0.9，场景中有三个物体，第一个物体表面的光滑度是0.8，第二个是0.9，第三个是0.95，则HDRP会对第二和第三个物体表面应用SSR，但是不会对第一个物体表面应用。

- **Smoothness Fade Start（消失开始光滑度）**：在这里可以设置的数值在Minimum Smoothness（最小光滑度）和1之间。如果把数值设为0.93，那么对材质光滑度小于0.93的物体表面不会应用SSR。

- **Reflect Sky（反射天空）**：如果启用该选项，HDRP会使用SSR来处理天空的反射；如果禁用该选项，HDRP会使用下两个层级的反射方式（反射探针或天空反射）来处理天空的反射。

- **Screen Edge Fade Distance（屏幕边缘消失距离）**：因为SSR是基于屏幕空间来计算的，所以反射效果受到当前屏幕可视区域的限制，因此使用SSR计算得到的反射效果是有"边界"的。在"边界"之外，也就是屏幕的可视区域之外的物体是不会出现在SSR的反射效果中的。

  Screen Edge Fade Distance可以用来控制从离开"边界"多远距离开始让反射效果逐渐消失。数值越小，获得反射效果的位置距离屏幕可视区域的边缘越近（穿帮的可能性越大）；数值越大，则距离屏幕可视区域的边缘越远。

- **Object Thickness（物体厚度）**：用于控制屏幕上物体的厚度。因为SSR算法无法分辨物体的厚度，所以这里的数值可以帮助SSR算法跟踪物体后面的物体。这是一个全局变量，针对场景中的所有物体。

- **Quality（反射质量）**：可以选择Custom、Low、Medium和High质量等级。如果选择Custom，则我们可以使用Max Ray Steps来设置最大射线迭代数。

Low、Medium和High的具体采样值可以在HDRP配置文件中进行设置，如图4.165所示。

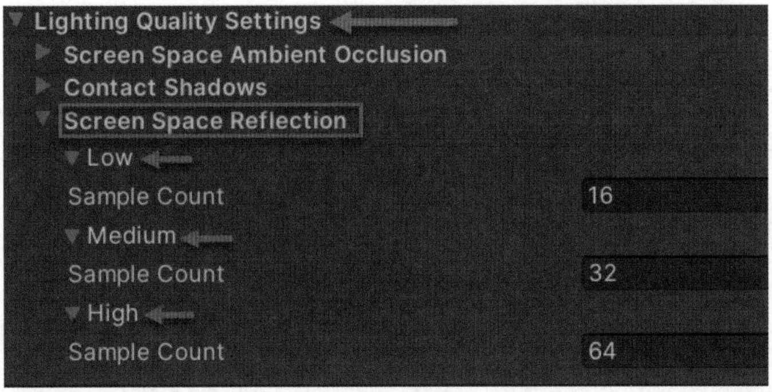

图4.165 使用HDRP配置文件中的Lighting Quality Settings可以调整SSR在不同质量等级下的采样值

- **Max Ray Steps（最大射线迭代数）**：此数值用于控制SSR算法的最大执行数。到达最大执行数以后，SSR算法停止寻找网格。如果把数值设置为20，但是SSR算法只执行了5次就找到了网格，那么算法也会停止。如果你设置的数值太小，那么算法在找到网格之前就会停止。

2. SSR的限制

- SSR的反射信息是通过计算当前屏幕可见物体而得到的，因此获得的反射信息里只包含屏幕上可见的物体。
- SSR只支持不透明材质，无法让透明物体显示在反射中。
- 因为在计算的时候SSR只使用了深度缓冲（Depth Buffer）中的一个层，所以很难获取物体后面的信息。

4.7.2 Reflection Probe（反射探针）

如果HDRP无法通过SSR获得合适的反射信息，就会尝试从反射探针中获取反射信息。
在HDRP中，我们可以使用Reflection Probe和Planar Reflection Probe两种反射探针。

1. Reflection Probe（反射探针）

反射探针会对自身周围的环境，从6个方向（前、后、左、右、上、下）抓取6张纹理保存在一张Cubemap（立方体贴图）中。

场景中带反射的材质可以采样这些反射探针中保存的纹理，并将其作为反射信息应用到物体表面上。

图4.166来自Unity官方文档，表示的是天空盒Cubemap内部的6个面。

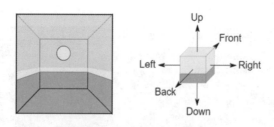

图4.166　天空盒Cubemap

　　我们可以通过菜单GameObject→Light→Reflection Probe创建反射探针，然后把这些探针放到场景中需要抓取反射信息的位置。打开Sponza_Day场景，如图4.167所示，查看场景中的反射探针。

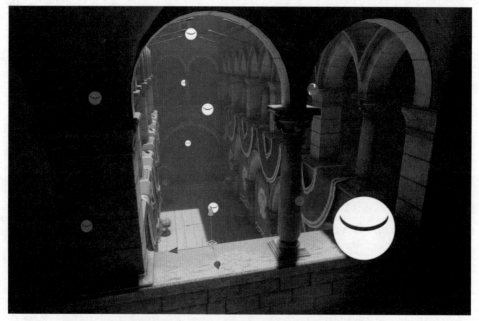

图4.167　在Sponza_Day场景中的关键位置摆放的反射探针

　　这里在场景的不同位置一共摆放了11个反射探针，用于生成场景中不同位置的反射信息。

　　对于反射探针的使用数量和摆放位置，不同的场景会有不同的需求，我们可以参考这一原则：在场景中的不同位置要放置不同的反射探针，这样不同位置的物体才能获取正确的反射信息。至于数量则没有硬性规定，按需使用。

　　反射探针按照类型可以分为Baked（烘焙）、Custom（自定义）和Realtime（实时）三种。这三者的区别如下。

　　（1）烘焙和自定义两个类型本质上是一样的。烘焙类型是在编辑器里把反射探针周围的环境烘焙到一张Cubemap中；自定义类型则是直接指定一张已经做好的Cubemap。

（2）实时类型比烘焙和自定义类型多了一个Realtime Mode（实时更新模式）。我们可以选择Every Frame（每帧都更新）、On Enable（探针启用时更新）和On Demand（通过脚本控制按需更新）模式。

（3）实时类型是最消耗性能的。当然效果也是最好的，特别是当场景中的动态物体（如人物、车辆等）移动时，它可以实时出现在反射信息中。

（4）如果使用实时类型，为了减少性能消耗，我们可以选择On Demand模式。使用On Demand模式时，我们可以用脚本控制反射探针的刷新率，比如每10帧更新一次。不过这要看具体应用的场景，如果是包含快速运动的场景，可能会因为更新不及时导致穿帮。

下面我们介绍一下烘焙类型反射探针的各项参数，如图4.168所示。

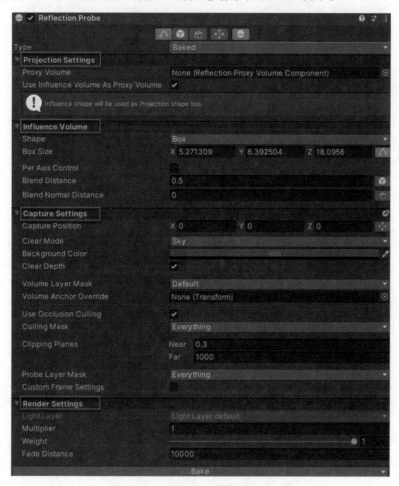

图4.168 烘焙类型反射探针的参数

（1）顶部五个图标按钮

用于在Scene窗口中手动控制反射探针的形状、大小的参数。

（2）Projection Settings（投射设置）

反射探针在获取周围环境信息生成立方体贴图时，是以自身的位置为中心点来抓取反射信息的。因此当一个物体上的材质采样这些反射探针上的信息时，除非物体的坐标和反射探针的坐标完全一致，否则物体上的反射信息总会存在位置上的偏差。

为了解决这个问题，我们需要使用Reflection Proxy Volume（反射代理Volume）这个组件。HDRP会使用这个组件纠正由于上述位置偏差引起的视差问题。虽然该组件无法完全纠正视差问题，但是可以大大改善。

- Proxy Volume：我们可以将Reflection Proxy Volume关联到这个参数上。首先要在场景中创建一个空的GameObject，然后添加Reflection Proxy Volume组件，如图4.169所示。

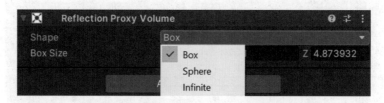

图4.169　Reflection Proxy Volume组件

可以选择Box（长方体）、Sphere（圆球）或者Infinite（无限）作为Reflection Proxy Volume的形状。Box和Sphere形状一般用于室内场景。Infinite代表无限远，一般用于室外场景。

可以通过X、Y、Z的数值来控制Box形状的长宽高。可以通过半径来控制Sphere的大小。也可以在Scene窗口中调整Box和Sphere形状的大小，以确保覆盖整个反射区域。设置完成后就可以将其关联到Proxy Volume参数上。

图4.170所示是一个Reflection Proxy Volume示例，用于我们选择了Box作为它的形状，因此其在Scene窗口中显示为一个蓝色的盒子。

- Use Influence Volume As Proxy Volume：除了创建单独的Reflection Proxy Volume，我们也可以使用当前反射探针的Influence Volume（影响区域）作为Reflection Proxy Volume。因为反射探针自身有影响区域，所以大多数时候可以直接用反射探针的影响区域作为Reflection Proxy Volume。

图4.170 盒状（Box）Reflection Proxy Volume在Scene窗口中显示为一个蓝色盒子

（3）Influence Volume（影响区域）

用于设置反射探针在生成反射纹理Cubemap信息时影响的区域。

- Shape（形状）：可以选择Box或者Sphere形状。这样会分别生成一个长方体或者球体。长方体和球体的体积内包含的物体会出现在反射纹理中。
- Box Size（长方体大小）或者Radius（半径）：按照形状的不同，这里会显示不同的选项。
- Per Axis Control（单独坐标控制）：只有当形状为Box时才出现该选项。启用该选项以后我们可以单独调整图4.171中所示的参数。

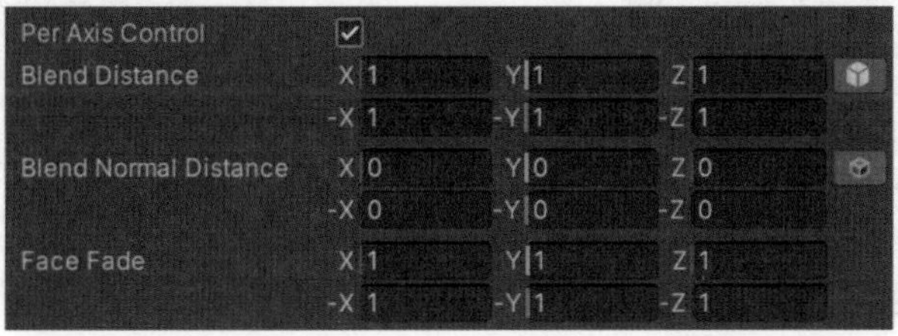

Per Axis Control	☑			
Blend Distance	X 1	Y 1	Z 1	
	-X 1	-Y 1	-Z 1	
Blend Normal Distance	X 0	Y 0	Z 0	
	-X 0	-Y 0	-Z 0	
Face Fade	X 1	Y 1	Z 1	
	-X 1	-Y 1	-Z 1	

图4.171 启用反射探针组件中的Per Axis Control选项后可编辑的参数

注：可以使用Face Fade来设置固定的距离值，到达这个距离值以后，反射探针的作用就消失了。该选项仅适用于Box形状。

● Blend Distance（混合距离）：（只适用于Deferred模式）用于定义当前反射探针与别的反射探针的混合距离。示例如图4.172所示。

图4.172　反射探针组件中的Blend Distance参数

单击图4.172中Blend Distance输入框右侧所示的图标按钮，在Scene窗口中就可以看到（如图4.173所示）以红色双向箭头线表示的距离，该距离即为我们设定的0.5m距离。数值越大，内部的绿色盒子就越小。

图4.173　在Scene窗口中的Bend Distance控件

● Blend Normal Distance（混合法线距离）：（只适用于Deferred模式）示例如图4.174
所示。

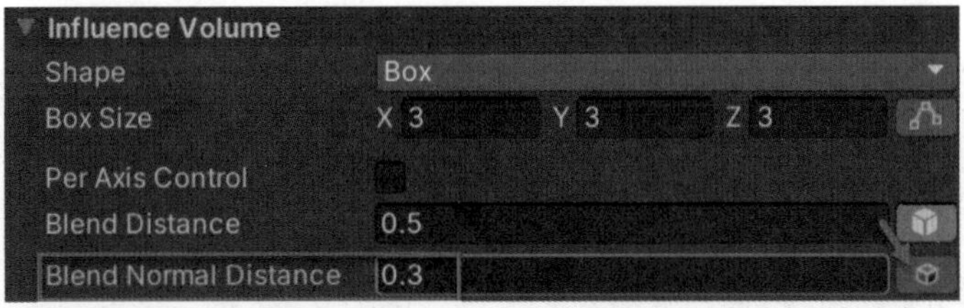

图4.174 反射探针组件中的Blend Normal Distance参数

单击图4.174中Blend Normal Distance输入框右侧所示的图标按钮，在Scene窗口中就可
以看到（如图4.75所示）以红色双向箭头线表示的距离，该距离即为我们设定的0.3m
距离。数值越大，内部的紫色盒子就越小。

如果图4.175中所示的像素在紫色盒子外面，而且法线朝向与反射探针捕捉原点方向相
反，则它们不会受到此反射探针的影响。

图4.175 Scene窗口中的Bend Normal Distance控件

再看一个具体示例，如图4.176所示，区域1的圆球的法线朝向与捕捉原点方向相反，所以它不受反射探针影响。区域2在混合法线距离内，但是在混合距离外，所以产生了混合的反射效果。区域3在混合距离内，所以受到反射探针100%的影响。

图4.176　Blend Distance和Blend Normal Distance与它们
影响范围之外的区域对物体表面的反射产生的影响

（4）Capture Settings（捕捉设置）

- Capture Position（捕捉位置）：相对于当前反射探针的Transform位置的捕捉原点。
- Clear Mode（清除模式）：可以选择使用Sky（在Volume中设置的天空）或者Color（颜色）来填充生成的反射贴图中的空白区域。也可以选择None。当选择Color时，可以在Background Color中选择一个颜色。
- Clear Depth（清除深度缓冲）：用于确定反射探针是否清除深度缓冲。
- Volume Layer Mask（Volume层遮罩）：用于控制场景中哪些Volume会影响反射探针的反射信息捕捉操作。

- Volume Anchor Override：如果将其设置为某个相机的Transform，那么影响此相机的Volume将会影响当前的反射探针。
- Use Occlusion Culling（使用遮挡剔除）：控制是否在反射探针中启用遮挡剔除功能。
- Culling Mask（剔除遮罩）：用于控制哪些层的物体可以显示在反射信息中，默认显示所有物体。
- Clipping Planes：用于设置捕捉周围反射信息的最近和最远的距离。
- Probe Layer Mask（探针层遮罩）：用于控制平面反射探针和反射探针的光照信息。当前反射探针会忽略所有不包含在当前层遮罩（layer mask）上的反射探针。
- Custom Frame Settings（自定义帧设置）：可以为当前反射探针启用自定义帧设置。如果没有启用，反射探针会使用默认的帧设置。

（5）Render Settings

- Light Layer：如果在HDRP配置文件中启用了Light Layer功能，则可以在此指定当前反射探针影响的Light Layer。
- Multiplier：用于控制当前反射探针捕捉到的RenderTexture的亮度。数值越大，亮度越高。
- Weight（权重）：默认权重数值为1。数值越大，在对多个反射探针进行混合时，当前反射探针的反射效果在最终反射信息中的所占权重越大。
- Fade Distance（淡出距离）：用于控制反射探针在捕捉反射信息时的淡出距离。

（6）Bake按钮

如果将反射探针的类型设置为烘焙或者自定义类型，则在设置完成后可单击Bake按钮完成烘焙操作，获得包含反射信息的Cubemap。在Lighting窗口中进行光照贴图烘焙时，单击此按钮也可以完成场景中所有反射探针的烘焙。

2. Planar Reflection Probe（平面反射探针）

打开Sponza_Day场景，启用Hierarchy窗口中的Planar Reflection Probe Mirror。

这是一个简单的3D平面物体，在其上添加了Planar Reflection Probe组件，其使用标准不透明材质。将Metallic设为1，将Smoothness设为1，此时它就是一面完美的镜子。

我们用表4.24对这个平面做一下效果对比。

表4.24 在启用/禁用反射探针的情况下平面反射探针产生的不同效果

• 禁用场景中所有的反射探针 • 禁用平面上的平面反射探针组件	• 禁用场景中所有的反射探针 • 启用平面上的平面反射探针组件	• 启用场景中所有的反射探针 • 启用平面上的平面反射探针组件

• 因为禁用了场景中所有的反射探针（包括平面反射探针），所以平面反射的是天空。 • 场景中的其他物体也使用天空反射。	• 虽然禁用了所有的反射探针，但是启用了平面反射探针，因此平面使用平面反射探针的反射。 • 场景中的其他物体仍然使用天空反射。	• 启用了所有的反射探针（包括平面反射探针），平面使用平面反射探针的反射，并叠加其他反射探针的反射信息。 • 场景中的其他物体使用除平面反射探针外的反射探针。

4.7.3 Sky reflection（天空反射）

如果HDRP无法从反射探针中获取合适的反射信息，就会使用天空反射。因此场景中总是会存在来自天空的反射信息。

4.8 阴影

学习本节请先打开Sponza_HDRP项目中的Sponza_Day_Shadowmask场景。

4.8.1 阴影的种类和三种光照模式

HDRP中的阴影可以分为两类：

（1）场景中光源投射的阴影

（2）基于屏幕空间信息计算的阴影，包括：

● Contact Shadow（接触阴影）

● Micro Shadow（微阴影）

● Ambient Occlusion（环境光遮蔽）

基于屏幕空间的阴影已经在本章前面详细介绍过，以下我们重点介绍光源投射的阴影。场景中光源投射的阴影可以分为三类：

（1）在实时（Realtime）模式下投射的实时阴影

（2）在混合（Mixed）模式下投射的混合阴影

（3）在烘焙（Baked）模式下投射的烘焙阴影

在三种光照模式中，混合模式提供的阴影最灵活，可以很好地平衡阴影质量和性能要求。因为实时阴影虽然质量高，但是也最消耗性能；烘焙阴影虽然性能最好，但是阴影质量比较差。

在HDRP中，我们可以在Lighting窗口（通过菜单Window→Rendering→Lighting Settings打开）中选择Mixed Lighting（混合光照）作为Lighting Mode（光照模式），如图4.177所示。

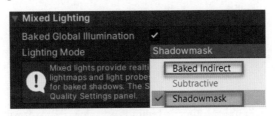

图4.177　光照烘焙界面中的Lighting Mode选项

注：下一章会详细介绍光照烘焙相关知识。

在Baked Indirect模式下，所有物体（不管是静态物体还是动态物体）都会接受实时阴影信息，烘焙的光照贴图中不会包含阴影信息。

在Shadowmask模式下，不同的物体会接受不同的阴影信息，我们复用之前的总结表格，如表4.25所示，这里重点比较在Shadowmask模式下的不同阴影表现。

表4.25　在Shadowmask模式下阴影的不同表现

	动态物体	静态物体
Shadowmask（光源的Shadowmask Mode被设置为Distance Shadowmask）	<ul><li>接受实时光照信息</li><li>通过Light Probes接受烘焙的间接光照信息</li><li>接受动态物体的实时阴影信息（在Shadow Distance范围内，通过Shadow Map方式）</li><li>接受静态物体的实时阴影信息（在Shadow Distance范围内，通过Shadow Map方式）</li><li>超过Shadow Distance范围后，通过Light Probes获取静态物体的烘焙阴影信息</li></ul>	<ul><li>接受实时光照信息</li><li>通过光照贴图接受烘焙的间接光照信息</li><li>接受动态物体的实时阴影信息（在Shadow Distance范围内，通过Shadow Map方式）</li><li>接受静态物体的实时阴影信息（在Shadow Distance范围内，通过Shadow Map方式）</li><li>超过Shadow Distance范围后，通过光照贴图的方式获取静态物体的烘焙阴影信息</li></ul>

续表

	动态物体	静态物体
Shadowmask（光源的Shadowmask Mode被设置为Shadowmask）	● 接受实时光照信息 ● 通过Light Probes接受烘焙的间接光照信息 ● 接受动态物体的实时阴影信息（在Shadow Distance范围内，通过Shadow Map方式） ● 通过Light Probes，接受静态物体的烘焙阴影信息（不受Shadow Distance影响）	● 接受实时光照信息 ● 通过光照贴图接受烘焙的间接光照信息 ● 接受动态物体的实时阴影信息（在Shadow Distance范围内，通过Shadow Map方式） ● 通过光照贴图，接受静态物体的烘焙阴影信息（不受Shadow Distance影响）

注：在HDRP中使用Shadowmask需要先通过以下步骤进行设置：

（1）在Project Settings窗口中的Quality中将所有质量等级的Shadowmask Mode设置为Distance Shadowmask。

（2）在HDRP配置文件的Lighting→Shadows部分，启用Shadowmask功能（如图4.178所示）。

图4.178　HDRP配置文件中的Shadowmask选项

（3）在Project Settings窗口的HDRP Default Settings中，勾选Camera的默认Frame Settings中的Shadowmask功能。也可以启用Baked or Custom Reflection或者Realtime Reflection中的Shadowmask功能。

（4）如果你为当前场景中的相机启用了Custom Frame Settings，请确保Shadowmask功能为启用状态。

完成上述设置后，我们就可以将场景中的光源设置为Mixed模式，然后在Shadowmask模式下完成烘焙操作。

4.8.2　两种Shadowmask模式下的阴影表现

以下我们使用场景中的Directional Light作为光源示例来说明在不同Shadowmask模式下，动态物体和静态物体的阴影表现。

（1）第一种情况，当将光源的Shadowmask Mode设置为Distance Shadowmask时。

如图4.179所示，将Light组件的Mode设置为Mixed（混合）。单击Shadows右侧的小齿轮按钮，打开更多的阴影选项，然后可以看到Shadowmask Mode选项。

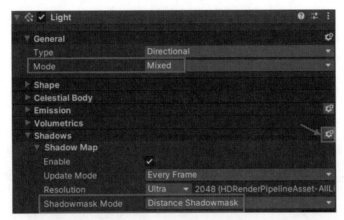

图4.179　Light组件的Mode和Shadowmask Mode参数

我们通过图4.180来解释在Distance Shadowmask模式下不同物体的阴影表现。

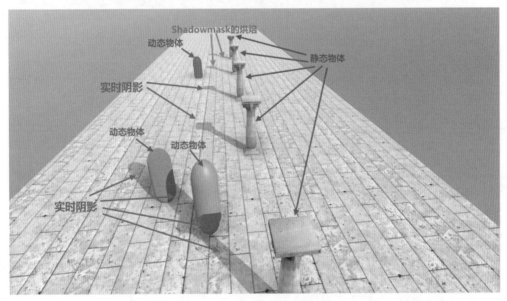

图4.180　在Distance Shadowmask光照烘焙模式下各类物体的阴影表现

- 通过Shadowmask光照模式烘焙所得的光照贴图，除了包含间接光照信息，还包含针对静态物体预计算所得的阴影信息。

- 在Distance Shadowmask模式下，如果在阴影的最大投射距离之内，对动态物体和静态物体都会投射实时阴影；如果在阴影的最大投射距离之外（在本场景中Volume组件的Shadows属性中将平行光的阴影最大投影距离设置为了15m，也就是3根柱子距离为最大阴影投射距离。不再对第4根柱子开外的地方投射实时阴影），不会对动态物体投射阴影，而静态物体使用烘焙所得的阴影。

- 在最大阴影投射距离之内的动态物体能获得其他动态物体和静态物体的实时阴影。因此我们看到蓝色和绿色胶囊体都能获得自己的实时阴影。绿色胶囊体获得了蓝色胶囊体的实时阴影；而蓝色胶囊体也获得了第一根静态柱子的实时阴影。

- 如图4.181所示，我们旋转Directional Light的Y轴，就可以很清晰地看到实时阴影和在最大阴影投射距离之外烘焙所得的阴影之间的差异了。

图4.181　Distance Shadowmask模式下的实时阴影（近处）和烘焙阴影（远处）

（2）第二种情况，当将光源的Shadowmask Mode设置为Shadowmask时。

我们通过图4.182来解释在Shadowmask模式下不同物体的阴影表现。

- 所有的静态物体（柱子）的阴影都来自烘焙阴影。因为烘焙阴影的质量偏低，所以看上去比之前的实时阴影要模糊。

- 绿色胶囊体（动态物体）还是能获得另一个动态物体（蓝色胶囊体）的实时阴影。但是蓝色胶囊体则无法获得静态物体的烘焙阴影（因为阴影被烘焙到了光照贴图中，所以只能用于静态物体上（地板））。

图4.182　在Shadowmask光照烘焙模式下各类物体的阴影

- 在最大阴影投射距离之外的动态物体没有阴影，静态物体则使用烘焙阴影。
- 如图4.183所示，旋转Directional Light的Y轴，就可以很明显地分辨出哪些是实时阴影，哪些是烘焙阴影。

图4.183　Shadowmask模式下的实时阴影和烘焙阴影

通过上述对比，我们应该已经清楚在两种Shadowmask模式下，不同物体的阴影表现了。

4.8.3 阴影的最大投射距离设置

下面我们讲一下最大阴影投射距离的设置，不同的光源类型有不同的设置方法。

- 对于平行光（Directional），我们需要通过Volume组件中Shadows中的Max Distance来设置（单位为m），如图4.184所示。

图4.184　Volume组件中Shadows中的最大阴影投射距离（Max Distance）参数

- 对于点光源（Point）、聚光灯（Spot）和面积光（Area），可以通过Shadows中的Fade Distance来设置（单位为m），如图4.185所示。

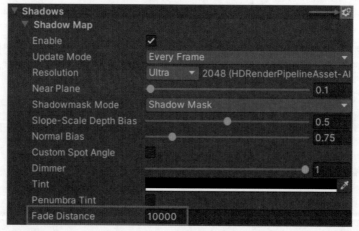

图4.185　Shadows中的Fade Distance参数（针对点光源、聚光灯和面积光）

注：在Light组件的Emission部分也有一个Fade Distance参数，该参数用于控制光线能照射到的最远距离，与阴影无关。

4.8.4 Distance Shadowmask和Shadowmask两种模式对性能的影响

Distance Shadowmask模式更消耗GPU性能，不过能产生更真实的阴影效果，因为实时阴影质量较高。在最大阴影投射距离之外的地方使用的则是烘焙阴影。这些烘焙阴影的质量较低，但是因为离相机较远，所以低质量阴影也是可以接受的。

Shadowmask模式需要消耗更多内存，因为要让靠近镜头的阴影看上去更真实，就需要更高分辨率的阴影贴图。

4.9　本章总结

我们通过Sponza_HDRP这一示例项目深入学习了如何为场景打光，内容包括如何使用基于物理的光照单位和参考数值，如何使用Light Probe Group、Reflection Probe来控制烘焙所得的间接光强度，如何控制HDRP中的各种阴影，以及抗锯齿效果和后处理效果的应用等。通过Sponza_HDRP项目，我们不仅学习了如何制作一个日间场景，也学习了如何制作夜间场景。

本章也详细介绍了HDRP支持的各种光源类型以及一些典型的应用，包括如何使用Light Cookies，如何防止漏光，如何使用HDRP Debug窗口查看因为光源过多而导致的画面瑕疵，以及通过具体步骤学习了如何使用Light Layer这一非常有用的功能。

最后还通过丰富的示例详细介绍了如何正确使用Light Probe Group和Reflection Probe（包括Planar Reflection Probe）。

本章只介绍了部分光照烘焙知识，还不够详尽。要想获得高质量的实时光照信息，在目前阶段我们还需要依靠光照烘焙系统。因此，下一章将会为大家详细介绍Unity的光照烘焙系统。

第5章

Lightmapping（光照烘焙）详解

5.1　摘要

本章我们重点学习光照烘焙相关的知识。那什么是光照烘焙（Lightmapping），什么是光照贴图（Lightmap）呢，为什么我们要用光照贴图？本章我们就来回答这些问题。场景中的光照信息大致可以分成两类：直接光照信息和间接光照信息。

如图5.1所示，该场景中只有直接光照信息，因此没有被直接光照到的地方就漆黑一片。

图5.1　场景中只有直接光照信息

如图5.2所示，场景中不仅有直接光照信息，也有通过光照烘焙所得到的间接光照信息，因此原先漆黑一片的地方也亮了起来。

图5.2 场景中不仅有直接光照信息，同时还有间接光照信息

如果没有间接光照信息，那么整个场景就没有真实性可言。但是间接光照的实时计算在目前只有支持实时光线追踪的硬件才能实现，比如Nvidia的RTX系列显卡。在普通的计算设备上，特别是移动端设备上目前还没有实时光线追踪的解决方案出现。因此我们必须依赖预先计算好的光照贴图来提供这些间接光照信息。

光照贴图本质上就是一张或者多张应用在场景模型上的贴图。它们包含通过光照贴图烘焙方式进行预计算所获得的间接光照、阴影等信息（可以在烘焙时选择只烘焙间接光照，不烘焙阴影）。使用光照贴图可以避免在游戏应用运行时进行实时光照和阴影的计算，从而提高游戏应用的运行性能，光照贴图特别适合在性能较弱的计算平台比如移动平台上使用。

要在Unity中通过预计算（或者说烘焙）获得光照贴图，我们需要使用Unity官方研发的Progressive Lightmapper（渐进式光照贴图烘焙）模块。在Unity 2018版本之前，在Unity中集成的光照烘焙模块是一套第三方解决方案Enlighten。由于第三方厂商Geomerics不再维护Enlighten，所以从Unity 2019版本开始Enlighten被标记为弃用状态（Deprecated）。Unity 2021.1版本会完全移除Enlighten模块。Progressive Lightmapper是基于AMD的Radeon Rays技术（https://gpuopen.com/radeon-rays/）开发的。Radeon Rays是一套支持跨平台的ray intersection库（如果大家对Radeon Rays技术感兴趣，可以参考https://gpuopen.com/radeon-rays/上的信息）。

5.2 渐进式光照贴图烘焙对场景中的模型有什么要求

渐进式光照贴图烘焙对模型有以下几个要求：

（1）模型上不能有重叠的UV。如图5.3所示，我们可以尝试使用Unity的Import Settings窗口中的Generate Lightmap UVs功能来生成第二套UV（记得在勾选复选框以后单击Apply按钮）。

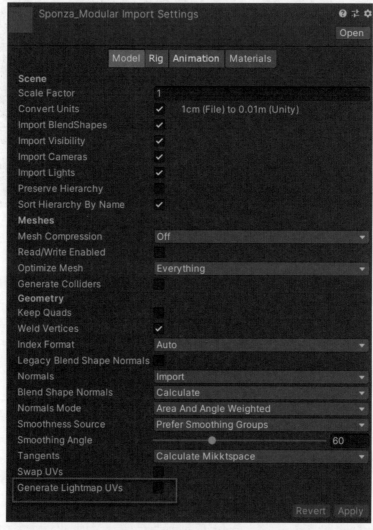

图5.3 在Unity的模型导入界面，可以为模型自动生成第二套UV供光照贴图烘焙之用

不过还是建议大家在建模软件中手工制作第二套UV。因为通常贴图用的UV会导致出现重叠的情况，比如在同一个模型上有两个形状相同的部分，它们可以共用同一个UV区域（这样

只需要在上面画一遍纹理）。但是如果将这一套UV用于光照烘焙，就意味着同一模型上不同区域使用相同的光照信息，这显然是不对的。

在Unity 2020.1版本之前，Unity并没有内置的模型UV查看功能。这里介绍一个Unity资源商店中的小工具UV Inspector，如图5.4所示（从Unity 2020.1版本开始，只要在Project窗口中选中模型网格文件，就可以在预览窗口中查看与此网格相关的UV信息）。

图5.4　资源商店中的UV Inspector插件

图5.5和图5.6是在Unity中使用UV Inspector的界面。在Scene窗口中选中模型以后，UV Inspector界面就会显示当前模型包含的所有UV。图5.5显示的是用于纹理贴图的第一套UV；图5.6显示的则是用于光照贴图烘焙的第二套UV。

图5.5　在UV Inspector界面中显示的第一套UV

图5.6 在UV Inspector界面中显示的第二套UV

（2）UV之间要有足够的间距以避免"渗色"现象的发生。"渗色"现象的发生是因为两块UV之间的间隔不足，导致一块UV上的颜色"渗透"到了相邻的UV上。

（3）因为使用光照贴图只能烘焙静态物体，所以要把需要参与烘焙的物体标记为Static，如图5.7所示。

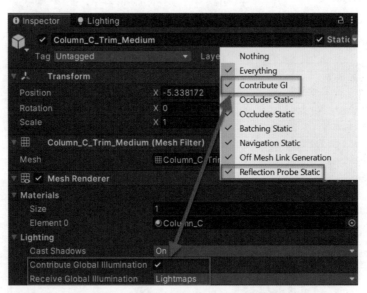

图5.7　将场景中的物体设置为静态物体

如图5.7所示，我们习惯上直接勾选Game Object右上角的Static复选框，然后把层级中所有物体标记为Static。不过对于光照贴图烘焙有意义的两个选项是Contribute GI和Reflection Probe Static，因此你也可以只勾选这两个选项。

其中Contribute GI（贡献全局光照）选项和Mesh Renderer中的Contribute Global Illumination（贡献全局光照）选项是联动的。如果勾选右上角的Contribute GI选项，则Mesh Renderer组件中的Contribute Global Illumination选项也会被勾选。与之相关的Receive Global Illumination（接受全局光照）选项则会被设置为Lightmaps，意指当前Game Object会使用光照贴图获取间接光照。

如图5.8所示，我们也可以把Receive Global Illumination选项设置为Light Probes，这时间接光照信息就来自相关的光照探针（Light Probes）。

图5.8　将Mesh Renderer组件中Lighting中的Receive Global Illumination选项
（接受全局光照）设置为Light Probes

5.3 渐进式光照贴图烘焙对硬件的要求是什么？支持Unity的哪些渲染管线

硬件要求：

（1）至少需要一块支持OpenCL 1.2的显卡

（2）至少2GB的显存

（3）CPU支持SSE4.1指令

支持的渲染管线：

（1）内置渲染管线（Built-in Render Pipeline），支持Baked Indirect、Subtractive和Shadowmask光照模式。

（2）通用渲染管线（Universal Render Pipeline，简称URP），支持Baked Indirect、Subtractive和Shadowmask光照模式。

（3）高清渲染管线（High Definition Render Pipeline，简称HDRP），支持Baked Indirect和Shadowmask光照模式。

因为用于烘焙测试的两个场景都是基于HDRP制作的，所以下面我们围绕HDRP的光照烘焙模块来讲解。

5.4 进行渐进式光照贴图烘焙时烘焙出来的是什么

进行渐进式光照贴图烘焙时烘焙出来的是光照贴图（Lightmaps）、光照探针（Light Probes）和反射探针（Reflection Probes）。

按照不同的Lighting Mode（光照模式），烘焙出来的结果是不同的。光照贴图中会包含间接光照信息，也会包含软阴影和环境光遮蔽（Ambient Occlusion）信息。

在HDRP的Lighting窗口中可以选择Baked Indirect和Shadowmask两种光照模式（内置渲染管线和通用渲染管线请参考文档）。

（1）Baked Indirect模式

如果将场景中的光源的模式设置为Mixed，那么这些灯光会给场景提供直接光照，间接光照信息则被烘焙到光照贴图和光照探针中。在运行时，由烘焙得到的间接光会和直接光融合在一起。

在此模式下光源会投射实时阴影。不过超过阴影投射距离（Shadow Distance）以后，将不再渲染阴影。

（2）Shadowmask模式

如果将场景中的光源的模式设置为Mixed，灯光会给场景提供直接光照，间接光照信息则被烘焙到光照贴图和光照探针中。在运行时，由烘焙得到的间接光会和直接光融合在一起。

此模式与Baked Indirect模式的区别是：它能在运行时将烘焙所得的阴影和实时阴影进行融合，并且会在超出阴影投射距离（Shadow Distance）以后，通过使用保存在额外光照贴图中的阴影信息来渲染阴影（这张额外的光照贴图就是Shadowmask，并且在光照探针中也会保存额外的信息）。

与其他模式相比，Shadowmask模式可以获得最高质量的阴影，但是它对性能和内存的要求也是最高的。Shadowmask模式适用于远处物体也能看到的开放式场景，适合在中高端硬件上使用。

如图5.9所示，我们可以在Project Settings→Quality窗口中设置Shadowmask的模式（有Shadowmask或者Distance Shadowmask两种模式可选）。

图5.9　在Project Settings→Quality窗口中设置Shadowmask的模式

（3）Subtractive模式（内置和通用渲染管线支持该模式）

在此模式下，场景中的直接光照、间接光照和阴影信息都会被烘焙到光照贴图中。该模式适合对性能敏感的平台，比如移动端平台。

如果将场景中的光源设置为Mixed模式，则在三种光照模式下动态和静态物体的行为可参考表5.1（总结自Unity官方文档：https://docs.unity.cn/2019.4/Documentation/Manual/lighting-mode.html）。

表5.1　在混合光照模式下静态物体和动态物体的不同表现对比

	动态物体	静态物体
Baked Indirect	1. 接受实时光照信息 2. 通过Light Probes接受烘焙的间接光照信息 3. 接受动态物体的实时阴影（在Shadow Distance范围内，通过Shadow Map方式） 4. 接受静态物体的实时阴影（在Shadow Distance范围内，通过Shadow Map方式）	1. 接受实时光照信息 2. 通过光照贴图接受烘焙的间接光照信息 3. 接受动态物体的实时阴影（在Shadow Distance范围内，通过Shadow Map方式） 4. 接受静态物体的实时阴影（在Shadow Distance范围内，通过Shadow Map方式）

续表

	动态物体	静态物体
Shadowmask · 将Project Settings→Quality →Shadowmask Mode设置为 Distance Shadowmask · 将光源的Shadowmask Mode 设置为Distance Shadowmask	1. 接受实时光照信息 2. 通过Light Probes接受烘焙的间接光照信息 3. 接受动态物体的实时阴影（在Shadow Distance范围内，通过Shadow Map方式） 4. 接受静态物体的实时阴影（在Shadow Distance 范围内，通过Shadow Map方式） 5. 超过Shadow Distance范围后，通过Light Probes获取静态物体的烘焙阴影	1. 接受实时光照信息 2. 通过光照贴图接受烘焙的间接光照信息 3. 接受动态物体的实时阴影（在Shadow Distance范围内，通过Shadow Map方式） 4. 接受静态物体的实时阴影（在Shadow Distance范围内，通过Shadow Map方式） 5. 超过Shadow Distance范围后，通过光照贴图的方式获取静态物体的烘焙阴影
Shadowmask · 将Project Settings→Quality → Shadowmask Mode设置为 Distance Shadowmask · 将光源的Shadowmask Mode 设置为Shadowmask	1. 接受实时光照信息 2. 通过Light Probes接受烘焙的间接光照信息 3. 接受动态物体的实时阴影（在Shadow Distance范围内，通过Shadow Map方式） 4. 通过Light Probes，接受静态物体的烘焙阴影（不受Shadow Distance 影响）	1. 接受实时光照信息 2. 通过光照贴图接受烘焙的间接光照信息 3. 接受动态物体的实时阴影（在Shadow Distance范围内，通过Shadow Map方式） 4. 通过光照贴图，接受静态物体的烘焙阴影（不受Shadow Distance影响）
Subtractive	1. 接受实时光照信息 2. 通过Light Probes接受间接光照信息 3. 通过Light Probes接受静态物体的烘焙阴影 4. 接受主平行光（Directional Light）下动态物体的实时阴影（在Shadow Distance范围内，通过Shadow Map方式）	1. 通过光照贴图接受烘焙的实时光照信息 2. 通过光照贴图接受烘焙的间接光照信息 3. 通过光照贴图接受静态物体的烘焙阴影 4. 接受主平行光（Directional Light）下动态物体的实时阴影（在Shadow Distance范围内，通过Shadow Map方式）

注：上述的Shadow Distance（阴影投射距离）在三种不同渲染管线中的设置方式是不一样的。

● **内置渲染管线**：打开Edit→Project Settings界面，在 Quality→Shadows 中设置Shadow

Distance（如图5.10所示）。

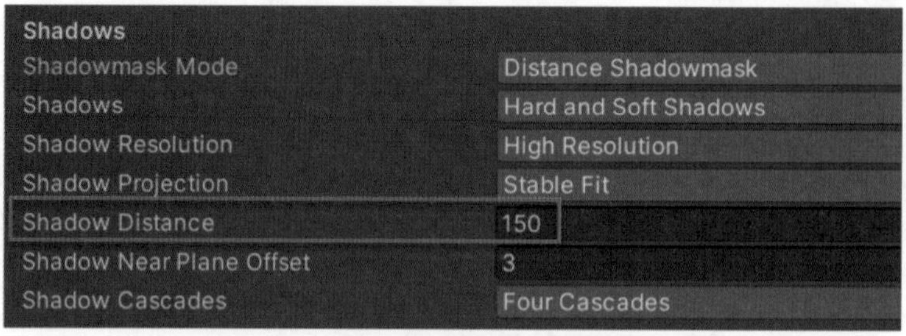

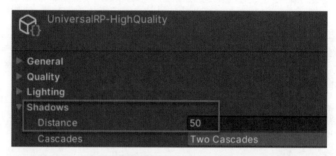

图5.10　在内置渲染管线中设置阴影投射距离

- URP通用渲染管线：打开Edit→Project Settings界面，在Graphics中选择UniversalRender-
  PipelineAsset，然后进行设置（如图5.11所示）。

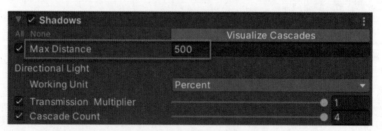

图5.11　在URP通用渲染管线中设置阴影投射距离

- HDRP高清渲染管线：通过场景中Volume组件的Shadows属性进行设置（如图5.12
  所示）。

图5.12　在HDRP高清渲染管线中设置阴影投射距离

选择光照模式（HDRP示例）

如图5.13所示，打开Window→Rendering→Lighting Settings窗口，在Mixed Lighting区域勾选
Baked Global Illumination复选框，然后在Lighting Mode中选择光照模式。

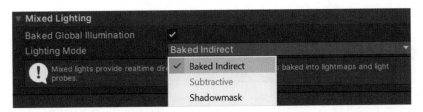

图5.13 在HDRP高清渲染管线中，在Lighting窗口选择光照模式

注：HDRP不支持Subtractive光照模式。

对于高质量的HDRP场景，通常将光源设置为Mixed（混合）模式，然后选择Baked Indirect作为烘焙时用的光照模式。在该组合下，Lightmapper会将间接光照信息烘焙到光照贴图上，直接光照信息和阴影则会实时生成。这非常适合用于制作日夜变化的效果。

5.5 渐进式光照贴图烘焙的CPU版本和GPU版本有什么区别

CPU和GPU两个版本所用的底层技术相同，唯一的区别是：CPU版本使用CPU和内存进行计算；GPU版本则使用显卡和显存进行计算。

（1）如果使用CPU版本进行烘焙，则影响烘焙效率的是CPU的速度和内存大小。

（2）如果使用GPU版本进行烘焙，则影响烘焙效率的是显卡的速度和显存大小。

你可以按照如下方法选择Lightmapper的版本（HDRP示例）：

如图5.14所示，打开Window→Rendering→Lighting Settings窗口，在Lightmapping Settings区域选择使用哪个版本的Progressive Lightmapper。

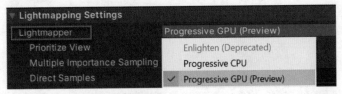

图5.14 在Lighting窗口中选择Progressive Lightmapper的版本

5.6 光照贴图烘焙界面参数详解

选择好Lighting Mode和Lightmapper后，我们来看一下具体的烘焙参数。确保打开Window→Rendering→Lighting Settings窗口。

在HDRP中进行光照烘焙时，可以为整个场景指定一个天空盒。来自天空盒的光照信息会作为环境光被烘焙进光照贴图中。具体设置如图5.15所示。

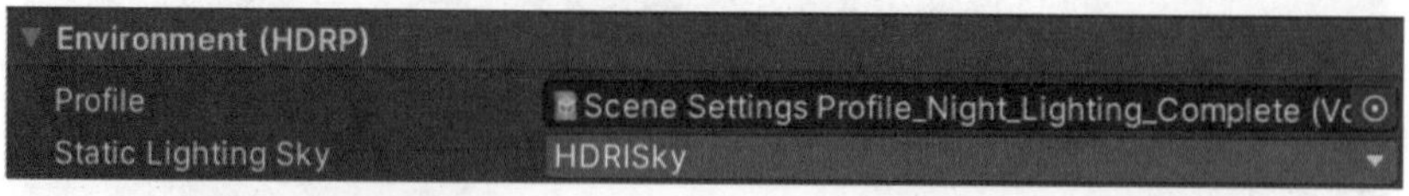

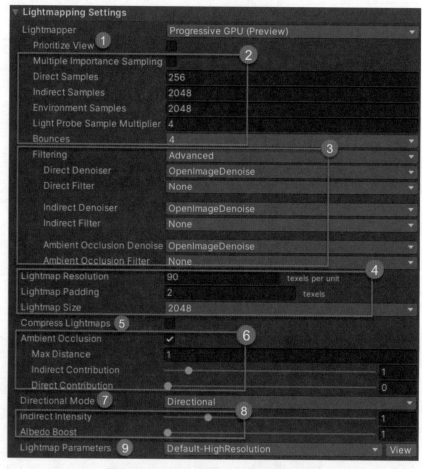

图5.15 在HDRP高清渲染管线中，在Lighting窗口中选择HDRI Sky作为环境光来源

这里可以使用当前HDRP场景中使用的天空设置，也可以使用不同的天空设置。当然，如果你使用当前场景的天空设置，那么烘焙所得的光照贴图将拥有与当前场景一样的环境光。

我们来看具体的烘焙参数。如图5.16所示，光照贴图烘焙窗口中Lightmapping Settings区域中的这些参数在UI上是放在一起的，这么多密集摆放的参数对于新用户来说会有不知所措的感觉。

图5.16 Lighting窗口中的光照烘焙参数

下面我们按照图中所标的序号来逐个进行详细介绍。

（1）Prioritize View

启用此选项，如果Scene窗口打开，系统会逐步烘焙在Scene窗口中看到的画面，然后再继续烘焙Scene画面之外的场景区域。

如果你在Scene窗口中移动物体，改变物体和灯光属性或者改变Scene窗口画面等，烘焙操作也会及时调整，快速烘焙改变后的画面。

通过这个方式，我们可以快速预览Scene窗口中当前画面的间接光照信息，及时做出相应修改，来加快迭代速度，而不必像之前使用Enlighten时那样需要等待烘焙全部完成以后才能看到结果。

在使用此选项时记得勾选Auto Generate（自动生成）选项。

（2）**采样设置相关**

此区域的设置与烘焙时所用的采样方式和采样数值相关。

- Multiple Importance Sampling：（默认是禁用状态）这是针对环境光采样的设置。如果开启，可以缩短光照贴图的生成时间，但是在场景中某些较暗的地方会产生明显的噪点。
- Direct Samples：用于设置从每一个纹素（Texel）射出的采样路径数（针对直接光照）。数值越大效果越好，烘焙时间也越长。
- Indirect Samples：用于设置从每一个纹素（Texel）射出的采样路径数（针对间接光照）。数值越大效果越好，烘焙时间也越长。针对户外场景，指导数值为100。对于室内场景（包含自发光物体），可以按需增加采样路径数直到看到效果。
- Environment Samples：针对环境光的采样数。数值越大效果越好，烘焙时间也越长。默认数值为500。
- Light Probe Sample Multiplier：如要使用此功能，必须在Project Settings→Editor→Graphics中禁用Use legacy Light Probe sample counts功能，如图5.17所示。

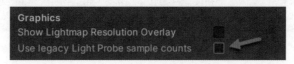

图5.17　在Project Settings→Editor→Graphics中禁用Use legacy Light Probe sample counts功能

此数值会分别与Direct Samples、Indirect Samples和Environment Samples这三个数值相乘。Light Probes在采样时会使用这三个数值。数值越大效果越好，烘焙时间也越长。

- Bounces：此数值用于控制计算光子弹射时的反弹次数，一般两次可以满足普通场景的需求。

（3）降噪设置相关

Filtering区域的设置用于光照贴图的降噪操作。降噪操作本质上是一个针对已经烘焙好的光照贴图做后处理的过程。

如果启用Filtering功能，系统会在把光照贴图的Direct、Indirect和Ambient Occlusion这三部分信息融合之前，对它们应用降噪算法进行降噪处理。

可以选择Auto（自动）或者Advanced（高级）两种方式。

- **自动**：Progressive Lightmapper会自动选择一个当前机器支持的降噪算法应用到光照贴图上（规则是固定的，具体规则请参考Unity文档）。
- **高级**：可以分别为Direct、Indirect和Ambient Occlusion选择降噪算法（Denoiser）或者降噪滤镜（Filter）。如果你有支持Nvidia Optix降噪算法的GPU，则可以选择Optix；如果有支持RadeonPro降噪算法的GPU，则可以选择RadeonPro。在任何情况下，都可以选择基于英特尔CPU的降噪算法OpenImageDenoise。

如图5.18所示，如果将Filtering参数设置为None，则意味着不启用针对光照贴图的降噪处理功能。

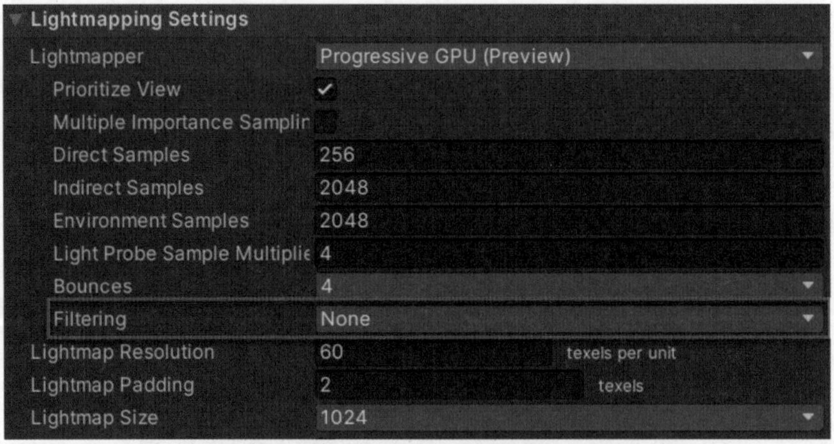

图5.18　不启用针对光照贴图的降噪处理功能

图5.19展示了在没有启用降噪处理功能时你会获得的光照烘焙结果。光照贴图中布满了噪点。

如图5.20所示，我们将Filtering参数设为Advanced，然后为直接光、间接光和环境光遮蔽（如果启用了环境光遮蔽烘焙功能）选择降噪算法和降噪滤镜。

图5.19　没有启用针对光照贴图的降噪功能时画面上的噪点

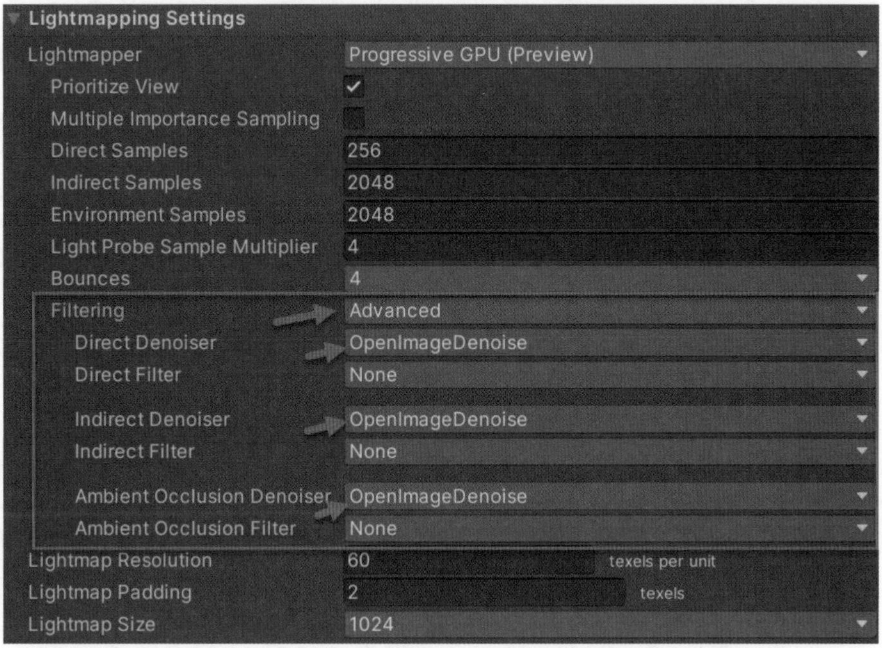

图5.20　在Lighting界面启用针对光照贴图的降噪处理功能

如图5.21所示，在启用降噪处理功能后，原先光照贴图中的噪点都被处理干净了。

图5.21 启用降噪处理功能后的效果

除了使用Optix这一类具备AI功能的降噪算法，我们也可以进一步使用降噪滤镜，如图5.22所示。

Filtering	Advanced	
Direct Denoiser	OpenImageDenoise	
Direct Filter	Gaussian	
Radius	1	texels
Indirect Denoiser	OpenImageDenoise	
Indirect Filter	Gaussian	
Radius	5	texels
Ambient Occlusion Denoisi	OpenImageDenoise	
Ambient Occlusion Filter	Gaussian	
Radius	2	texels

图5.22 可以进一步叠加降噪滤镜

这里的Guassian（高斯）滤镜会在执行降噪算法之后在光照贴图上做进一步的模糊处理，以减少光照贴图中的噪点。

注：内置渲染管线和通用渲染管线还支持A–Trous滤镜。此滤镜会在尽量减少光照贴图中噪点的同时减轻模糊的效果，因此通常比高斯滤镜的效果好。

（4）光照贴图分辨率

这里有三个参数：Lightmap Resolution、Lightmap Padding和Lightmap Size。

- **Lightmap Resolution（光照贴图分辨率）**：数值单位为texels per unit（每单位面积的纹素）。

  Texel（纹素）有别于Pixel（像素）。像素是图片的基本单位，如果我们在图片编辑软件中把图片放大到足够大，可以看到这些图片由许多正方形的像素组成，所以像素是屏幕空间的概念。而纹素则是纹理的基本单位，纹理用在模型上，所以它并不是屏幕空间的概念。

  在模型被绘制到屏幕上时，纹素会被转换成屏幕上的像素展现出来。我们可以由图5.23来理解纹素和像素之间的对应关系。

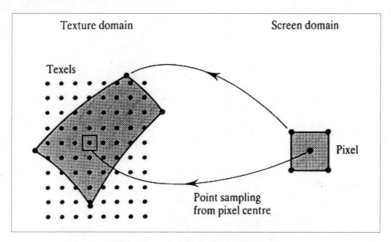

图5.23　纹素和像素之间的关系

像素和纹素最大的区别是：像素其实就是图片数据；但是纹素可以代表很多类型的数据，它可以是纹理，也可以是用于计算阴影的深度图。

光照贴图本质上是纹理，因此Progressive Lightmapper在这里用纹素而不是像素来表示光照贴图的分辨率。

- **Lightmap Padding（光照贴图间距）**：数值单位为texel（纹素），默认值为2。烘焙好的光照贴图中包含很多Charts。这些Charts你可以理解成对应模型上包含烘焙所得光照信息的UV色块。在游戏运行时，会将这些色块与模型网格进行映射，完成最终效果的计算（在模型原先的纹理上叠加烘焙所得的光照信息）。但是这些"色块"之间必须保持一定的距离才能确保模型上一个部位的颜色不会"渗色"到另一个部位。

- Lightmap Size（光照贴图大小）：数值单位为像素，默认值为1024。根据Lightmap Resolution和Lightmap Padding的参数设定，烘焙出来的光照贴图数量会相应变化。这里的大小其实代表的是每张光照贴图的最大尺寸。按照实际需求，即使将该参数设置为2048，某些光照贴图的尺寸也可能是1024或者512。

如表5.2所示，我们用一组测试数据来说明上述三个参数的关系（使用的项目是上面的夜间场景）。

表5.2　使用不同的Lightmap分辨率、UV间隔和尺寸设置时光照烘焙的对比

配置ID	参数数值	光照贴图数量和尺寸	光照贴图大小	纹素总数（Occupied Texels）	烘焙总时长（Total Bake Time）	提示UV重叠的模型数量
配置-1	Lightmap Resolution：60 Lightmap Padding：2 Lightmap Size：1024	4张1024px × 1024px	64MB	1.9M	2分6秒	119
配置-2	Lightmap Resolution：60 Lightmap Padding：2 Lightmap Size：2048	1张2048px × 2048px	64MB	1.9M	1分46秒	120
配置-3	Lightmap Resolution：60 Lightmap Padding：4 Lightmap Size：2048	1张2048px × 2048px 1张512px × 512px	68MB	1.9M	1分53秒	114
配置-4	Lightmap Resolution：90 Lightmap Padding：2 Lightmap Size：1024	9张1024px × 1024px	144MB	4.2M	4分17秒	97
配置-5	Lightmap Resolution：90 Lightmap Padding：2 Lightmap Size：2048	3张2048px × 2048px	192MB	4.3M	4分54秒	94
配置-6	Lightmap Resolution：90 Lightmap Padding：4 Lightmap Size：2048	3张2048px × 2048px	192MB	4.3M	5分23秒	94

从上述测试数据可以总结如下：

○ Lightmap Resolution越大，烘焙时间越长，光照贴图越精细。

○ Lightmap Padding越大，光照贴图的数量越多，但是可能会减少提示UV重叠的模型数量。

○ Lightmap Size越大，光照贴图的数量越少，光照贴图越精细。

图5.24所示是表5.2中配置-6的烘焙参数和烘焙结果。

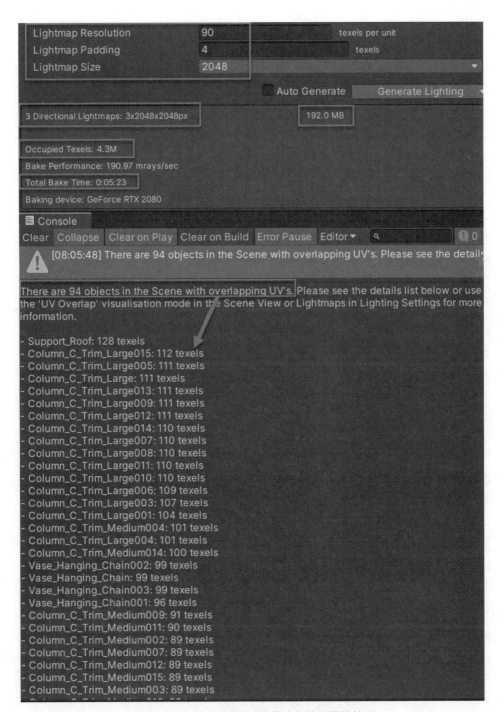

图5.24 表5.2中配置-6的烘焙参数和烘焙结果

从图5.24可以看到，在提高了Lightmap Resolution数值，增加了Lightmap Padding数值和Lightmap Size数值以后，UV重叠的物体从原先的119个下降到了94个。

那么UV重叠到底是什么意思呢？是因为我们在制作模型间UV的时候没有做到UV之间保持足够的距离吗？

出现这个黄色警告信息的原因有以下几种（我们也列出了可能的解决方法）：

○ 模型上光照烘焙用的UV确实存在重叠

在Console界面，我们可以看到警告UV重叠的信息中包含了具体哪个模型有这个问题的信息。我们可以具体看一下这些模型的UV（这是用于光照贴图烘焙的第二套UV。如果没有这套用于光照烘焙的UV，我们需要手动生成或者用Unity的模型导入界面来生成这套UV）。

如果模型的原始UV确实存在重叠，则我们可以通过外部建模工具来修复。

○ 模型上用于光照烘焙的UV不存在重叠

如果经过查看，所有模型的原始UV都不存在问题，在实际烘焙好光照贴图的场景中也看不出有什么"渗色"的情况，可以忽略这个警告。

当然可以尝试通过提高Lightmap Resolution数值和增加Lightmap Padding数值的方式来提高光照贴图的精度，从而减少UV有重叠的物体数量。不过要注意，这会影响烘焙时长，以及增加光照贴图的大小。

（5）Compress Lightmaps

默认启用该功能，即对光照贴图进行压缩。虽然压缩光照贴图可以减少内存占用，但是会导致光照贴图质量下降。

（6）Ambient Occlusion相关

环境光遮蔽用于为场景中的某些区域，比如裂缝、孔洞、墙面的交界处或者任何两个物体相邻的区域添加类似于阴影的效果。它会让这些地方变得比其他地方更暗一些。这些环境光遮蔽信息会被烘焙入光照贴图中。

在HDRP中，我们可以在Volume中设置Ambient Occlusion，不过这是针对当前相机看到的区域来计算的基于屏幕空间的实时环境光遮蔽，属于实时计算的范畴。对于在Volume组件中设置的实时环境光遮蔽，你可以通过Window→Render Pipeline→Render Pipeline Debug窗口，把Lightings下的Full Screen Debug Mode设置为SSAO（Screen Space Ambient Occlusion），就可以看到基于屏幕空间的环境光遮蔽效果了。具体效果如图5.25所示（以红色箭头指示的区域显示了部分AO效果）。

图5.25 在Render Pipeline Debug窗口中进行设置，让场景只显示环境光遮蔽效果

- Max Distance（最大距离）：为了计算出一个物体是否被另一个物体挡住从而算出相应的环境光遮蔽效果，系统需要使用射线来做侦测。此参数用于控制射线的长度。射线的长度越长，光照贴图中由环境光遮蔽产生的阴影区域越多，反之越少（只有距离很近的物体之间才会有环境光遮蔽产生的阴影）。如果设置为0，则意味着此射线为无限长，默认数值为1。

图5.26所示是将Max Distance设置为0时的画面效果。

图5.26 在Lighting窗口中将Ambient Occlusion下的Max Distance参数设置为0时的效果

图5.27所示是将Max Distance设置为1时的画面效果。

图5.27　在Lighting窗口中将Ambient Occlusion下的Max Distance参数设置为1时的效果

因为数值0代表射线长度无限长，所以画面中的环境光遮蔽明显暗很多。

- Indirect Contribution（间接光贡献）：参数值在0～10之间，默认值为1。此参数用于控制间接光强度对环境光遮蔽的影响。

  下面三张图比较了不同Indirect Contribution数值对画面整体的环境光遮蔽造成的影响。可以看到，Indirect Contribution越大，环境光遮蔽越暗（用红色线条标出的区域最明显）。如图5.28所示画面效果，其参数配置为：Max Distance = 1，Indirect Contribution = 0，Direct Contribution = 0。

图5.28　Max Distance = 1，Indirect Contribution = 0，Direct Contribution = 0时的画面效果

如图5.29所示画面效果，其参数配置为：Max Distance = 1，Indirect Contribution = 1，Direct Contribution = 0。

图5.29　Max Distance = 1，Indirect Contribution = 1，Direct Contribution = 0时的画面效果

如图5.30所示画面效果，其参数配置为：Max Distance = 1，Indirect Contribution = 10，Direct Contribution = 0。

图5.30　Max Distance = 1，Indirect Contribution = 10，Direct Contribution = 0时的画面效果

- Direct Contribution（**直接光贡献**）：参数值在0～10之间，默认值为0。此参数用于控制直接光强度对环境光遮蔽的影响。

（7）Directional Mode（方向模式）

- **Directional**：在此模式下会生成第二套光照贴图，专门用于保存入射光的主要方向信息。使用法线贴图的材质可以利用这张光照贴图上的方向信息，在计算法线贴图时加入光照贴图中保存的全局光照信息。不过在此模式下生成的光照贴图通常比在Non-Directional模式下生成的光照贴图大一倍（在此模式下生成的光照贴图无法在SM2.0和GLES2.0硬件上解码使用。在这些硬件上会使用Non-Directional模式）。

- **Non-Directional**：禁止烘焙时生成第二套用于保存入射光主要方向信息的光照贴图。

（8）Indirect Intensity和Albedo Boost

- **Indirect Intensity（间接光强度）**：用于控制光照贴图中保存的间接光强度。数值范围在0~5之间，默认值为1。当数值大于1时会增强间接光强度，小于1时会减弱间接光强度。

- **Albedo Boost（反射率增强）**：用于控制物体表面之间光子弹射的数量，默认值为1。数值范围在1~10之间。数值越大，物体表面的反射率越大。

（9）Lightmap Parameters

烘焙相关的参数。你可以使用预设的参数，也可以自行创建参数，并且可以将参数保存下来以便复用。

除了可以在烘焙窗口全局性地指定这些预设的参数，也可以为场景中参与烘焙的模型的Mesh Renderer组件单独指定预设的参数，如图5.31所示。

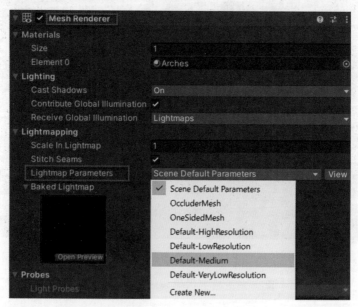

图5.31　为Mesh Renderer组件单独指定Lightmap Parameters

5.7 不同显卡对GPU版本的烘焙效率有什么影响

为了让大家更好地理解不同显卡配置和显存大小对GPU版本光照贴图烘焙效率的影响，我们专门配置了三台机器做烘焙测试。三台机器的配置信息如表5.3所示。

表5.3 用于GPU光照贴图烘焙的三台机器硬件配置信息

CPU	i7-9700K	i7-9700K	i7-9700K
内存	32GB DDR4@3200	32GB DDR4@3200	32GB DDR4@3200
GPU	Nvidia RTX 2060S	Nvidia RTX 2070S	Nvidia RTX 2080Ti
CUDA核心数	2176	2560	4352
专用显存	8GB	8GB	11GB
共享显存	16GB	16GB	16GB
配置ID	配置-1	配置-2	配置-3

表5.4～表5.9为6组光照烘焙参数配置，通过这几个表，你可以比较它们分别所用的烘焙时长。图5.32所示为用于光照烘焙测试的办公室场景。

图5.32 完成光照烘焙的办公室场景

配置-1如表5.4所示。

表5.4 配置-1

Lighting Mode	Direct Samples	Indirect Samples	Environment Samples	Bounces	Denoiser Filtering	Lightmap Resolution	Lightmap Size	烘焙时长
Baked Indirect	64	512	512	2	Open Image Denoise	30	1024	3分5秒
Baked Indirect	128	1024	1024	2	Open Image Denoise	30	1024	5分5秒

续表

Lighting Mode	Direct Samples	Indirect Samples	Environment Samples	Bounces	Denoiser Filtering	Lightmap Resolution	Lightmap Size	烘焙时长
Baked Indirect	128	1024	1024	2	Open Image Denoise	60	2048	18分51秒
Baked Indirect	128	1024	1024	4	Open Image Denoise	60	2048	20分41秒
Baked Indirect	256	2048	2048	4	Open Image Denoise	90	2048	1小时28分3秒
Baked Indirect	256	2048	2048	4	Open Image Denoise	120	2048	2小时27分

配置-2如表5.5所示。

表5.5 配置-2

Lighting Mode	Direct Samples	Indirect Samples	Environment Samples	Bounces	Denoiser Filtering	Lightmap Resolution	Lightmap Size	烘焙时长
Baked Indirect	64	512	512	2	Open Image Denoise	30	1024	2分38秒
Baked Indirect	128	1024	1024	2	Open Image Denoise	30	1024	4分30秒
Baked Indirect	128	1024	1024	2	Open Image Denoise	60	2048	16分45秒
Baked Indirect	128	1024	1024	4	Open Image Denoise	60	2048	18分18秒
Baked Indirect	256	2048	2048	4	Open Image Denoise	90	2048	1小时18分7秒
Baked Indirect	256	2048	2048	4	Open Image Denoise	120	2048	2小时12分52秒

配置-3如表5.6所示。

表5.6 配置-3

Lighting Mode	Direct Samples	Indirect Samples	Environment Samples	Bounces	Denoiser Filtering	Lightmap Resolution	Lightmap Size	烘焙时长
Baked Indirect	64	512	512	2	Open Image Denoise	30	1024	2分10秒
Baked Indirect	128	1024	1024	2	Open Image Denoise	30	1024	3分28秒
Baked Indirect	128	1024	1024	2	Open Image Denoise	60	2048	12分40秒
Baked Indirect	128	1024	1024	4	Open Image Denoise	60	2048	13分27秒

续表

Lighting Mode	Direct Samples	Indirect Samples	Environment Samples	Bounc-es	Denoiser Filtering	Lightmap Resolution	Lightmap Size	烘焙时长
Baked Indirect	256	2048	2048	4	Open Image Denoise	90	2048	1小时5分6秒
Baked Indirect	256	2048	2048	4	Open Image Denoise	120	2048	1小时35分47秒

下面几套参数用于烘焙斯蓬扎夜间场景。

图5.33所示为用于光照烘焙测试的斯蓬扎夜间场景。

图5.33 完成光照烘焙的斯蓬扎夜间场景

配置-4如表5.7所示。

表5.7 配置-4

Lighting Mode	Direct Samples	Indirect Samples	Environment Samples	Bounces	Denoiser Filtering	Lightmap Resolution	Lightmap Size	烘焙时长
Baked Indirect	64	512	512	2	Open Image Denoise	30	1024	14秒
Baked Indirect	128	1024	1024	2	Open Image Denoise	30	1024	19秒
Baked Indirect	128	1024	1024	2	Open Image Denoise	60	2048	1分9秒

续表

Lighting Mode	Direct Samples	Indirect Samples	Environment Samples	Bounces	Denoiser Filtering	Lightmap Resolution	Lightmap Size	烘焙时长
Baked Indirect	128	1024	1024	4	Open Image Denoise	60	2048	3分15秒
Baked Indirect	256	2048	2048	4	Open Image Denoise	90	2048	4分58秒
Baked Indirect	256	2048	2048	4	Open Image Denoise	120	2048	8分19秒

配置-5如表5.8所示。

表5.8　配置-5

Lighting Mode	Direct Samples	Indirect Samples	Environment Samples	Bounces	Denoiser Filtering	Lightmap Resolution	Lightmap Size	烘焙时长
Baked Indirect	64	512	512	2	Open Image Denoise	30	1024	11秒
Baked Indirect	128	1024	1024	2	Open Image Denoise	30	1024	17秒
Baked Indirect	128	1024	1024	2	Open Image Denoise	60	2048	59秒
Baked Indirect	128	1024	1024	4	Open Image Denoise	60	2048	1分2秒
Baked Indirect	256	2048	2048	4	Open Image Denoise	90	2048	4分31秒
Baked Indirect	256	2048	2048	4	Open Image Denoise	120	2048	7分20秒

配置-6如表5.9所示。

表5.9　配置-6

Lighting Mode	Direct Samples	Indirect Samples	Environment Samples	Bounces	Denoiser Filtering	Lightmap Resolution	Lightmap Size	烘焙时长
Baked Indirect	64	512	512	2	Open Image Denoise	30	1024	10秒
Baked Indirect	128	1024	1024	2	Open Image Denoise	30	1024	14秒
Baked Indirect	128	1024	1024	2	Open Image Denoise	60	2048	47秒
Baked Indirect	128	1024	1024	4	Open Image Denoise	60	2048	53秒
Baked Indirect	256	2048	2048	4	Open Image Denoise	90	2048	3分14秒
Baked Indirect	256	2048	2048	4	Open Image Denoise	120	2048	5分18秒

总结：用于测试的三块显卡分别为Nvidia GeForce 2060s、2070s和2080s，它们之间的区别是CUDA核心和显存大小。我们可以看到，无论是什么样的参数配置，CUDA核心越多，显存越大，烘焙时间越短。

5.8 相同场景使用CPU烘焙需要多长时间

使用斯蓬扎夜间场景，烘焙参数和烘焙时长如表5.10所示。与GPU版本相比，CPU版本所需的烘焙时间明显偏长。

表5.10 斯蓬扎夜间场景使用CPU和GPU烘焙所需时长对比

Lighting Mode	Direct Samples	Indirect Samples	Environment Samples	Bounces	Denoiser Filtering	Lightmap Resolution	Lightmap Size	GPU烘焙时长	CPU烘焙时长
Baked Indirect	256	2048	2048	4	Open Image Denoise	120	2048	6分35秒	3小时13分52秒

可能大家会问：既然GPU版本那么快，为什么还需要CPU版本？

答案是：进行光照贴图烘焙时，GPU版本使用的是显存。就目前的显卡来说，显存总是有限的，我们也无法像添加内存那样自行添加显存（内存也相对便宜很多）。如果当前场景在烘焙时所需的显存空间超出了当前显卡具备的显存大小，那么GPU版本就会停止工作。这时我们就需要使用CPU版本来救场了：在烘焙过程中，如果Unity发现显存耗尽，Unity会自动切换到CPU版本。

5.9 为什么GPU版本在烘焙的过程中，有时会自动切换成CPU版本

自动切换到CPU版本的原因是当前系统的可用显存不足，GPU版本无法继续进行正常的烘焙操作。

从GPU版本到CPU版本的切换会发生在准备烘焙阶段。在Unity编辑器的Console窗口可能会出现两段黄色的警报信息（第一段必出），如图5.34所示。

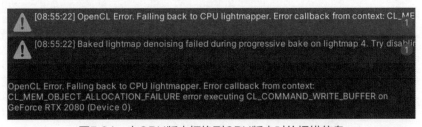

图5.34 由GPU版本切换到CPU版本时的报错信息

第一段是OpenCL报错，提示后退到CPU光照烘焙。后面一段的意思就是显存不足了，报错如图5.35所示。

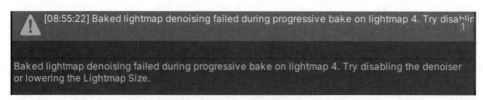

图5.35　第二段报错信息

（可能出现）这一段是说降噪处理失败，请尝试禁用降噪处理或者降低光照贴图大小。

在进行GPU烘焙时需要注意的是，等待准备烘倍阶段结束，开始烘倍的时候看是否会切换到CPU版本，如图5.36所示。

图5.36　在光照烘焙准备阶段Lighting窗口底部的状态显示

如图5.37所示，如果看到Baking…[ETA: xx:xx:xx]信息，观察到没有切换到CPU版本，此时你就可以放心了，之后会继续用GPU版本进行烘焙。否则如果你在这时候离开去干别的事情，可能回来一看烘焙时间翻了10倍，这是因为Unity自动切换到CPU版本了。

![Auto Generate Lighting Off　Baking... [ETA: 0:10:19]]

图5.37　在光照烘焙过程中在Lighting窗口底部显示预估的烘焙时长

5.10　如何避免GPU烘焙自动切换成CPU烘焙

因为场景中参与烘焙的资源量是不一样的，所以完全避免切换是不可能的。

通过前面不同型号的GPU烘焙测试，可以知道，在场景中使用GPU烘焙的前提条件是当前系统可用显存足够大。因此是否使用GPU烘焙就看我们的系统能否省出足够的显存给渐进式光照烘焙这个模块用。以下是一些节省系统显存的方法：

（1）如图5.38所示，通过顶部菜单Edit→Project Settings打开项目设置界面，在烘焙开始之前将Texture Quality调整为Eighth Res，意思是在Scene窗口和Game窗口中只使用1/8尺寸的纹理进行显示（默认为Full Res，意思为使用完整尺寸的纹理进行显示）。在烘焙结束之后调整回Full Res。具体设置界面如图5.38所示。

图5.38　在Project Settings的Quality界面，将纹理质量（Texture Quality）
设置为八分之一分辨率（Eighth Res）

（2）在烘焙过程中如果不需要查看渐进式的烘焙过程，则可以隐藏Scene窗口和Game窗口。如图5.39所示，让Project Settings窗口覆盖在最上层。

（3）将场景切分成多个小场景，进行多场景加载。这样可以针对各个小场景进行烘焙。

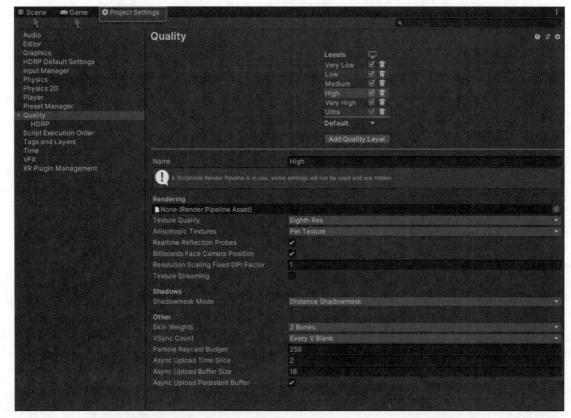

图5.39　将Project Settings窗口置于Scene窗口和Game窗口的最上层

5.11　如何解决光照贴图接缝问题

如图5.40所示，虽然整块岩石看上去是一体的，但实际上它是由多块网格拼接的。在某些情况下，由于GPU无法在分开的光照贴图之间混合纹理，导致出现图中的硬边。

渐进式光照贴图烘焙支持自动接缝缝合。如图5.41所示，我们要做的就是选择场景中需要接缝缝合的模型，然后勾选Mesh Renderer组件中的Stitch Seams选项。

注：启用Stitch Seams选项会增加烘焙时间。

图5.40　模型上出现接缝问题

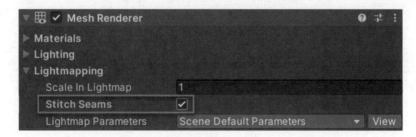

图5.41　Mesh Renderer组件中的Stitch Seams选项

5.12　如何整体地查看光照贴图的不同组成部分

如图5.42所示，我们可以在Scene窗口中查看光照贴图不同的组成部分。

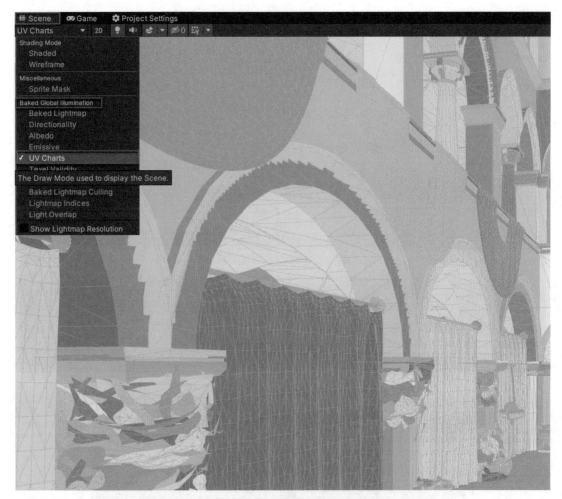

图5.42　在Scene窗口中查看光照贴图的不同组成部分

5.13　如何查看与调整场景中的模型在光照贴图中的位置和占比大小

要查看某个模型在光照贴图中所在的具体位置以及占比大小，可以在Hierarchy窗口选中模型，然后在Inspector窗口的Mesh Renderer组件中找到Lightmapping区域，如图5.43所示。

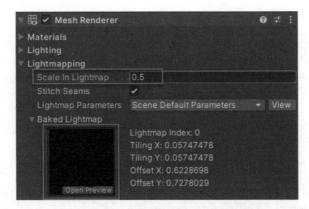

图5.43 Mesh Renderer组件中的Lightmapping相关参数

（1）如图5.44所示，在Baked Lightmap中单击Open Preview按钮打开预览窗口，在该窗口中可以看到当前模型在光照贴图中的位置和相对占比。

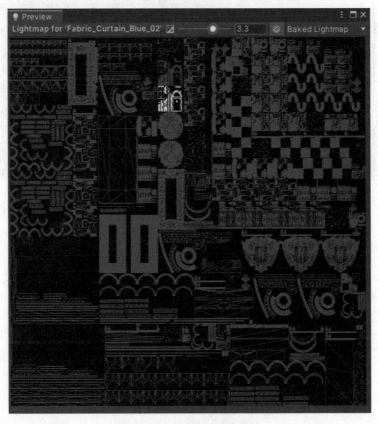

图5.44 光照贴图预览窗口

可以通过上面的滑块调整预览窗口中显示的光照贴图的亮度（见图5.45）。

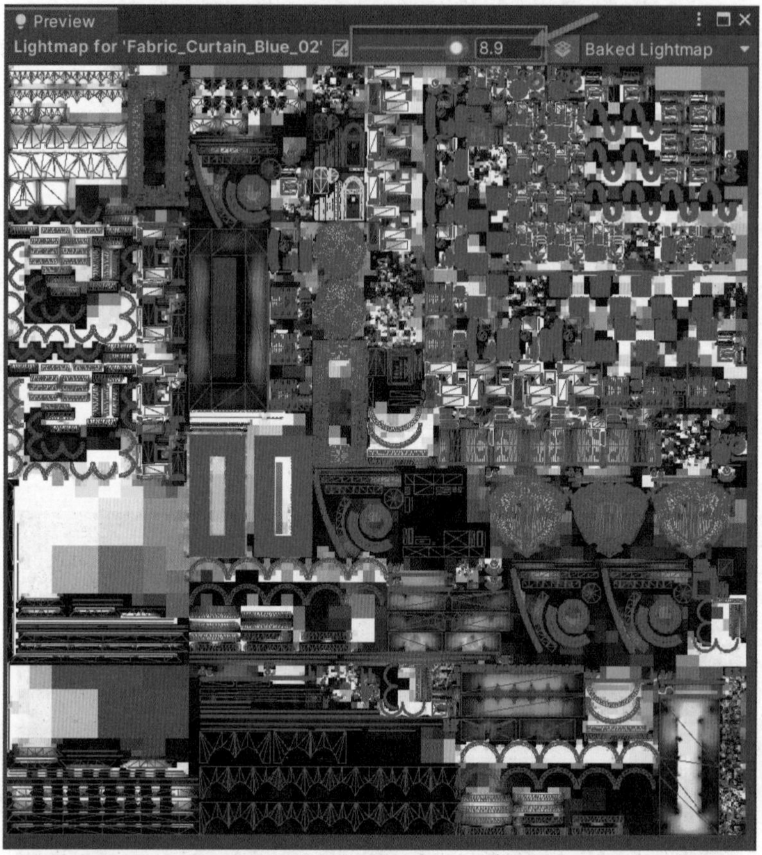

图5.45　光照贴图预览窗口的亮度调整滑块和数字输入框

也可以从右上角下拉菜单中选择不同的显示模式（见图5.46）。

（2）我们可以使用Scale in Lightmap属性来控制模型在光照贴图中的占比。若数值为0，则物体不会参与光照贴图烘焙；数值大于1会增加该物体在光照贴图中的像素占比；数值小于1会减少该物体在光照贴图中的像素占比，比如图5.43中的0.5（实际含义是原始texel per unit（每单位纹素值）的50%）。如果要让某些在镜头中占比较大的物体获得更高质量的光照信息，我们可以适当加大Scale in Lightmap值。不过加大这个数值可能会导致光照贴图变大。

（3）在以下测试中，我们把场景中所有彩色挂布的Scale in Lightmap值从原先的0.5改为1（如图5.47所示）。虽然画面中挂布的光照效果略微有提升，但是光照贴图从原来的一张2048像素×2048像素的光照贴图，又增加了一张1024像素×1024像素的光照贴图。结果就是，虽然获得了一点点效果提升，但光照贴图大小却增加了16MB，其实是得不偿失的。

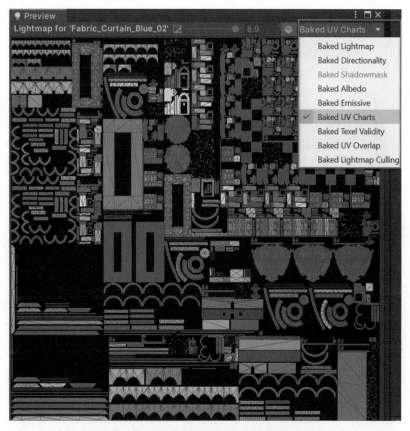

图5.46　在光照贴图预览窗口选择显示模式

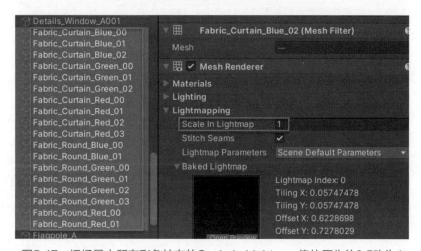

图5.47　把场景中所有彩色挂布的Scale in Lightmap值从原先的0.5改为1

图5.48所示是Lighting窗口中Scale in Lightmap值被设置为0.5时的烘焙结果。

| 1 Directional Lightmap: 2048x2048px | 64.0 MB |

图5.48　Scale in Lightmap值为0.5时的烘焙结果

图5.49所示是Lighting窗口中Scale in Lightmap值被设置为1时的烘焙结果。

| 2 Directional Lightmaps: 2048x2048px, 1024x1024px | 80.0 MB |

图5.49　Scale in Lightmap值为1时的烘焙结果

5.14　本章总结

渐进式光照贴图烘焙系统为我们提供了快速迭代的工作流，而且它还可以对整个烘焙时长进行预估，完全解决了之前我们使用Enlighten系统时烘焙时长靠猜，以及光照贴图烘焙效果要等到烘焙完成以后才能看到的问题。这大大加快了光照贴图烘焙的速度，也让灯光美术师有了更多的自由度，可以随时获得自己想要的效果。

不过要想用好这个系统，除了需要深入了解每个参数背后的含义，使用不同的场景（户外、室内，或者像斯蓬扎这种既有室内部分也有户外部分的场景）针对不同的参数做各种测试是非常关键的。通过测试练习，我们可以增加对这些参数以及这些参数之间可以如何配合的直观感受，有助于我们在日常工作中面对不同类型的场景时，在保证速度的情况下，烘焙出高质量的光照贴图。

下一章将会为大家介绍如何使用HDRP中的材质系统，并且通过具体示例为大家讲解HDRP材质系统的具体使用方法，如何制作多种典型材质。

第6章
HDRP材质详解

6.1 摘要

本章我们讲解如何使用HDRP材质。首先打开Civic_Center_HDRP_Start项目中的All Materials场景，我们使用该场景中所用的材质来讲解如何制作一些典型的材质，在讲解的过程中穿插概念和原理。

要创建一种新的材质（Material），可以在Project窗口从右键菜单选择Create→Material选项或者使用Project窗口左上角的+号打开菜单选择Material选项。

一种材质创建完成以后，（如图6.1所示）可以为它选择一个着色器（Shader）。不同的着色器为材质提供不同的参数选项，这些参数选项用于模拟物体表面的各种属性，比如金属的反光，玻璃的反射和折射，肥皂泡表面的彩虹色，汽车表面的清漆，皮肤的次表面散射（Subsurface Scattering，俗称SSS）效果等。HDRP默认使用的着色器为Lit，这也是我们最常使用的着色器。

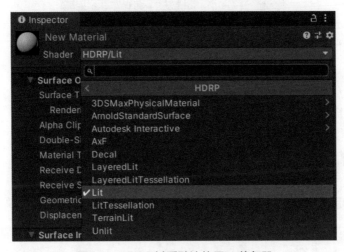

图6.1　HDRP材质默认使用Lit着色器

因为Lit着色器的各项参数会因为你选择的表面类型的不同而不同，所以我们将通过示例项目来学习多种典型材质的各项参数，熟悉基于Lit着色器的各类材质的具体制作方法。通过了解这些典型材质的参数设置，你可以在学习或者实际应用中参考这些参数组合，快速创建自己所需的材质。

为了便于大家学习，我们在场景中创建了20个Cinemachine虚拟相机（如图6.2中的Hierarchy窗口所示），并关联到Timeline上。你可以通过菜单Window→Sequencing→Timeline打开Timeline界面，移动该界面上的Timeline滑块就能在Game窗口看到每种我们将会讲解的材质。

图6.2　层级窗口中的所有Cinemachine虚拟相机

6.2　使用Lit着色器制作典型材质

6.2.1　木头材质

1. 第一个材质示例

在Hierarchy窗口中选择Timeline_Cameras→Floor_Wood，再选择菜单GameObject→Align View to Selected，此时Scene窗口的相机会自动对准Floor_Wood虚拟相机对准的物体。

在Hierarchy窗口顶部搜索框输入Floor-Wood，找到地板并选中，如图6.3所示。

图6.3 地板上的木头材质

木地板材质参数设置如图6.4所示。

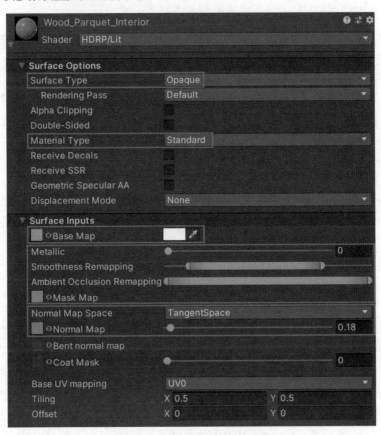

图6.4 木地板材质的参数设置

我们可以把现实世界中的物体分成不透明物体和透明物体（其中包括透明或者半透明）。在实时渲染时，其实我们模拟的就是物体的表面。当然在模拟透明物体时我们还要考虑光透过物体时发生的吸收和折射现象。

因此制作材质的第一步是选择表面类型（Surface Type）。在Lit中把表面类型分成了两类：Opaque（不透明）和Transparent（透明）。对于木地板我们选择Opaque作为表面类型（除非你的地板是透明的）。

选择Standard（标准）Material Type（材质类型）。标准材质类型可用于模拟大部分材质。

Surface Inputs（表面输入）中的参数用于控制物体表面的各种属性，比如颜色、透明度、高光、表面细节、纹理所用的UV等。下面逐项讲解木地板的表面设置。

（1）Base Map（基础纹理）

用于控制表面的颜色和透明度。

如果不指定纹理，物体会使用颜色选择器中的颜色作为表面颜色；如果指定了纹理，物体表面的最终颜色由纹理和颜色选择器所选的颜色一起决定。

我们可以使用颜色选择器中的Alpha通道控制物体表面的透明度（只有在Surface Type为Transparent时该选项才会起作用）。

（2）Mask Map（遮罩贴图）

表6.1列出的是放在同一张纹理中的RGBA四个通道中保存的用于控制不同参数的贴图。

表6.1　Mask Map的四个通道分别用于保存用途不同的贴图

颜色通道	贴图
Red	保存Metallic贴图
Green	保存Ambient Occlusion（环境光遮蔽）贴图
Blue	保存Detail map mask（细节贴图遮罩）贴图
Alpha	保存Smoothness贴图

图6.5比较好理解（来源于HDRP官方文档）。

在同一张Mask Map中保存四张贴图的好处是：因为这四张贴图的UV坐标相同，所以渲染器只需要采样一次就能拿到最多四张贴图的信息。请注意，使用Mask Map时并不需要每次都使用4个通道。你完全可以按照自己的需求选择一个或者多个通道使用。

因为木地板材质使用了Mask Map，所以如图6.6所示的滑块会出现在界面上。

Metallic用于控制金属表面的反光度，数值越高，金属反光越强烈。它的数值在0~1之间。因为我们添加了Mask Map，所以HDRP会获取Red通道中Metallic贴图的灰度图信息用于计算物体表面各处的金属反光强度：纯黑色对应数值0，纯白色对应数值1，其他灰度对应0~1之间的数值。

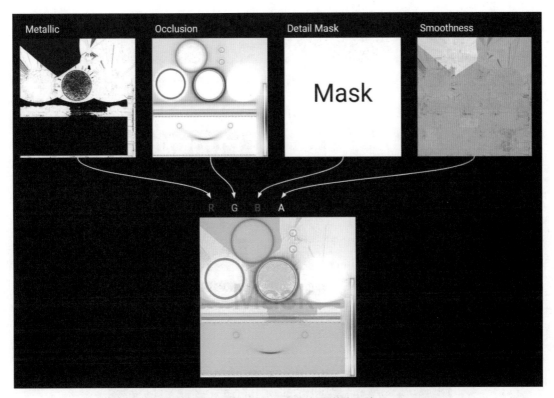

图6.5 Mask Map中四个通道的用途

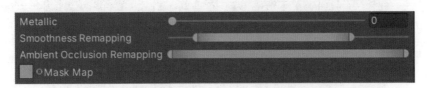

图6.6 Lit材质的Mask Map对应的参数调节控件

Smoothness Remapping滑块可以把从Mask Map的Alpha通道中获取的灰度信息，映射到滑块对应的最小值和最大值区间内，用于控制物体表面的光泽度。

Ambient Occlusion Remapping滑块可以把从Mask Map的Green通道中获取的灰度信息，映射到滑块对应的最小值和最大值区间内，用于控制物体表面的环境光遮蔽。

如果我们没有指定Mask Map，则默认的选项如图6.7所示。这时的Metallic和Smoothness两个选项的数值都在0～1之间。Metallic数值越高，物体表面的金属反光越强烈。Smoothness数值越高，物体表面越平滑，越像一面镜子；反之物体表面看上去越粗糙。

图6.7　没有指定Mask Map时只有Metallic和Smoothness两个默认选项

　　我们可以使用图像编辑软件比如Photoshop来制作Mask Map。基本的制作方法就是为每个想

要控制的参数（Metallic、Ambient Occlusion、Detail map Mask和Smoothness）制作相应的灰度图。然后在Photoshop的通道控制界面贴入这些图，最后导入Unity中使用即可（Unity支持直接导入PSD文件）。

　　我们也可以使用一些第三方插件来制作Mask Map，比如图6.8所示的从Unity资源商店中可以找到的免费插件Channel Mixer（https://assetstore.unity.com/packages/tools/utilities/channel-mixer-packer-133787）。该插件的界面如图6.9所示。

图6.8　Unity资源商店中的Channel Mixer插件

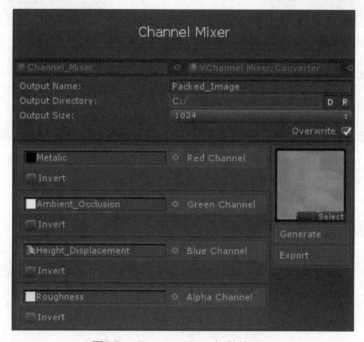

图6.9　Channel Mixer插件的界面

（3）Normal Map Space（法线贴图空间）和Normal Map（法线贴图）

在Normal Map Space中可以选择TangentSpace（切线空间）或者ObjectSpace（物体空间）。

我们可以为Normal Map关联一张法线贴图，用于为物体表面增加细节信息。可以通过滑块来控制细节信息的强度大小（数值在0~8之间）。法线贴图为物体表面增加细节的原理是，使用保存在法线贴图中的信息，通过改变物体表面的光照信息让表面"看上去"多了一些细节。但是本质上物体表面并没有发生真正的形变。

以下是两种法线贴图空间的区别。

- TangentSpace可应用于任何类型的网格上，包括动画时网格会变形的角色模型。
- ObjectSpace可应用于使用Planar-mapping的静态物体上（网格不会变形的物体）。这一类法线贴图上除了包含切线空间法线贴图信息，还包含方向数据。而且因为Unity不需要对它做Transform的计算，所以它相比切线空间法线贴图更省性能。

（4）Base UV mapping

同一个模型可包含多套UV，用于不同的目的，比如纹理贴图使用的UV或者光照贴图烘焙使用的UV等。你可以在这里选择模型的哪一套UV用于纹理贴图。也可以在这里调整贴图的Tiling（平铺）数值和Offset（偏移）数值。

2. 第二个材质示例

在Hierarchy窗口顶部搜索框输入Pot-Wood，找到花盆并选中，如图6.10所示。

图6.10 花盆模型

花盆的材质参数设置如图6.11所示。

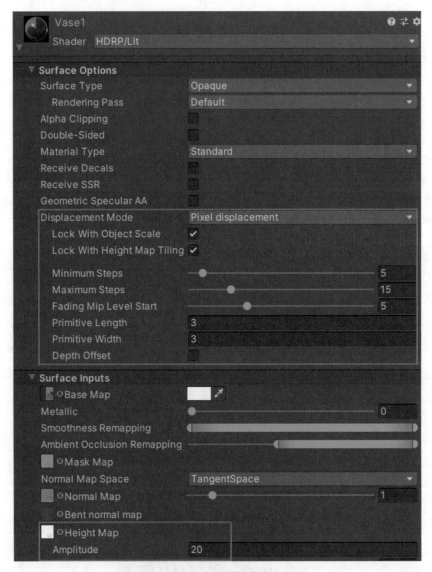

图6.11 花盆材质的参数设置

花盆材质的参数组合与上面木地板材质不同的地方是，这里使用了Displacement Mode（置换模式）和Height Map（高度图）。置换模式和高度图用于为花盆模型的泥土部分网格增加细节表现，如图6.12所示。

图6.12　花盆材质的泥土部分使用了置换模式和高度图

（1）Height Map（高度图）

首先我们看一下花盆材质所使用的高度图，如图6.13所示。

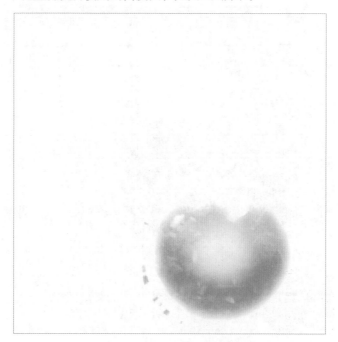

图6.13　花盆材质所用的高度图

高度图本质上就是一张黑白颜色的灰度图。白色区域代表了受影响表面高的地方；颜色越深，受影响的表面就越低。与法线贴图不同，高度图会改变受影响表面的区域，从而增加更多的细节。一般高度图和法线贴图配合使用。

参数Amplitude（幅度）用于控制高度图置换效果的强度。

（2）Displacement Mode（置换模式）

HDRP提供两种置换模式。

- Vertex displacement（顶点置换）：根据高度图来置换网格上的顶点。
- Pixel displacement（像素置换）：根据高度图来置换模型表面的像素。

像素置换模式下的Depth Offset（深度偏移）参数值得一提。启用此选项后，HDRP会根据置换信息来修改Depth Buffer（深度缓冲）。这可以让Contact Shadows（接触阴影）这些使用深度缓冲的项目获取从像素置换中得到的细节信息。

6.2.2 冰箱材质

在Hierarchy窗口顶部搜索框输入Fridge，找到冰箱并选中，如图6.14所示。

图6.14 冰箱模型

冰箱的材质参数设置如图6.15所示。

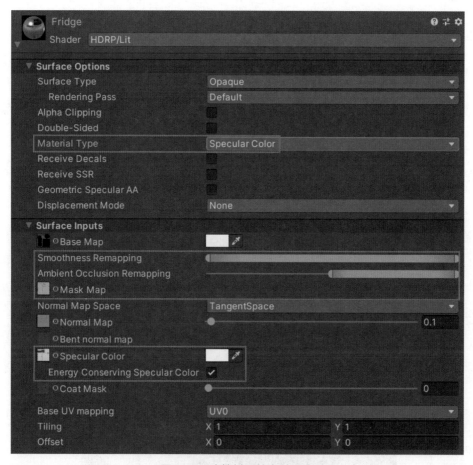

图6.15 冰箱材质的参数设置

（1）将Material Type设置为Specular Color。使用这一材质类型可以在物体表面生成带颜色的高光效果。因为Specular Color使用的不是Metallic工作流，而是Specular工作流（关于这两个工作流的区别，请参考Unity文档：https://docs.unity.cn/Manual/StandardShaderMetallicVsSpecular.html），所以在Surface Inputs中不再有Metallic滑块。

（2）这里关联的Mask Map贴图在绿色通道（Ambient Occlusion贴图）和Alpha通道（Smoothness贴图）中有相关贴图，因此我们可以使用Smoothness Remapping和Ambient Occlusion Remapping两个滑块来控制表面平滑度和环境光遮蔽。

（3）Specular Color（高光颜色）：此选项可以让你手动设置高光颜色（Specular Color）。这里关联的纹理使我们可以在像素级别定义高光颜色。如果你在颜色选择器中选择一个颜色，HDRP会将此颜色和纹理上的每一个像素相乘从而得到最终的高光颜色。

（4）Energy Conserving Specular Color（能量守恒高光颜色）：如果启用这一选项，HDRP会在高光效果太强烈时降低材质的漫反射色，这可以让材质看上去更加"物理正确"。因为PBR（基于物理的渲染）的能量守恒（Energy Conservation）守则对于物体表面的正确渲染非常重要。这一守则认为，反射和散射光的能量必须小于物体表面接收到的光能量。

6.2.3　陶瓷材质

在Hierarchy窗口顶部搜索框输入Vase-Ceramic，找到陶瓷瓶并选中，如图6.16所示。

图6.16　陶瓷瓶模型

陶瓷瓶的材质参数设置如图6.17所示。

首先我们来了解一下Receive Decals和Receive SSR两个选项。

- Receive Decals（显示贴花）：启用此选项可以让当前材质显示贴花。
- Receive SSR（显示在屏幕空间反射中）：启用此选项时，HDRP会在计算屏幕空间反射时把与当前材质关联的物体考虑进去。要在当前场景中使用屏幕空间反射（Screen Space Reflection），需要先在HDRP配置文件中启用SSR选项，并向场景Volume中添加SSR Override。

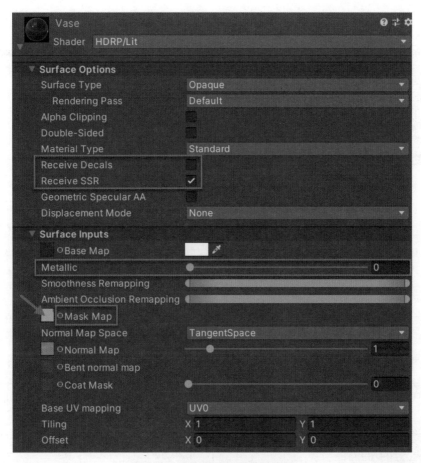

图6.17 陶瓷瓶的材质参数设置

接下来我们来了解一下Mask Map选项。先在Project窗口中找到Vase_MaskMap贴图，然后单击如图6.18所示箭头所指的区域，这会让Unity编辑器高亮显示Project窗口中相关的Mask贴图。

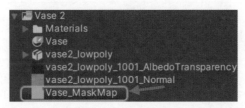

图6.18 在Project窗口中选择Vase_MaskMap

单击Vase_MaskMap，我们可以在Inspector窗口中的预览窗口看到表6.2所示的效果。

表6.2　Vase_MaskMap在Inspector窗口的预览窗口中四个通道的显示效果

RGBA	Red	Green	Blue	Alpha

看到上面5张图，大家可能会觉得一头雾水，这些蓝色、绿色、灰色图片到底代表什么意思？在材质里到底是怎么使用这些图里包含的数据的？

之前在介绍Mask Map的时候说过，我们可以通过Mask Map的方式在同一张贴图的四个通道中（Red、Green、Blue和Alpha）保存4张用途不同的贴图。它们分别用于控制材质的Metallic、Ambient Occlusion、Detail Map Mask和Smoothness参数。这样做的好处是可以在运行时节省内存和显存的开销。大家可以忽略这5张图的颜色，因为这些颜色并没有实际意义。RGBA这张图的颜色为浅蓝色，这是因为后面四张图整合在一起的视觉效果没有实际意义。

在Red、Green、Blue和Alpha四个通道中保存的贴图其实都是灰度图，如表6.3所示。

表6.3　在Vase_MaskMap中实际保存的贴图

Red	Green	Blue	Alpha
全黑色，意味着当前材质的Metallic数值总是为0。在材质界面随便调整Metallic滑块对物体表面不会产生任何影响，不会改变表面的金属反光度。	用于为材质提供Ambient Occlusion（环境光遮蔽）信息。	因为在本示例中并没有使用Detail Map（细节贴图），所以也就没有使用Detail mask Map（细节贴图遮罩）的必要。也就是说我们并没有使用蓝色通道。	用于控制Smoothness通道。纯白色对应数值1，表示物体表面完美平滑，像一面镜子；颜色越黑数值越小，表面越粗糙，越显示物体表面的漫反射色（Diffuse Color）。

看到这里大家应该已经明白了，灰度图提供的是对应最终纹理上每个像素点的数值（每张

灰度图控制着不同的参数）。纯白色对应最大值1，颜色越黑数值越小直到为0。

这时大家应该明白为什么红色通道中是纯黑色的贴图，因为控制的是Metallic的数值，并且纯黑色对应数值0。所以无论你如何调节材质界面上Metallic滑块，数值始终为0。如果你把红色通道中的贴图颜色改为白色，那么贴图所提供的Metallic数值则为1。这时可以利用Metallic滑块将数值调整到0~1之间（你会看到瓶子会有金属反光。不过我们想要模拟的是陶瓷，有了金属反光其实就不对了）。

对于蓝色通道，我们为Detail Map随便关联一张砖墙纹理的细节贴图，如图6.19所示。

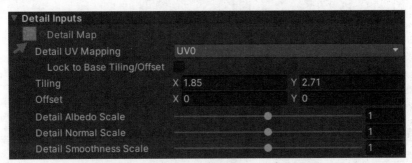

图6.19　为Lit材质关联一张Detail Map贴图

因为蓝色通道中的贴图为纯白色，所以细节贴图会全部显示出来，如图6.20所示。

图6.20　添加Detail Map以后黑色陶瓷瓶的表面效果

可以在Photoshop或者其他支持通道编辑的图像处理软件中打开当前的Vase_MaskMap，然后在蓝色通道中用白色笔刷随便画几条，如图6.21所示。

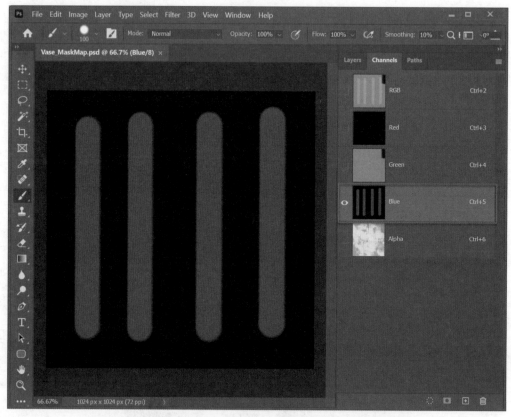

图6.21　在Photoshop中使用白色笔刷在蓝色通道中画四个线条

图6.21中所示的蓝色线条其实就是我们画上去的白色线条。但是为什么白色线条显示成了蓝色的呢？这是因为在Photoshop的首选项里启用了Show Channels in Color（带颜色显示通道）选项。如果禁用此选项，你就可以看到真实的灰度图显示，如图6.22所示。

如图6.23所示，你会看到陶瓷瓶表面的细节贴图在蓝色通道的白色区域中显示，黑色区域中变成了遮罩（大家可以看到，瓶子上显示砖墙纹理的区域没有围绕瓶子一周，这是与当前使用的UV有关系的。你可以设计一套UV让这些条纹围绕整个瓶子一周。因为在Detail Map中可以选择使用哪一套UV来控制贴图的显示）。

注：为了便于大家测试，我们把蓝色通道里带白色线条的这张贴图也放在了项目中，命名为Vase_MaskMap_Detail_MapMask。

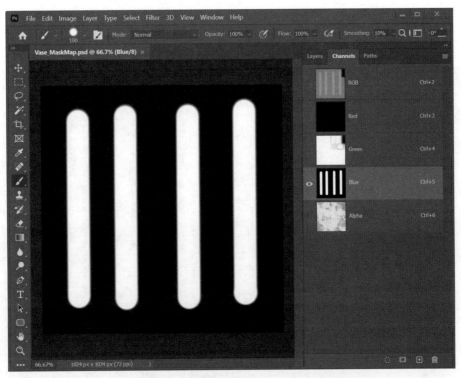

图6.22　在Photoshop首选项中禁用Show Channels in Color选项会显示灰度图

图6.23　为Mask Map添加了Detail Map Mask以后的效果

6.2.4 （普通）玻璃材质

在Hierarchy窗口顶部搜索框输入Door-Glass，找到玻璃门并选中，如图6.24所示。

图6.24　玻璃门模型

玻璃门的材质参数设置如图6.25所示。

（1）因为模拟的是透明物体，所以将Surface Type（表面类型）设置为Transparent（透明）。

（2）Rendering Pass（渲染通道）：在透明表面类型下，我们可以为当前材质选择以下渲染通道。

- Before Refraction（如果启用Refraction Model折射模式，则此选项不可选择）：在渲染折射效果之前渲染当前材质所关联的物体。这也就意味着HDRP会在渲染折射效果时，将当前材质所关联的物体考虑进折射的计算中。
- Default：在默认渲染阶段参与渲染。
- Low Resolution：在默认渲染阶段完成以后，以一半的分辨率渲染当前材质所关联的物体。

上述三种渲染通道渲染的前后顺序为：Before Refraction、Default、Low Resolution。

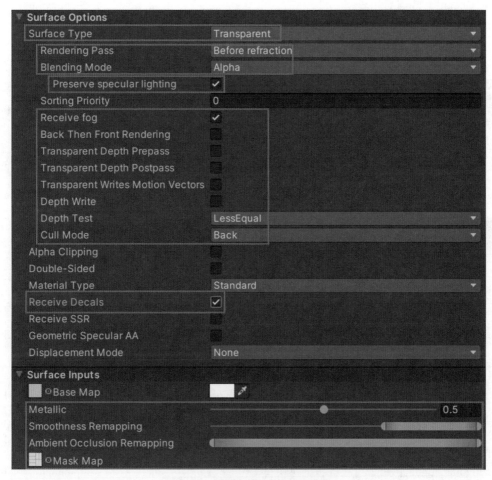

图6.25　玻璃门的材质参数设置

为了说明三种渲染通道的不同，我们做了一个玻璃瓶来展示折射效果。在Hierarchy中搜索Vase–Glass并选中此物体，然后在Timeline上把进度指针移动到Door_Glass_Refraction。通过切换玻璃门的渲染阶段设置，可以在Game窗口看到如表6.4所示的三种效果。

表6.4 将Rendering Pass设置为不同值时玻璃门的渲染效果

Before refraction	Default	Low Resolution

因为在渲染折射效果之前就渲染了玻璃门，所以在渲染玻璃瓶折射效果时可以把玻璃门正确地渲染在折射效果中（请注意观察折射效果中玻璃门上的刮痕和反光）。	因为没有在渲染玻璃瓶折射效果之前渲染玻璃门，所以无法把玻璃门正确显示在折射效果中（折射效果中的玻璃门表面非常干净，这是不正确的，因为玻璃门上有刮痕和反光）。	因为低分辨率渲染发生在默认渲染之后，所以玻璃门上刮痕的反光看上去好像浮在玻璃瓶前面，而不是显示在折射效果中。

（3）Blending Mode（混合模式）：该选项用于确定通过何种混合方式，把当前透明材质表面每个像素的颜色与背景颜色相混合，从而获得透明材质上每个像素的最终颜色值。

在对比三种混合方式所产生的效果之前，我们先了解一下当前透明材质的透明度是由什么控制的。由图6.26我们可以看到：

- Surface Inputs中的Base Map关联的贴图包含Alpha通道。这些长方形对应玻璃门上的玻璃区域，黑色表示对应区域的透明度为0。
- 打开颜色选择器，可以看到左下角的A（Alpha）的值为255，也就是不透明。

所以由上述两点可以得出结论：当前玻璃门的透明度由Base Map来控制（如图6.26所示）。因为Base Map的Alpha通道中的纯黑色代表完全透明，这时我们再调节颜色选择器中的A（Alpha）值就没有意义了。当然，如果没有指定Base Map或者Base Map中没有包含Alpha通道，则玻璃材质的透明度就由颜色选择器的A（Alpha）值来控制。

注：我们还能看到玻璃表面有很多划痕，这些划痕不是由Base Map来控制的，而是由Mask Map中的Smoothness（保存在Alpha通道中）值来控制的（稍后我们会详细讲解）。

现在我们比较一下三种混合模式的具体效果（为了让对比不受干扰，我们把Smoothness值调整到最大以隐藏这些划痕）。具体效果如表6.5所示。

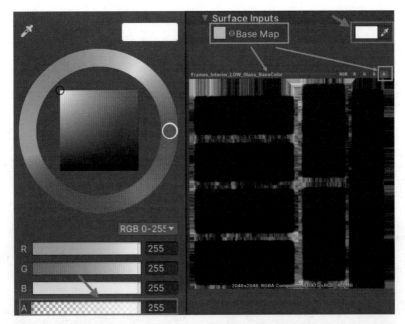

图6.26 玻璃门的透明度不是由Alpha值控制而是由Base Map中的Alpha通道来控制

表6.5 三种模式对应的玻璃门的渲染效果

Alpha	Additive	Premultiply
用材质的Alpha值来控制玻璃门的透明度。数值为0表示完全透明；数值为1表示不透明。	将材质的RGB值与背景颜色相加。使用材质的Alpha值可以调整颜色强度。值为0时不会把材质RGB值与背景颜色相加；值为1时把材质RGB值与背景颜色值100%相加。	预先将材质RGB值按照Alpha值的大小与背景颜色相乘。
这是最常用的混合模式，适合大多数的透明材质。可以看到玻璃周边有通过Alpha通道控制的黑色噪点。	因为当前材质透明度由Base Map的Alpha值控制，而且玻璃周边的黑色噪点也来自Base Map，所以将材质RGB值与背景颜色相加后，这些黑色噪点就几乎消失了。	在此模式下，因为预先将材质RGB值与背景颜色相乘，所以由Base Map和颜色选择器共同计算而获得的RGB值会极大地影响最终透明材质的颜色（适用于制作颜色玻璃效果）。

（4）Preserve specular lighting（**保持高光光照信息**）：进行Alpha混合以后会导致高光的强度减弱。启用此选项可以让透明表面保持高光的强度，适用于表现光线在玻璃或者水面上的反射效果。具体效果如表6.6所示。

表6.6　启用/禁用Preserve specular lighting选项时对玻璃表面高光强度的影响

启用	禁用
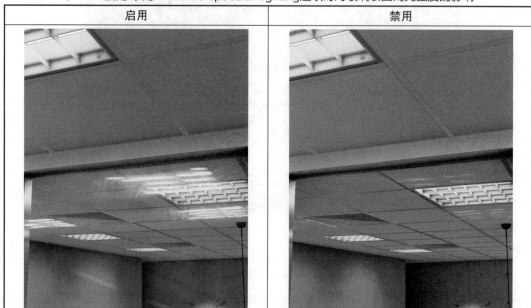	

（5）Receive Fog（**获取雾效**）：启用此选项可以让场景中的雾效影响透明表面。如果禁用此选项，HDRP则不会在计算场景雾效时将当前材质考虑在内。

（6）Back Then Front Rendering（**从后往前渲染**）（需要在HDRP配置文件中启用Transparent Backface选项）：启用该选项以后HDRP会用两个Draw Call来渲染当前材质关联的物体。HDRP会使用第一个Draw Call渲染物体背面的三角面，使用第二个Draw Call渲染正面的三角面。

（7）Transparent Depth Prepass（**透明深度预处理**）（需要在HDRP配置文件中启用Transparent Depth Prepass选项）：启用该选项后，HDRP会把透明表面的多边形数据添加到深度缓冲（Depth Buffer）中。使用这些深度缓冲中的多边形数据可以优化渲染排序。这一过程会在处理光照之前完成，因此有助于提升GPU的性能。注意，在渲染透明通道之前，这些深度信息会被写入一个单独的渲染通道中，然后被用于处理渲染排序。

（8）Transparent Depth Postpass（**透明深度后处理**）（需要在HDRP配置文件中启用Transparent Depth Postpass选项）：启用该选项后，HDRP会把透明表面的多边形数据添加到深度缓冲（Depth Buffer）中，以供后处理（Post Processing）使用。这一过程会在处理光照之前完成。如果你想进行Motion Blur（运动模糊）和Depth of Field（景深）这类需要用到深度信息的后处理，可启用此选项，它对这些后处理效果的正确计算很有帮助。

（9）**Transparent Writes Motion Vectors（透明写入运动矢量）**（需要在HDRP配置文件中启用Motion Vectors选项）：启用该选项后，HDRP会写入使用此材质的透明物体的Motion Vector（运动矢量）数据，这样HDRP才能计算使用当前材质的透明物体的Motion Blur（运动模糊）这类后处理效果。

（10）**Depth Write（深度写入）**：启用该选项后HDRP会写入使用当前透明材质的物体的深度数据。

注：这些深度数据会在渲染时被写入，而不是在渲染之前。这些深度数据通常用于特效制作，比如在制作Shader Graph或者Visual Effect Graph效果时使用。

（11）**Depth Test（深度测试）**：如图6.27所示，在此可以禁用深度测试或者选择8种深度测试中的一种。默认的深度测试模式是LessEqual。

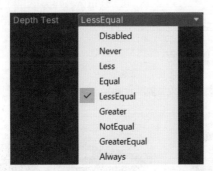

图6.27　当Lit材质的表面类型（Surface Type）为透明（Transparent）时会出现的Depth Test选项

（12）**Cull Mode（剔除模式）**：用于决定是剔除透明物体网格的正面（Front）还是背面（Back）。

（13）**Receive Decals（显示贴花）**：启用该选项以后才能在使用当前透明材质的物体表面显示贴花。如果禁用此选项，那么示例中玻璃门下半部分的白色圆点图案就不会显示。

（14）**Mask Map（遮罩贴图）相关设置**：如图6.28所示。

图6.28　为Lit材质添加了Mask Map以后出现的相关选项

当前Mask Map的4个通道中实际保存的贴图如表6.7所示。

表6.7 玻璃材质关联的Mask Map的4个通道实际保存的贴图

Red	Green	Blue	Alpha
灰度图为纯白色，意味着当前控制的Metallic数值的最大值为1。我们可以使用界面上的Metallic滑块调整数值。目前设置为0.5。	提供Ambient Occlusion（环境光遮蔽）信息。	灰度图为黑色。因为我们当前没有使用Detail Map（细节贴图），所以也没必要指定一张Detail mask Map（细节贴图遮罩），也就是说我们并没有使用蓝色通道。	用于控制Smoothness通道。这里在玻璃上实现的是划痕效果。如果我们把Remapping的区间往右靠拢，则可以增强物体表面的平滑度，增强高光的效果。

6.2.5 （带折射的）玻璃材质

在Hierarchy窗口顶部搜索框输入Vase-Glass-Refraction，找到蓝色玻璃瓶并选中，如图6.29所示。

图6.29 蓝色玻璃瓶模型

注：因为HDRP现在还不支持Caustics（焦散）效果，所以花瓶的阴影看上去不够真实。

这一节我们主要学习如何使用透明材质折射相关的参数。我们先看一下图6.30中所示的蓝色玻璃瓶的材质设置。

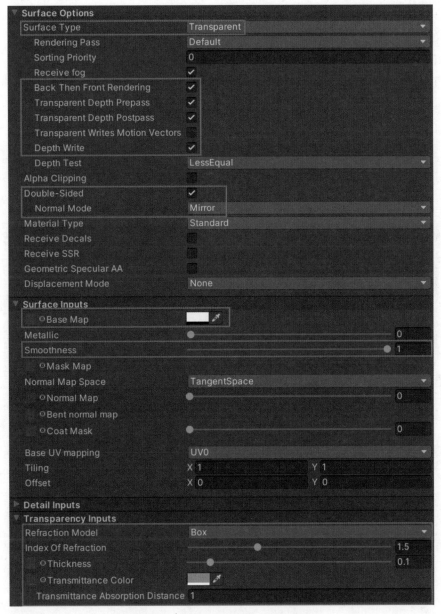

图6.30　蓝色玻璃瓶的材质参数设置

（1）要正确渲染这类玻璃瓶，需要启用以下5项设置。

- Double-Sided（双面材质）：玻璃瓶的正面和背面都会被渲染。
- Back Then Front Rendering：因为我们使用了双面材质，所以必须启用这个选项。如果不启用此选项，则瓶子的内壁和瓶外表面将无法被正确渲染。
- Depth Write：HDRP写入使用当前材质的物体的深度信息。
- Transparent Depth Prepass：有助于渲染时正确地排序。
- Transparent Depth Postpass：有助于为后处理提供正确的深度信息。

表6.8比较了启用不同数量的参数项时产生的渲染结果。

表6.8　启用不同数量的参数项时产生的不同的渲染效果

启用： ・ Double-Sided	启用： ・ Double-Sided ・ Back Then Front Rendering

使用双面材质以后，可以看到瓶子内部的面会被正确渲染。	进行双面渲染，也会先渲染背面再渲染正面。因为目前瓶子没有深度信息，所以在渲染了正对相机部分的瓶子以后，剩下一半就不渲染了。这显然是不正确的。

启用： · Double-Sided · Back Then Front Rendering · Depth Write	启用所有5个选项

进一步写入材质的深度数据以后，瓶子就拥有了自己的深度信息，此时可以正确渲染整个瓶子。	在当前场景中，物体在视觉上跟第三个没有多大区别。不过在复杂一些的场景中，比如打开景深和运动模糊等后处理效果选项，则启用Transparent Depth Prepass和Transparent Depth Postpass两项会对最终效果有所影响。

（2）Base Map：我们可以使用一张Base Map来控制玻璃瓶的透明度和颜色，也可以像在当前场景这样，直接使用颜色选择器来控制透明度。

（3）Smoothness：这里没有使用Mask Map来控制Metallic和Smoothness，而是直接使用数值滑块来控制相关数值。

（4）Transparency Inputs：以下是所有与折射相关的参数。

● Refraction Model（折射模型）：在此可以选择HDRP处理折射的方式。

○ None：透明材质没有折射行为。

○ Box：算法使用的是正方体形状的模型。光线入射时进入一个平面，光线出射时也是通过一个平面。适用于我们讲解的中空玻璃瓶之类的物体。

○ Sphere：算法使用的是球状的模型，可以生成类似放大镜的折射效果。适用于模拟实心的透明物体，比如放大镜镜片、玻璃球等。

○ Thin：算法使用的是长方体形状的模型。与Box模型不同的是，Thin模型的厚度被定义为5cm。可用于模拟窗户上的玻璃。

- Index Of Refraction（折射率）：用于控制折射效果的强度。数值越大，折射效果越强。（折射率 = 光在真空中的速度 / 光在当前透明材质中的速度）各种物质的折射率可以参考以下网址：https://zh.wikipedia.org/zh-cn/折射率。
- Thickness（物体厚度）：我们可以使用一张厚度贴图（Thickness Map）来控制透明物质的厚度（基于像素级别的）。如果不使用厚度贴图，也可以使用滑块来控制透明物体的总体厚度。

注：此选项在Thin折射模型下不出现，因为在Thin模型下厚度被规定为5cm。

- Transmittance Color（透射颜色）：具有折射性质的透明物体可以对穿过物体的光线进行染色。
  我们可以在这里指定一张贴图（基于像素级别的）给经过的光线染色，也可以单独使用颜色选择器选择一个总体的颜色。如果这两种方式都使用了，那么最终光线的颜色由贴图的颜色和从颜色选择器中选择的颜色共同决定。
- Transmittance Absorption Distance（透射吸收距离）：用于定义光线进入透明物体多少深度以后，Transmittance Color（透射颜色）对入射光线的染色强度开始减弱。通过表6.9，我们来看一下它们之间的对比。

表6.9 Transmittance Color（透射颜色）对入射光线的染色强度

物体厚度：0.1 透射吸收距离：0.1	物体厚度：0.1 透射吸收距离：0.05	物体厚度：0.1 透射吸收距离：0.01

透射吸收距离和物体厚度相同，入射光线的颜色和透射颜色相同。	透射吸收距离只有物体厚度的一半，入射光线的颜色较透射颜色明显变暗。	透射吸收距离只有物体厚度的10%，也就是入射光线进入物体以后，透射颜色对光线的染色迅速减弱，最终光线的颜色几乎为黑色。

注：因为在Thin折射模型下的透射吸收距离默认为5cm，所以此选项只会在折射模型为Box和Sphere时出现。

6.2.6　半透明材质和次表面散射材质

1. 在Hierarchy窗口顶部搜索框输入Blinds_Translucent，找到绿色窗帘并选中，如图6.31所示。

图6.31　半透明的窗帘模型

半透明窗帘的材质设置如图6.32所示。

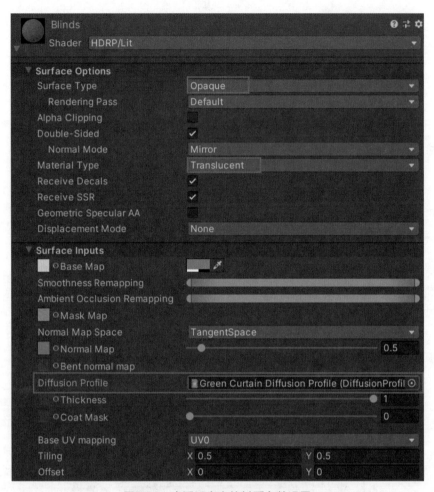

图6.32　半透明窗帘的材质参数设置

对于该图中的材质设置，这里解释两点。

（1）将表面类型和材质类型分别设置为Opaque（不透明）和Translucent（半透明）：Translucent材质可以让光透过物体，但是不会像Subsurface Scattering（次表面散射）那样把光模糊掉。

（2）Diffusion Profile（漫射配置文件）：当我们选择使用半透明（Translucent）或者次表面散射（Subsurface Scattering）材质类型时，在Surface Inputs中必须关联一个漫射配置文件。

漫射配置文件的作用是保存次表面散射的配置信息。对于半透明材质类型，我们也可以使用漫射配置文件。如果你在材质界面看到如图6.33所示的提示信息，则说明当前的HDRP配置文件中还没有包含此漫射配置文件，物体表面无法被正确渲染。单击Fix按钮，HDRP会把当前的漫射配置文件关联到当前场景使用的HDRP配置文件中。在配置文件中关联漫射配置文件的位置如图6.34所示。只有在HDRP配置文件中关联了漫射配置文件，HDRP才能正确渲染半透明或者次表面散射效果。

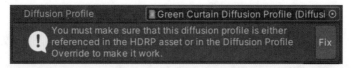

图6.33 材质界面提示HDRP配置文件中还没有关联当前材质所需的Diffusion Profile文件

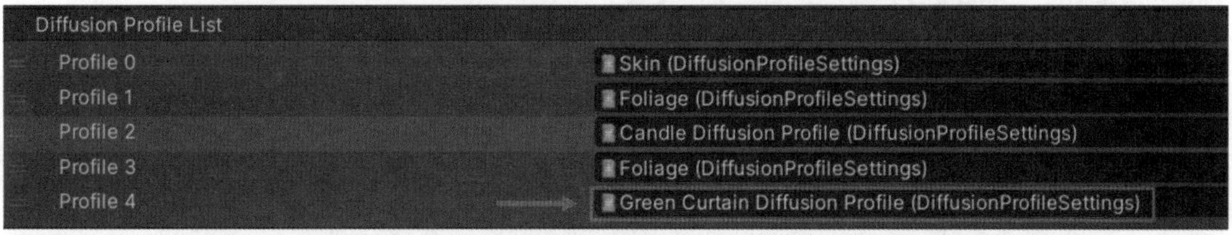

Diffusion Profile List	
Profile 0	Skin (DiffusionProfileSettings)
Profile 1	Foliage (DiffusionProfileSettings)
Profile 2	Candle Diffusion Profile (DiffusionProfileSettings)
Profile 3	Foliage (DiffusionProfileSettings)
Profile 4	Green Curtain Diffusion Profile (DiffusionProfileSettings)

图6.34 HDRP配置文件中的Diffusion Profile设置

注：一个HDRP配置文件最多可以关联15个漫射配置文件。

2. 在Hierarchy窗口顶部搜索框输入Plant-Leaf-SSS，找到植物树叶并选中，如图6.35所示。

图6.35 植物树叶模型

在这些树叶上应用Translucent（半透明）材质，再配合Diffusion Profile，获得了非常好的渲染效果。

树叶的材质设置和窗帘没有什么区别（除了没有使用Mask Map），所以这里不再详细描述。

3. 在Hierarchy窗口顶部搜索框输入Candle-SSS，找到蜡烛并选中，如图6.36所示。

图6.36　蜡烛模型

蜡烛的次表面散射材质的设置如图6.37所示。

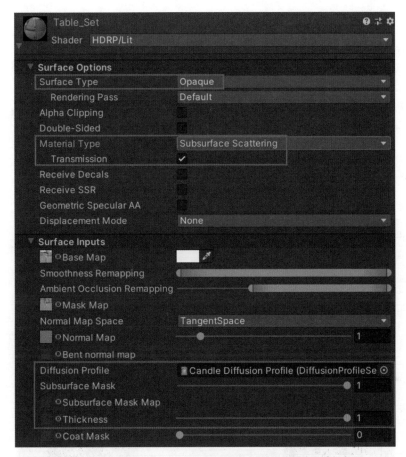

图6.37 蜡烛的材质参数设置

注：要制作次表面散射效果，需要先在HDRP配置文件中启用Subsurface Scattering选项，如图6.38所示。

图6.38 在HDRP配置文件中的次表面散射（Subsurface Scattering）选项

我们可以启用High Quality（高质量）选项，这会增加计算次表面散射时的采样值，有助于减少在模糊处理过程中产生的噪点。但是这也会消耗更多的性能（增加的性能消耗大约是禁用高质量选项时的2.5倍）。

（1）将表面类型和材质类型分别设置为Opaque（不透明）和Subsurface Scattering（次表面散射）：HDRP中的次表面散射是基于屏幕空间的次表面散射（Screen-Space Subsurface Scattering）。HDRP会对穿透材质的光线做基于屏幕空间的模糊处理。

使用次表面散射材质时会出现Transmission（透射）选项。使用半透明（Translucent）材质时没有这个透射选项，因为半透明材质模拟的就是透射效果，而次表面散射模拟的是模糊+透射两种效果。你可以在使用次表面散射材质时禁用透射选项。

表6.10所示是启用和禁用透射（Transmission）选项时的渲染效果对比。

表6.10 启用/禁用透射选项时的渲染效果对比

Subsurface Scattering+Transmission	Subsurface Scattering
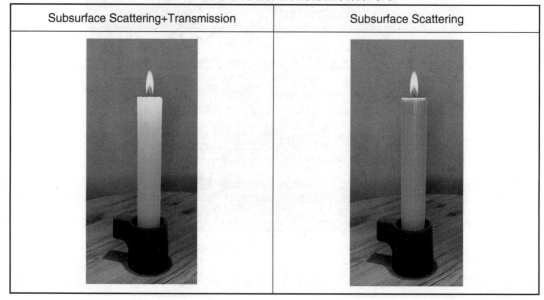	

（2）Subsurface Mask（次表面遮罩）：用于控制整体的屏幕空间模糊效果。如果使用了次表面遮罩纹理（Subsurface Mask Map），则这一数值将会与其参数值相乘。

（3）Subsurface Mask Map（次表面遮罩纹理）：可以指定一张灰度图用于控制表面的屏幕空间模糊效果。纯白色对应数值1，此时纹素（texel）的模糊效果最强；反之纯黑色对应数值0，此时没有模糊效果。

（4）Thickness（厚度）：可以使用厚度图（Thickness Map）或者直接设置一个0~1之间的数值，该参数用于控制光线透射的强度。如表6.11所示，Thickness参数的值越大，意味着物体越厚，透射的光更少，物体表面看上去就越暗；反之则会透射更多的光，物体表面更亮。

表6.11　Thickness取不同数值时的渲染效果对比

Thickness = 1	Thickness = 0.5

没有为当前材质指定厚度图，所以只出现了一个滑块。如果指定一张厚度图，则会出现额外的Thickness Remapping（厚度图重映射）滑块，如图6.39所示。

图6.39　Lit材质的Thickness Map参数

通过厚度图重映射滑块，我们可以把采样自厚度图的数值限定到指定的最小值和最大值之间。HDRP不会在重映射数值时把原始数值截断，而是把原始数值区间进行压缩处理。可以通过为当前材质关联的Diffusion Profile（漫射配置文件），对厚度图重映射滑块所对应的最小值和最大值进行设置。

厚度图就是一张灰度图，其上的纹素代表数值在0~1（单位为mm）之间的厚度值。

（5）Diffusion Profile（漫射配置文件）：图6.40所示是我们为蜡烛设置的Candle Diffusion Profile参数。

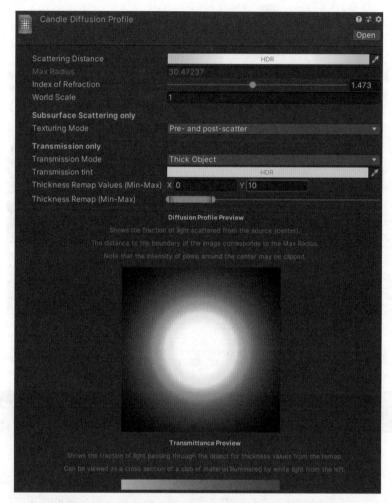

图6.40 蜡烛应用的Candle Diffusion Profile设置

各项参数解析如下。

● Scattering Distance（散射距离）：

此参数可以控制两个属性：光进入物体表面的距离（深度）与光线散射的颜色。

当使用颜色选择器时，可以使用颜色的亮度和HDR的强度来控制散射距离。

○ 图6.41中的上下红色箭头表示：颜色越亮，光进入物体表面的距离越远（越深）；反之越近（越浅）。

○ 图6.41中的左右红色箭头表示：HDR强度越大，光进入物体表面的距离越远（越深）；反之越近（越浅）。

图6.41　使用颜色选择器控制Scattering Distance（散射距离）数值

- Max Radius（最大半径）：用于显示Scattering Distance设置对应的实际散射半径（该参数无法编辑，只用于显示目的）。
- Index of Refraction（折射率）：用于控制物体的折射行为。数值越大，高光反射效果越强烈。

  蜡的折射率和油差不多，所以我们设置为1.473。一般皮肤的折射率为1.4，其他材质的折射率可以参考如下网址：https://pixelandpoly.com/ior.html。
- World Scale（世界单位大小）：默认Unity单位是1个Unit代表1m。你可以在这里改变该换算（这只会影响次表面散射渲染）。
- Subsurface Scattering only（仅适用于次表面散射）：
  - Texturing Mode（纹理模式）：
    - Pre- and Post-Scatter：HDRP会在次表面散射渲染之前和之后，将漫反射贴图（Albedo）应用到材质上，因此漫反射贴图也会被模糊处理。

- Post-Scatter：HDRP会在次表面散射渲染之后，将漫反射贴图（Albedo）应用到材质上，因此漫反射贴图上的内容不会被模糊处理。该选项适用于那些包含来自照片或者扫描数据的漫反射贴图（因为这些素材里面可能已经包含了模糊效果）。

- Transmission only（仅在启用Transmission时）：
  - Transmission Mode（透射模式）：

    - Thick Object：用于模拟厚的几何体。在此模式下会使用Shadow Map。不过，因为平行光（Directional Light）生成的Shadow Map精度不够，无法估算厚度（Thickness），所以如果场景中使用了平行光，那么透射模式会被自动切换成Thin Object。
    - Thin Object：用于模拟薄的双面材质的几何体。

  - Transmission tint（透射着色）：用于选择透射过物体的光的颜色。
  - Thickness Remap Values (Min–Max) 和 Thickness Remap (Min–Max)：（单位为mm）这两个参数对应的是同一组数据。你可以通过X和Y输入框输入具体数值，也可以通过滑块调节数值。这组数据将会被用于确定与当前Diffusion Profile相关联的材质的Thickness Remapping（厚度图重映射）的最小值和最大值。

为窗帘、树叶和蜡烛添加半透明和次表面散射效果只是这两种材质最基本的用法。我们也可以将次表面散射效果应用到更复杂的皮肤表面上。对于如何将次表面散射效果应用到皮肤渲染中，建议大家下载Unity官方影视动画项目《异教徒》中的角色进行学习研究。你可以在资源商店中免费下载《异教徒》中的角色。资源商店下载页面如图6.42所示。

图6.42　在Unity资源商店中《异教徒》短片的主角数字人模型

通过《异教徒》角色项目，你除了能够学到皮肤渲染技术，也可以学到如何渲染逼真的眼球（此项目包含完整的眼球模型和材质，以及用Shader Graph实现的眼球着色器），如何渲染眉毛，以及如何渲染皮夹克（包括内侧的翻毛）等高级材质渲染技术。

6.2.7　自发光材质

在Hierarchy窗口顶部搜索框输入Macbook-Emissive，找到苹果电脑并选中，如图6.43所示。

图6.43　苹果电脑的自发光材质渲染效果

苹果电脑的自发光材质的具体参数设置如图6.44所示。

（1）表面类型和材质类型分别为Opaque（不透明）和Standard（标准），这都是默认的设置。

（2）在Surface Inputs中使用Base Map来提供基本的漫射率颜色信息。Mask Map用于控制Metallic、Smoothness和Ambient Occlusion的数值。使用了一张Normal Map来控制表面细节。这些我们在之前的材质介绍中已经详细介绍过，这里不再重述。

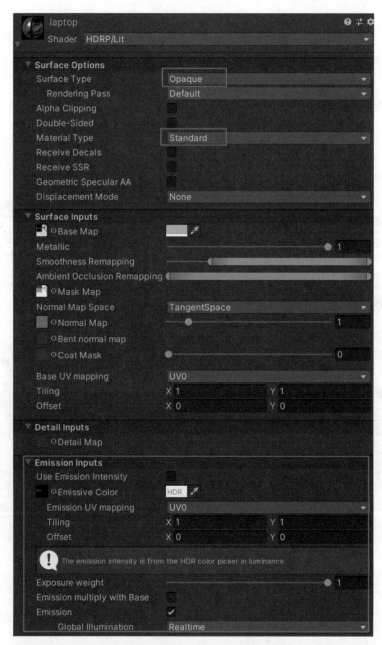

图6.44 苹果电脑的自发光材质的参数设置

（3）Emission Inputs（自发光输入）：

这组参数是我们要详细讲解的。具体如下。

- Use Emission Intensity：如果启用此选项，自发光强度将由单独的Emission Intensity（自发光强度）参数控制，此时界面上会出现单独的Emission Intensity输入框和光照单位选择框，如图6.45所示。

图6.45 自发光材质的发光强度（Emission Intensity）设置

也就是说自发光的两个属性：自发光颜色和自发光强度在两个地方设制。

- ○ **自发光颜色**：由Emissive Color自发光纹理和从颜色选择器中选择的颜色来共同决定（自发光纹理和颜色将被以正片叠底（Multiply）的方式进行整合）。

- ○ **自发光强度**：由单独的Emission Intensity参数决定。光照单位可以选择Nits和EV100，具体数值可以参考之前的光照章节的介绍。

如果禁用此选项，自发光颜色还是由自发光纹理和从颜色选择器中选择的颜色共同决定，但是自发光强度则由颜色选择器中的HDR强度值决定。

- Emissive Color：

- ○ Emission UV mapping：可以选择不同UV通道的UV来控制自发光纹理，也可以选择Planar（从上到下的平面投射）或者Triplanar（从X、Y和Z三个方向的平面投射）。

- ○ Tiling：HDRP会在物体空间（Object Space）中根据X和Y的数值将自发光纹理进行无缝平铺。

- ○ Offset：HDRP会在物体空间（Object Space）中根据X和Y的数值将自发光纹理做相应的偏移。

- Exposure weight：默认值为1。可用于控制曝光对自发光强度的整体影响。

- Emission multiply with Base：如果启用此选项，HDRP会在计算自发光的最终颜色时，通过正片叠底（Multiply）的方式加入从Surface Inputs→Base Map中选择的颜色。为了说明启用和禁用该选项的情况下不同的表现，我们把Base Map中的颜色选择为蓝色，并把自发光的强度调大（这样可以看到进行正片叠底处理以后屏幕上的效果，因为处理以后颜色总是会偏暗，所以只有适当调高自发光强度才能看到最终效果）。

因为键盘上的文字图标和屏幕的亮度从自发光材质而来，所以我们可以通过表6.12所示的对比图看到，启用该选项时，键盘上的图标文字和屏幕都呈现蓝色；禁用该选项则恢复到原先的白色。

表6.12　启用/禁用Emission multiply with Base选项时的效果对比

启用	禁用

- Emission：启用该选项，自发光可以影响全局光照（Global Illumination）。对全局光的影响分成三种：

  ○ Realtime（实时）：自发光会影响实时全局光照。
  ○ Baked（烘焙）：自发光只会在烘焙过程中影响全局光照。
  ○ None（禁用）：自发光不会影响全局光照（与禁用Emission选项时的效果一样）。

6.2.8　Decal（贴花）的具体使用方法

可以将贴花理解成是一种材质，但是这种材质和普通材质一个很大的区别是，当贴花被投射（Project）到场景中时，它们会包裹到场景中的网格上，让人感觉它们是材质上的纹理。贴花也可以和场景中的灯光交互。你可以在场景中使用很多贴花，只要它们属于同一种材质，HDRP会通过实例化（Instance）的方式来进行渲染，所以我们不需要担心性能问题。下面通过两个示例我们来理解贴花的用法和各项参数的具体含义。

首先我们看一下玻璃上的贴花效果。在Hierarchy窗口顶部搜索框输入Decal_Glass，找到玻璃上的圆点图案贴花，如图6.46所示。

图6.46　玻璃上的贴花

要使用贴花功能，可以按如下步骤操作：

步骤1：创建一个带Decal Projector组件的Game Object。可以通过菜单GameObject→Rendering→Decal Projector创建。

步骤2：创建一个材质，然后在材质界面上把着色器切换成HDRP→Decal。这会让材质使用默认的Decal着色器。HDRP也在Shader Graph中提供了Decal Master节点。如果不使用默认的Decal着色器，你也可以使用Shader Graph开发基于Decal Master节点的自定义Decal着色器。

步骤3：把材质关联到第一步创建的Game Object上。

我们来看一下Decal_Glass的贴花材质设置，如图6.47所示。

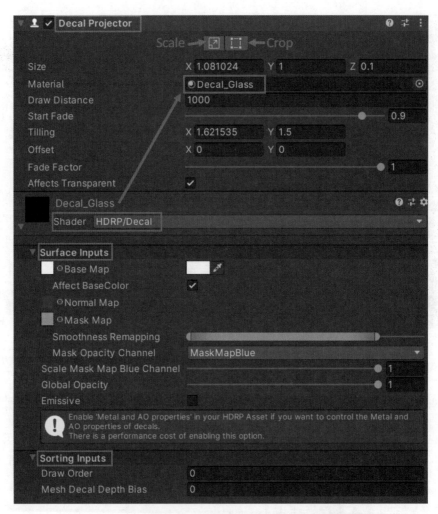

图6.47 贴花材质和Decal Projector组件的参数设置界面

（1）Decal Projector（贴花投射组件）

- **界面顶部的两个按钮Scale（缩放）和Crop（裁剪）**：这两个按钮的作用对比如表6.13所示。
- **Size（尺寸）**：用于控制投射体的XYZ三轴的大小。
- **Material（材质）**：用于关联当前贴花所用的材质。当贴花材质与Game Object关联时，我们无法直接将Project窗口的贴花材质拖到场景中的物体上与之进行关联，而是要拖到这个输入框才能完成关联。

表6.13　Decal Projector组件的缩放和裁剪功能对比

Scale（缩放）	Crop（裁剪）
	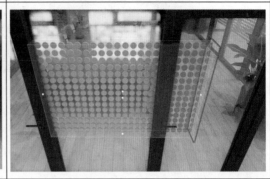
缩放会改变贴花材质的UV以匹配投射体（图中包含贴花的长方体盒子）。这会把贴花拉长。	**裁剪**会改变投射体的大小，但是不会改变贴花材质的UV。这会产生裁剪的效果，比如最右侧一列的贴花（红色线框内）只显示了半个圆。

- Draw Distance（渲染距离）：如果相机离贴花的距离超过在此处定义的距离，那么贴花就会开始变淡，直到完全看不见（HDRP停止渲染当前的贴花）。默认数值为1000m（可以在HDRP配置文件中的Decals部分设置默认值），因为一般情况下我们想让贴花在视野内100%显示。

- Start Fade（开始消失距离）：这里的单位是百分比（%）。假设Draw Distance为10m，如果这里设置为0.8（80%）。那么当相机与贴花之间的距离为8m时，HDRP开始让贴花慢慢变淡，直到相机距离贴花为10m时，贴花完全消失。

- Tiling（平铺）和Offset（偏移）：通过控制UV来控制贴花的平铺和偏移。

- Fade Factor（消失系数）：用于控制贴花的总体透明度。数值在0～1之间。如果数值为1，那么HDRP会按照材质设置中的Global Opacity（全局透明度）的值来显示贴花。比如全局透明度被设置为0.5，也就是贴花的透明度是完全显示时的一半，那么即使Fade Factor值为1，贴花的显示效果也只会是完全显示时的一半。

- Affects Transparent（影响透明材质）：只有启用了这项设置才能让贴花显示在透明物体上。

  HDRP会把场景中所有启用了此选项的贴花整合到一张纹理图集中。这对内存和性能都会造成一定的影响。

  我们可以在HDRP配置文件中修改这张纹理图集的大小，如图6.48所示。

图6.48　HDRP配置文件中关于贴花的参数

（2）HDRP的标准Decal着色器

- **Base Map（基础纹理）**：贴花的基础纹理和颜色（颜色会与基础纹理以正片叠底（Multiply）的方式混合）。

- **Affect BaseColor（影响基础颜色）**：启用该选项以后，如果在Base Map右侧的颜色选择器中选择了某个颜色，则这个颜色将会影响整个贴花的基础颜色。

  我们在启用此选项的情况下，选择红色，效果如图6.49所示。

图6.49　将影响基础颜色（Affect BaseColor）设置为红色时的渲染效果

如图6.50所示，我们也可以在颜色选择器中调整透明度，让叠加在基础颜色上的红色变淡。

图6.50 调整影响基础颜色（Affect BaseColor）的透明度以后的效果

- Normal Map（**法线贴图**）：通过法线贴图为贴花添加一些细节。
- Mask Map（**遮罩贴图**）：与普通材质所用的Mask Map一样。我们可以向RGBA四个通道中添加相关的灰度图，用于控制Metallic、Ambient Occlusion、Detail Mask Map和Smoothness的值。
- Smoothness Remapping（**光滑度重映射**）：将Mask Map中Alpha通道中的信息重映射到一组最小和最大值，用于控制贴花的光滑度。
- Mask Opacity Channel：在这里可以设置Mask Map的透明度数值的来源。

  ○ BaseColorMapAlpha：使用Base Map参数中的颜色选择器中的透明度数值。
  ○ MaskMapBlue：使用Mask Map中Blue通道中的灰度图作为透明度数值的来源。

- Scale Mask Map Blue Channel：用于控制Mask Map中蓝色通道中灰度图的透明度。0代表不透明，也就是对最终效果没有影响；1代表完全透明，对最终效果有最大的影响力。
- Global Opacity（**全局透明度**）：用于控制贴花的整体透明度。
- 如果要控制贴花的Metallic和Ambient Occlusion效果，则可以在HDRP配置文件中打开Metal and Ambient Occlusion Properties选项，如图6.51所示。

图6.51 HDRP配置文件中用于控制贴花的Metallic和Ambient Occlusion效果的选项

如图6.52所示，打开该选项后，会出现额外的参数。

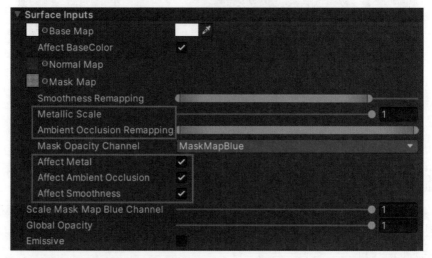

图6.52 启用HDRP配置文件中的Metal and Ambient Occlusion Properties选项后，会在Lit材质界面出现更多参数

- ○ **Metallic Scale**：用于控制Mask Map中红色通道中包含的金属反光的强度。0代表没有金属反光，1代表最大强度。

- ○ **Ambient Occlusion Remapping**：在默认情况下贴花没有环境光遮蔽效果。这里的重映射用于控制Mask Map中绿色通道中提供的环境光遮蔽信息。

- ○ **Affect Metal**：如果启用该选项，贴花将会使用Mask Map中红色通道中包含的信息来控制贴花的金属反光。禁用该选项则贴花不会有金属反光效果。

- ○ **Affect Ambient Occlusion**：如果启用该选项，贴花将会使用Mask Map中绿色通道中包含的信息来控制贴花的环境光遮蔽。禁用该选项则贴花不会有环境光遮蔽效果。

- ○ **Affect Smoothness**：如果启用该选项，贴花将会使用Mask Map中Alpha通道中包含的信息来控制贴花的光滑度。禁用该选项则贴花不会有光滑效果。

- Emissive（自发光）：启用该选项，贴花会具有自发光效果。我们使用另一个示例来说明。

在Hierarchy窗口顶部搜索框输入Decal-Wall，找到墙壁上的黑色城市剪影贴花，如图6.53所示。

图6.53 墙壁上的贴花材质渲染效果

图6.54所示是墙壁贴花的材质设置。

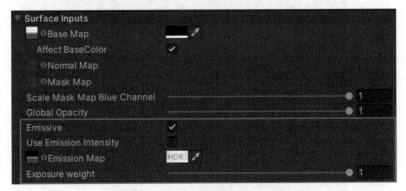

图6.54 墙壁上贴花材质的参数设置

贴花的自发光设置与普通材质类似。我们可以使用Emission Map添加颜色来产生最终的自发光颜色。然后通过使用单独的Emission Intensity来控制自发光的强度（可以使用Emission Map右侧的颜色选择器里的HDR强度来控制自发光强度）。这里我们使用HDR强度来控制自发光的强度。

在默认情况下，如果不使用Emission Map控制自发光的区域，则整个贴花的投射体都会变成自发光体，如图6.55所示。

图6.55 不使用Emission Map时的贴花渲染效果

这显然不是我们想要的效果。因此我们要为Emission Map添加一张贴图来控制自发光区域，我们使用如图6.56所示的贴图。

图6.56 应用在Emission Map上的贴图

如图6.56所示的贴图中的黑色区域是我们不想让其自发光的区域，下半部分则是自发光的区域。最终渲染效果如图6.57所示（因为曝光被设为自动控制，所以除了自发光区域其他区域变得比较黑）。

图6.57　应用Emission Map后的贴花渲染效果

6.3　渲染器和材质优先级

要将场景中的物体进行正确渲染，我们必须知道渲染这些物体的前后顺序。渲染管线会先渲染离相机最远的物体，最后渲染离相机最近的物体。

Unity在老的渲染管线中会按照Rendering Mode和renderQueue来给物体排序，但是在HDRP中没有见到renderQueue。

（以下讨论材质Surface Type为Transparent的物体）在HDRP中会按照材质（Material）的Sorting Priority（排序优先级）和渲染组件（Mesh Renderer）的Priority值来排序场景中的透明物体的渲染排序。具体对比如表6.14所示。

表6.14 使用材质（Material）的Sorting Priority（排序优先级）和渲染组件（Mesh Renderer）的Priority数值排序场景中的透明物体的渲染排序

是否使用相同材质/参数组合	参与排序的透明物体使用相同材质	参与排序的透明物体使用不同材质
材质的Depth Write：禁用 材质的Sorting Priority数值：相同 Mesh Renderer的Priority数值：相同	按照相机离开物体的距离排序	按照相机离开物体的距离排序
材质的Depth Write：禁用 材质的Sorting Priority数值：相同 Mesh Renderer的Priority数值：不同	按照Mesh Renderer的Priority数值排序： 数值越大，越后被渲染，看起来越靠近镜头	按照Mesh Renderer的Priority数值排序： 数值越大，越后被渲染，看起来越靠近镜头
材质的Depth Write：禁用 材质的Sorting Priority数值：不同 Mesh Renderer的Priority数值：不同	（不适用的情况：相同材质不会有不同的Sorting Priority值）	按照材质的Sorting Priority数值排序： 数值越大，越后被渲染，看起来越靠近镜头
材质的Depth Write：启用 材质的Sorting Priority数值：相同 Mesh Renderer的Priority数值：不同	因为HDRP为每个物体写入深度信息，所以按照物体自身的深度信息来排序	因为HDRP为每个物体写入深度信息，所以按照物体自身的深度信息来排序
材质的Depth Write：启用 材质的Sorting Priority数值：不同 Mesh Renderer的Priority数值：不同	（不适用的情况：相同材质不会有不同的Sorting Priority值）	因为HDRP为每个物体写入深度信息，所以按照物体自身的深度信息来排序

综上所述，我们可以总结出HDRP对透明物体进行渲染排序时所用的优先级：材质从Depth Write中获得的深度信息→材质的Sorting Priority数值→Mesh Renderer组件的Priority数值→相机离开物体的距离

6.4 使用HDRP自带的示例材质库

在Package Manager的HDRP下载界面，可以下载HDRP自带的示例，如图6.58所示。将这些示例文件导入项目以后，可以在Project窗口的Samples文件夹下找到。

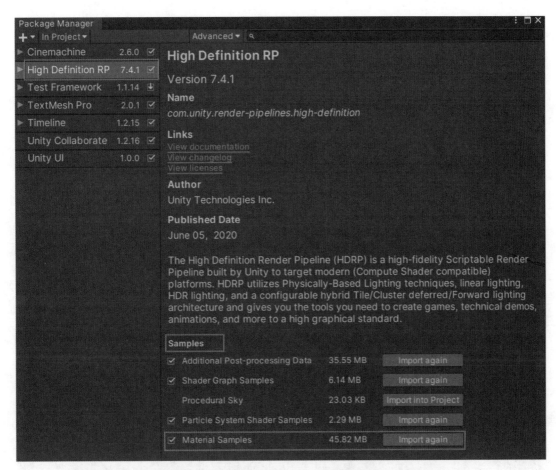

图6.58　Package Manager中HDRP相关的材质示例包（Material Samples）

如图6.59所示，打开MaterialSamples场景，我们可以看到这些示例材质一共有10类。如果你还不是很熟悉HDRP材质的各项参数，可以参考这些示例材质来学习制作自己需要的材质。

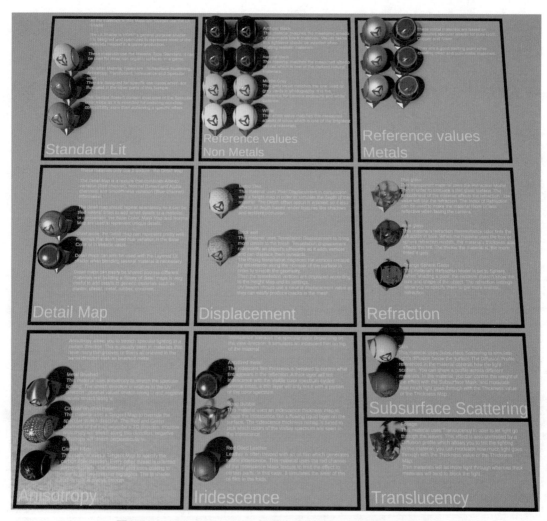

图6.59 MaterialSamples场景为我们展示了丰富的示例材质

我们来看其中两种材质。

6.4.1 金属箔材质

在Hierarchy窗口中找到Detail map→Metal Foil，如图6.60所示。

图6.60 金属箔材质

我们看一下如图6.61所示的银色部分材质参数设置，这里只用了一个Detail Map纹理参数，其他都是默认的不透明材质的参数。

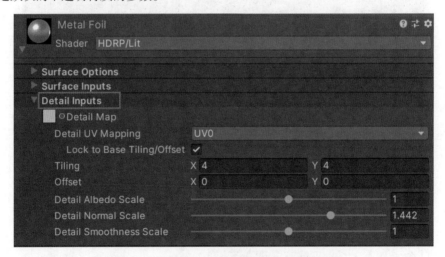

图6.61 金属箔材质的银色部分材质参数设置

Detail Map相关参数解释如下。

（1）Detail Map（细节纹理）

细节纹理的作用是为物体表面添加更细微的细节信息。纹理本身也像我们之前解释过的Mask Map一样，在同一张纹理的四个通道中包含不同的信息，如表6.15所示。

表6.15　在Detail Map的四个通道中保存的贴图信息

通道	纹理
Red	漫反射色（灰度图）
Green	法线贴图的绿色通道
Blue	光滑度
Alpha	法线贴图的红色通道

我们使用图直观展示一下表6.15中的信息（图6.62来自Unity HDRP文档）。

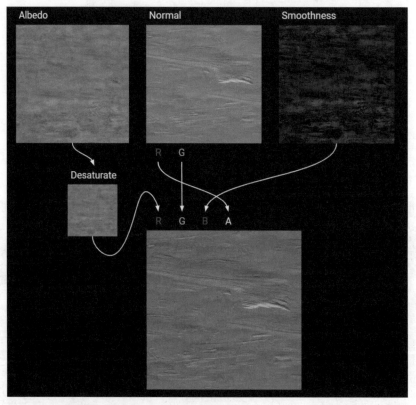

图6.62　来自Unity官方文档的Detail Map中的四张贴图

（2）Detail UV Mapping（细节纹理UV选择）

在这里可以选择细节纹理使用的UV。纹理应该是能够无缝平铺的方形连续贴图。

这里的选项和Surface Inputs中的Base UV mapping选项存在联动关系：如果在Base UV mapping中选择Planar或者Triplanar，那么Detail Map也将使用同样的选项。

（3）Lock to Base Tiling/Offset（锁定到基础的平铺/偏移）

启用此选项以后，Detail Map中的平铺和偏移值会与Base UV mapping中的平铺和偏移值相关联。Detail Map中的平铺和偏移值会在HDRP应用了Base UV mapping中的平铺和偏移值以后再与其相乘。比如Base中的平铺值分别为X=2和Y=2，Detail中的平铺值分别为X=4和Y=4，那么最终Detail Map的平铺值将会是：X=8和Y=8。Lit材质的相关参数设置如图6.63所示。

图6.63 Lit材质的Tiling、Offset和Lock to Base Tiling/Offset参数

如果禁用此选项，那么Detail Map的平铺和偏移值不会跟Base UV mapping的值有任何关系。

（4）Tiling（平铺）

HDRP会在物体空间（Object Space）中根据X和Y的数值将Detail Map做无缝平铺。

（5）Offset（偏移）

HDRP会在物体空间（Object Space）中根据X和Y的数值将Detail Map做相应的偏移。

（6）Detail Albedo Scale（细节漫反射色强度）

（通过Overlay方式）可以使用此参数调节红色通道中漫反射色的强度。数值在0~2之间。

（7）Detail Normal Scale（细节法线强度）

默认值为1。可以使用此参数调节法线贴图的强度。数值在0~2之间。

（8）Detail Smoothness Scale（细节光滑度）

（通过Overlay方式）默认值为1。可以使用此参数调节物体表面细节的光滑度。数值在0~2之间。

6.4.2 肥皂泡材质

在Hierarchy窗口中找到Iridescence→Soap Bubble，如图6.64所示。

图6.64 肥皂泡材质

肥皂泡材质的具体参数设置如图6.65所示。

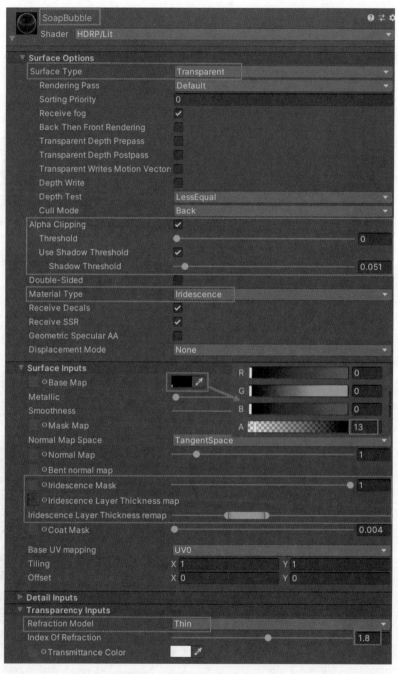

图6.65　肥皂泡材质的参数设置

（1）将表面类型和材质类型分别设置为Transparent（透明）和Iridescence（彩虹色）。

（2）Alpha Clipping（透明度剪裁）

启用此选项，我们可以用材质的Alpha通道来控制渲染表面上哪些区域，不渲染哪些区域，从而在透明部分和不透明部分之间创建明显的边界。

使用Threshold数值控制Alpha的临界值。如果把Threshold数值设置为0.05，那么Alpha值小于等于0.05的区域会被渲染，Alpha值大于0.05的区域则不会被渲染。当前肥皂泡的Alpha值被设置为0.05，所以当Threshold值为0时，就意味着肥皂泡区域都会被渲染。

如果启用Use Shadow Threshold选项，我们可以用Shadow Threshold数值来控制是否渲染阴影。Alpha值被设置为13，换算成0~1之间的值是：13/255 = 0.0509。

如表6.16所示，如果把Shadow Threshold值设置为大于0.0509，则肥皂泡阴影不会被渲染；如果小于等于0.0509，肥皂泡的阴影会被渲染。

表6.16　使用不同Shadow Threshold值时渲染效果的对比

Shadow Threshold = 0.051 （不渲染肥皂泡阴影）	Shadow Threshold = 0.0509 （渲染肥皂泡阴影）

（3）Iridescence Mask（彩虹色遮罩）

可以在这里使用一张灰度图控制彩虹色的强弱。0代表没有彩虹色，1代表彩虹色效果最强。我们也可以直接使用固定数值（0~1之间）来控制整个表面的彩虹色强弱。

（4）Iridescence Layer Thickness map（彩虹色层厚度图）

如图6.66所示，虽然我们在材质编辑器中看到这张纹理是红色的，但实际上它就是一张256像素×256像素的灰度图。

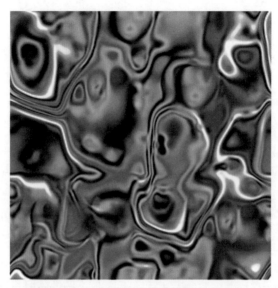

图6.66　彩虹色层厚度图使用的灰度图

（5）Iridescence Layer Thickness remap（彩虹色层厚度图重映射）

可以使用重映射的方式将从厚度图采样的数值重映射到指定的区间。HDRP会等比例地将原始数值重映射到新的区间。

（6）Transparency Inputs

这里将折射模型设置为Thin。此时的折射效果与使用Box模型且将厚度设置为5cm时的折射效果一致。将折射率设置为1.8。

6.5　本章总结

本章为大家介绍了HDRP材质系统默认的Lit着色器。详细介绍了以下经典材质所用的Lit材质参数：

（1）木头材质

（2）金属材质

（3）陶瓷材质

（4）普通玻璃材质

（5）带折射的玻璃材质

（6）半透明材质和次表面散射材质

（7）自发光材质

通过一个具体的示例讲解了HDRP中贴花（Decal）的使用方法。并讲解了材质渲染优先级，以及如何导入和使用HDRP自带的示例材质库。

通过对这些具体示例的学习，相信大家对如何在HDRP中使用功能丰富的Lit着色器有了深刻的印象，并且能够将学到的制作方法应用到自己的项目中，做到举一反三。

虽然在前面章节我们已经涉及了后处理效果的使用，但是并没有详细介绍HDRP中所有的后处理效果。下一章我们将会详细介绍HDRP中所有可以使用的后处理效果，在讲解较为复杂的后处理效果时，我们还会给出配套示例以便于大家学习。

第7章

Post Processing后处理详解

7.1 摘要

实时渲染中的后处理（Post-processing）发生在每一帧被渲染完成之后。我们可以通过后处理为画面添加各种效果，比如调整画面明暗对比度、整体颜色、白平衡、抗锯齿、景深、运动模糊等。HDRP中有关后处理的技术也被集成在Volume框架中，因此我们不必像导入默认渲染管线一样导入额外的后处理包。

表7.1所示是《异教徒》场景和斯蓬扎场景经过和不经过全屏后处理的画面效果对比。

表7.1 进行后处理前后的效果对比

7.2　为场景添加后处理效果的步骤

步骤1：在场景中创建一个空的GameObject，并为它添加一个Volume组件。

步骤2：创建一个Volume Profile并关联到Volume组件。

步骤3：添加Volume Override中与Post-processing相关的Override，如图7.1所示。

除了上述通过Volume添加的后处理效果，我们之前也介绍过可以通过Camera组件控制画面的抗锯齿（Anti-aliasing）效果，这也属于后处理的范畴。不过因为之前已经详细讲解过，所以本章不再介绍它了。

步骤4：在Project Settings窗口的HDRP Default Settings中可能已经存在一些默认的后处理效果。为了不影响为场景中添加的后处理效果，我们可以把默认的后处理效果禁用，如图7.2所示。

图7.1　添加Volume Override后的后处理效果列表

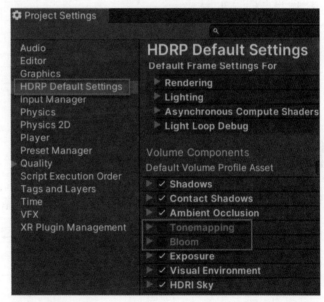

图7.2　在HDRP默认设置中把预先加载的两个后处理效果禁用

7.3　后处理效果应用顺序和效果组合

HDRP渲染管线会按照图7.3中所示的顺序来应用后处理效果。HDRP也会将多个后处理效果集中到同一个Compute Shader中以减少渲染绘制批次。

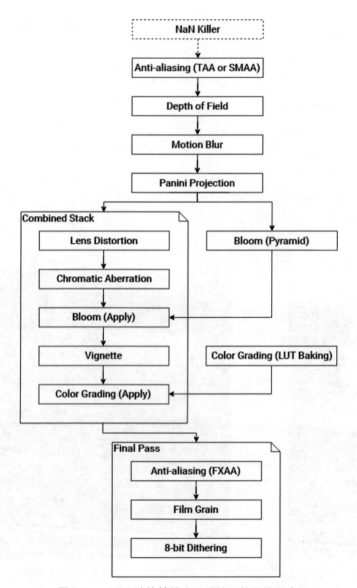

图7.3　HDRP渲染管线应用后处理效果的顺序

7.4　HDRP中的后处理效果

打开 Sponza_HDRP项目中的Sponza_Day_Postprocessing场景。如图7.4所示，目前场景中没有应用任何后处理效果。我们来一步步为场景添加后处理效果。

图7.4 还未应用任何后处理效果的场景

7.4.1 Tonemapping（色调映射）

作用：将画面中的HDR（高动态）值重映射到LDR（低动态）值，重映射以后的画面适合在普通显示器上显示。如图7.5所示，我们可以选择ACES模式。

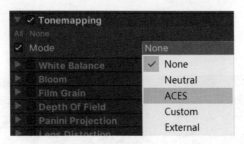

图7.5 Volume组件中的色调映射（Tonemapping）重载

有5种色调映射模式。

- None：不应用色调映射。
- Neutral：对色彩和饱和度影响最小。如果我们会在当前画面上应用更多的颜色分级（Color Grading），可以应用此模式。
- ACES：比Neutral模式产生的对比度高，会影响色彩和饱和度。应用此模式后画面效果更接近于电影画面。

- Custom（自定义曲线）：可以通过曲线的方式来使用更多的色调映射属性和选项，具体如图7.6所示。

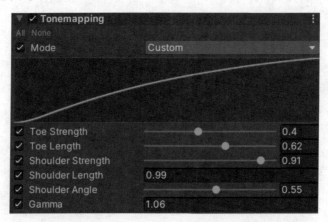

图7.6　Tonemapping的自定义曲线模式

- External：使用在外部软件（比如Photoshop）中制作的自定义3D查找纹理（LUT, Lookup table）作为色调映射的参考。LUT是一种较为简单的颜色分级方法。它的原理是将屏幕上的像素替换为LUT中的对应数值。如果你的目标平台不支持高级颜色分级（Color Grading），可以使用LUT方法。

7.4.2　White Balance（白平衡）

作用：用于解决画面中偏色问题（偏色问题会导致画面看上去不真实）。另外，也可以用白平衡将画面调整为偏暖或者偏冷，偏绿或者偏洋红。示例如图7.7所示。

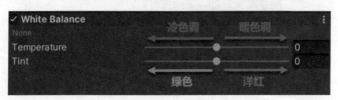

图7.7　Voulume组件中的白平衡（White Balance）重载

7.4.3　Bloom（泛光）

作用：应用泛光效果可以让画面中明亮部分的边缘发光，泛光用于让画面中的明亮部分变得更亮。

在泛光中还可以使用Lens Dirt效果，本质上就是往整个画面上叠加一张纹理（可以从HDRP包下载界面下载Additional Post-processing Data，使用里面的Lens Dirt纹理）。具体参数如图7.8所示。

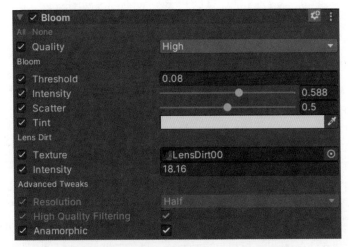

图7.8　Volume组件中的泛光（Bloom）重载

如图7.9所示，我们可以在HDRP配置文件中设置与泛光质量等级相关的选项。

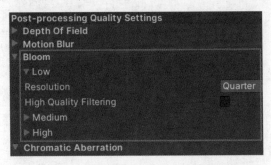

图7.9　HDRP配置文件中的泛光质量控制选项

- Quality：用于设置泛光的显示效果。质量等级设置可以在HDRP配置文件中完成。
- Bloom：

  ○ Threshold（临界值）：用于过滤亮度小于此数值的像素。也就是说，亮度小于此数值的像素不会参与泛光的计算。在数值等于0时，泛光遵守能量守恒定律；如果大于0，能量守恒定律会被打破。

  ○ Intensity（强度）：用于调整泛光的强度。

  ○ Scatter（散射）：数值越大，明亮部分的泛光效果范围越大。

  ○ Tint（着色）：针对泛光效果进行着色。

- Lens Dirt：
  - ○ Texture（纹理）：为泛光叠加一张纹理，比如包含光晕或者灰尘的纹理。
  - ○ Intensity（强度）：用于调整纹理叠加的强度。
- Advanced Tweaks：
  - ○ Resolution（分辨率）（只在Quality被设置为Custom时可用）：当选择Quarter（四分之一）或者Half（一半）的屏幕分辨率用于泛光的计算时，可以提升泛光的效果。
  - ○ High Quality Filtering（高质量过滤）（只在Quality被设置为Custom时可用）：启用后HDRP会使用Bicubic过滤算法，而不是Bilinear过滤算法。虽然启用该选项会增加性能消耗，但是可以让泛光效果更平滑。
  - ○ Anamorphic（镜头畸变）：选择该选项，在计算泛光效果时，会把镜头的畸变考虑进去。

图7.10所示为应用了泛光后处理效果后的画面，并在效果里添加了一张Lens Dirt贴图。

图7.10　添加了Lend Dirt贴图的泛光后处理效果

7.4.4　Film Grain（胶片颗粒）

作用：模拟使用物理胶片拍摄时画面中出现的噪点。这些噪点通常由物理胶片上的小粒子所导致。具体参数如图7.11所示。

- 可以选择预置的Thin、Medium、Large噪点，也可以自己指定（Custom）一张纹理作为噪点的来源。

- Intensity：用于控制噪点的强度。
- Response：用于控制生成噪点的曲线。数值越大，在高亮区域的噪点越少。

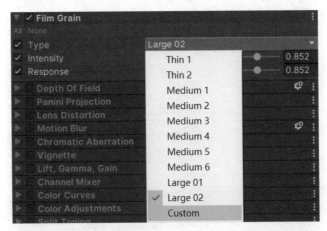

图7.11　Volume组件中的胶片颗粒（Film Grain）重载

图7.12所示为应用了胶片颗粒后处理效果的渲染画面。

图7.12　应用了胶片颗粒后处理效果的渲染画面

7.4.5　Depth of Field（景深）

作用：现实世界的相机镜头只能在固定距离内对某个物体聚焦，更近或者更远的物体会呈现虚化的效果。景深就是用来模拟真实相机镜头的这个特性的。具体参数如图7.13所示。

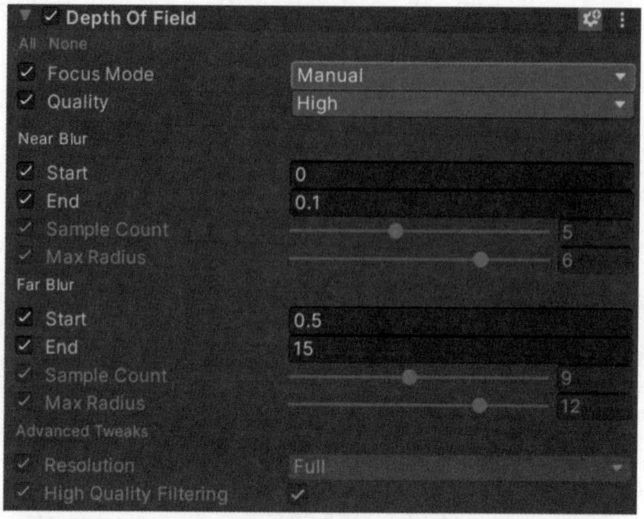

图7.13　Volume组件中的景深（Depth of Field）重载

（1）Focus Mode（聚焦模式）：可以选择Off（不使用景深），或者Use Physical Camera（使用物理相机）模式，也可以选择Manual模式。

（2）如果选择使用物理相机，界面上不会有Near Blur和Far Blur这两个选项，会有一个额外的Focus Distance（聚焦距离）选项用于设置相机到聚焦点的距离。其他效果可以通过摄像机组件的物理相机参数来控制。

（3）Quality（质量）：这里的设置对应HDRP配置文件中的设置，除Custom外。如果选择Custom选项，会相应出现Sample Count（采样数）、Max Radius（最大采样半径）、Resolution（屏幕分辨率）和High Quality Filtering（高质量过滤）选项。

（4）Near Blur（近处模糊）：

- Start：近处模糊开始的位置（离开相机的距离）。
- End：超过此距离就不再模糊。到结束位置的距离越远，模糊渐变的效果越不明显。

（5）Far Blur（远处模糊）：

- Start：远处模糊开始的位置（离开相机的距离）。
- End：超过此距离就不再模糊。到结束位置的距离越远，模糊渐变的效果越不明显。

图7.14所示的是使用上述参数设置的景深效果。

图7.14　景深效果

7.4.6　Panini Projection（帕尼尼投影）

作用：帕尼尼投影会对画面进行变形操作，让画面看起来好像包裹在一个圆柱体上（中间凸起）。具体参数如图7.15所示。

图7.15　Volume组件中的帕尼尼投影（Panini Projection）重载

- Distance（距离）：用于控制强度。数值越大，中间越凸起。
- Crop to Fit（裁剪以适应屏幕）：裁剪画面以适应屏幕尺寸。

表7.2所示是应用帕尼尼投影前后的渲染效果的对比。

表7.2　启用/禁用帕尼尼投影的效果对比

无帕尼尼投影	有帕尼尼投影
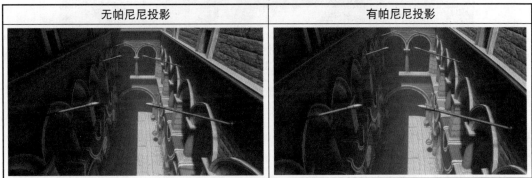	

7.4.7 Lens Distortion（镜头畸变）

作用：用于模拟真实世界中镜头的畸变效果。具体参数如图7.16所示。

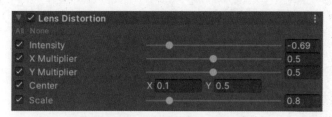

图7.16　Volume组件中的镜头畸变（Lens Distortion）重载

- Intensity（强度）：用于控制镜头畸变的强度。数值越大，镜头效果越扭曲。
- X Multiplier（X轴乘数）：控制*X*轴向的畸变强度。如果数值为0，则*X*轴向没有畸变。
- Y Multiplier（Y轴乘数）：控制*Y*轴向的畸变强度。如果数值为0，则*Y*轴向没有畸变。
- Center（中心点）：设置画面畸变发生的中心点。
- Scale（缩放）：当畸变过度时（强度变大），画面周围一圈的像素点会变形得太厉害导致无法使用，这时可以增大该数值，把画面放大，以隐藏周围一圈变形过度的像素。

如图7.17所示，可以把Scale增加到1.28或者以上，移除周围无法使用的像素。

图7.17　将Lens Distortion的Scale值设置为1.28时的渲染效果

7.4.8 Motion Blur（运动模糊）

作用：用于模拟真实世界中，因为相机或物体的移动速度大于曝光速度而导致的模糊效果。具体参数如图7.18所示。

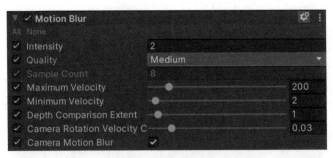

图7.18　Volume组件中的运动模糊（Motion Blur）重载

要使用运动模糊效果，我们必须先在HDRP配置文件中启用Motion Vectors选项（如图7.19所示），因为计算运动模糊时HDRP会使用速度缓冲（Velocity Buffer）中的速度信息。

图7.19　HDRP配置文件中的运动模糊（Motion Vectors）选项

- Intensity（强度）：用于控制运动模糊效果的强度。如果设为0，则意味着没有运动模糊效果。

- Quality（质量）：可在HDRP配置文件中进行质量等级的设置。如果选择Custom（自定义），则可以通过下面的Sample Count（采样数）参数设置采样值的大小。

- Sample Count（采样值）：只有在选择自定义质量等级时该参数才生效。其数值越高，运动模糊效果越平滑，质量越高，但是性能消耗越高。

- Maximum Velocity（最大速率）：画面中任何速度大于此数值的像素不会被计算进运动模糊中。数值越大，模糊效果越强（因为更多像素被包含进了运动模糊计算中）。

- Minimum Velocity（最小速率）：画面中任何速度小于此数值的像素不会被计算进运动模糊中。数值越大，越少像素被包含进运动模糊计算中，性能越好。但是画面中移动速度较慢的物体不会产生运动模糊。

- Camera Rotation Velocity Clamp：在此设置相机旋转速度。当相机的旋转速度大于此数值时，相机的旋转会被用于运动模糊的计算中。此数值越高，相机的旋转运动模糊的效果看上去越宽大。

- **Camera Motion Blur**：如果启用该选项，则计算运动模糊时会把相机本身的移动考虑在内；如果禁用，则相机本身的移动将不会用于运动模糊的计算。

7.4.9　Chromatic Aberration（色差）

作用：用于模拟真实镜头会产生的色差现象。色差现象产生的本质是因为镜头无法把所有颜色放到同一个点上。具体参数如图7.20所示。

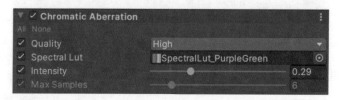

图7.20　Volume组件中的色差（Chromatic Abberation）重载

- **Quality（质量）**：可以在HDRP配置文件中设置质量等级对应的采样数。如果选择自定义，那么最下面的Max Samples选项会被启用，可以在这里输入自定义的采样值。
- **Spectral LUT（光谱LUT）**：可以指定一张纹理来提供自定义的边缘颜色。如果不关联纹理图片，HDRP会使用默认的边缘颜色。
- **Intensity（强度）**：用于控制色差的强度。

如图7.21所示的是使用上述参数设置的色差效果。

图7.21　色差后处理渲染效果

7.4.10 Vignette（晕映）

作用：可以将画面周围变暗或者减少饱和度。在真实相机上也会发生类似的现象，这通常是因为叠加的滤镜或者第二套镜头导致的。我们可以通过这样的方式将观众的视觉引导到画面中央区域。具体参数如图7.22和图7.23所示。

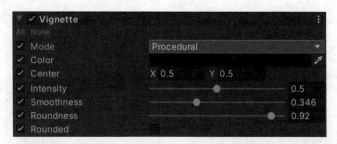

图7.22　Volume组件中的晕映（Vignette）重载——模式为程序化（Procedural）

图7.23　Volume组件中的晕映（Vignette）重载——模式为遮罩（Masked）

（1）**Mode（模式）：** 可以选择Procedural（程序化）或者Masked（使用遮罩）模式。

（2）**程序化模式：**

- Color（颜色）：在这里挑选晕映的颜色。
- Center（中心点）：默认的中心点为正中心，可以在这里设置不同的数值进行偏移。
- Intensity（强度）：控制变暗的程度。
- Smoothness（平滑度）：数值越大，暗部扩散得越大。
- Roundness（正圆度）：控制变暗部分到底有多圆。
- Rounded（是否为圆形）：如果勾选该选项，则整个变暗区域的形状就会是正圆形。

（3）**使用遮罩：**

- Color（颜色）：在这里挑选叠加的颜色。
- Mask（遮罩）：可以在这里选择一张黑白纹理图片。白色区域为透明部分，黑色区域为晕映部分。
- Opacity（透明度）：用于控制整个晕映的透明度。

如图7.24所示是使用上述参数设置的晕映效果。

图7.24　晕映后处理渲染效果

7.4.11　Lift、Gamma和Gain（颜色分级）

作用：用于对整个画面做颜色分级。具体参数如图7.25所示。

图7.25　Volume组件中的颜色分级重载

- Lift：用于控制画面中黑色调的颜色和亮度。可以使用该选项设置更夸张的阴影效果。
- Gamma：用于控制画面中中度色调的颜色和亮度。

- Gain：用于控制画面中高亮区域的颜色和亮度。该设置会让高亮的地方更亮。
- **色盘**。可以使用色盘下面的滑块控制颜色的亮度。右键单击色盘会重置圆点到中心，也会重置滑块居中。

如图7.26所示是使用上述参数设置的颜色分级效果。

图7.26 颜色分级后处理渲染效果

7.4.12 Channel Mixer（通道混合）

作用：通过对红色通道、绿色通道和蓝色通道中的RGB数值进行调整，对整个画面的RGB值进行调整。在默认情况下红色通道的Red值为100，其他为0；绿色通道的Green值为100，其他为0；蓝色通道的Blue值为100，其他为0。具体参数如图7.27、图7.28和图7.29所示。

图7.27 Volume组件中的通道混合重载——红色通道

图7.28 Volume组件中的通道混合重载——绿色通道

图7.29　Volume组件中的通道混合重载——蓝色通道

7.4.13　Color Curve（颜色曲线）

作用：使用曲线控制画面中指定区域的色彩、饱和度或者亮度。使用颜色曲线可以实现色彩替换或者调整饱和度。具体参数如图7.30所示。

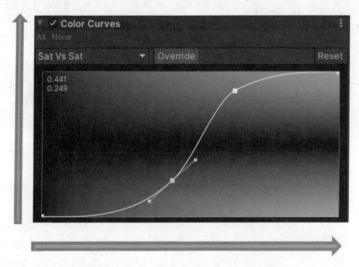

图7.30　Volume组件中的颜色曲线重载

（1）Sat Vs Sat：针对色彩饱和度。

（2）Y轴表示目标色彩饱和度。曲线的底部对应黑白色，曲线的顶部对应最大饱和度，中间对应正常饱和度。

（3）X轴表示画面上像素的原始饱和度，针对的是画面中每个像素的饱和度。在图7.30中，左侧对应画面中颜色较浅的区域（城堡墙面）；右侧对应画面中颜色饱和度较大的区域，比如挂帘。

如图7.31所示，现在调整图中曲线，让颜色饱和度低的区域更低（黑白）；颜色饱和度高的区域更饱和（挂帘）。

图7.31　调整颜色曲线可以让画面某些部分呈现黑白效果

7.4.14　Color Adjustment（颜色调整）

作用：用于调整画面整体的色调、亮度和对比度。具体参数如图7.32所示。

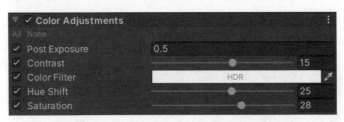

图7.32　Volume组件中的颜色调整重载

- Post Exposure（后曝光）：用于调整整体的曝光。HDRP会在色调映射之前应用此设置。单位为EV，不是EV100。
- Contrast（对比度）：用于调整对比度。调大其数值时，会扩展色调的范围；反之会缩小色调的范围。
- Color Filter（颜色滤镜）：为整个画面叠加所选颜色。
- Hue Shift（色彩偏移）：用于调整画面中所有的颜色。
- Saturation（饱和度）：调整画面中所有颜色的饱和度。

如图7.33所示是使用上述参数设置的颜色效果。

图7.33 调整颜色后的渲染效果

7.4.15 Split Toning（分离调色）

作用：根据画面中不同区域的亮度，调整相关区域的整体颜色。可以为画面中的阴影和高光区域分别指定不同的颜色。具体参数如图7.34所示。

图7.34 Volume组件中的分离调色重载

- Shadows（阴影）：为阴影区域设置颜色。
- Highlights（高光）：为高光区域设置颜色。
- Balance（平衡）：大于0的数值会让整体画面的颜色偏向高光区的颜色；小于0的数值会让整体画面的颜色偏向阴影区的颜色。

图7.35所示的是使用上述参数设置的分离调色效果。

图7.35 分离调色后处理渲染效果

7.4.16 Shadow、Midtones、Highlights（阴影、中间调、高光）

作用：可用于精确控制画面中
的阴影、中间调和高光区域的颜色
和亮度（比使用Lift、Gamma和Gain
参数要准确很多）。具体参数如
图7.36所示。

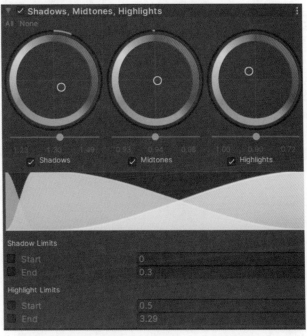

图7.36 Volume组件中的阴影、中间调和高光重载

7.5　本章总结

本章把HDRP中所有的后处理效果完整地梳理了一遍。后处理效果的应用对画面渲染质量的提升和改善有目共睹。用好后处理效果的第一步就是要熟悉所有效果的基本使用方法，然后在实践中进一步了解各种可能性。

另外，要想提升画面质量，工具的使用只是成功公式中的一个变量而已。我们还要不断提高自己的审美和欣赏能力，通过观察和模仿优秀的美术和摄影作品来提升自己对美的感知力，只有这样才能顾及成功公式中所有的变量，从而创作出美丽的画面。

下一章介绍如何使用HDRP Debug窗口，以便在出现问题时查找问题出现的原因，从而快速找到正确的解决方法。

第8章
HDRP Debug窗口介绍

8.1 摘要

相信做过任何开发工作的人都知道Debug工具的重要性。那么在HDRP中有什么Debug工具可以使用呢？当然非HDRP Debug窗口莫属了！

HDRP给我们提供了一套完整的可视化Debug工具，集成在HDRP Debug窗口。通过顶部菜单Window→Render Pipeline→Render Pipeline Debug可以打开HDRP Debug窗口。Debug窗口不仅仅可以在编辑模式下使用，也可以在真机上运行时使用。

要在真机上运行时使用Debug窗口，我们需要在构建项目时勾选Development Build选项，图8.1所示的是在PC上进行构建时的构建设置窗口。

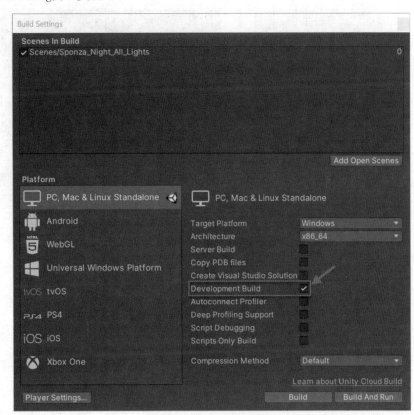

图8.1　PC上的构建窗口

根据不同的平台，在运行时打开HDRP Debug窗口的方式如下。

（1）PC：Ctrl + 回退键。

（2）Mac：Command + 回退键。

（3）Playstation：同时按住L3和R3键。

（4）Xbox：同时按住左摇杆和右摇杆。

（5）如果是连接到PC或者Mac的VR设备，也可以通过VR设备的操作手柄在运行时打开Debug窗口。

在Unity编辑器中使用Debug窗口时，在编辑状态和运行状态下该窗口包含不同的选项。在运行状态下会多一个Display Stats选项，该选项可以在运行时直接显示当前帧率等信息。两种模式下的Debug窗口如表8.1所示。

表8.1　编辑模式和运行模式下Debug窗口的对比

编辑模式	运行模式		
Decals		Display Stats	
Material	Decals	Frame Rate (fps)	50
Lighting	Display Stats	Frame Time (ms)	20
Rendering	Material	▶ CPU timings (Command Buffers)	
Scene Camera	Lighting	▶ GPU timings	
MainCamera	Rendering	▶ Inline CPU timings	
	Scene Camera	Count Rays (MRays/Frame)	
	MainCamera	Debug XR Layout	

因为Debug窗口中功能众多，所以我们不可能把每个功能都介绍一遍（很多具体信息请参考HDRP官方文档）。下面我们来看看关于Material（材质）、Lighting（光照）和Camera（相机）的Debug选项及具体示例。

8.2　Material（材质）相关的Debug窗口

使用此处的选项可以查看相关材质的各项属性。用法很简单：选择想要查看的属性选项，在Scene窗口或者Game窗口观察画面变化。表8.2展示了部分示例。

表8.2　材质相关的Debug选项示例

Common Material Properties：Albedo（只显示Albedo信息）

Common Material Properties：Smoothness （颜色越白，Smoothness数值越高；Smoothness最大值为1，对应纯白色）
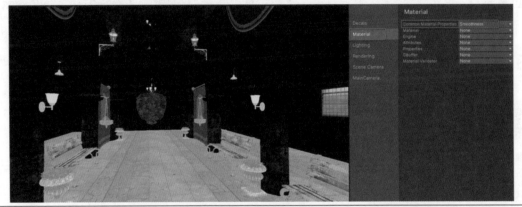
Material：Lit/Ambient Occlusion （针对场景中所有使用Lit着色器的材质，显示与之相关的环境光遮蔽信息）
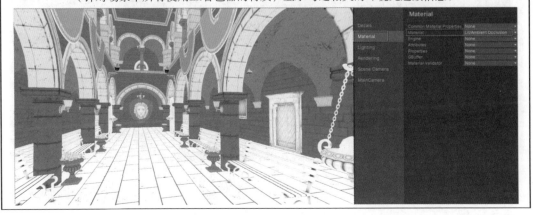

Material Validator：Metal or SpecularColor
（场景中红色部分表示：这些像素对应材质上的Metallic或Specular颜色不在可接受的PBR范围之内。具体信息可以参考Unity官方文档：https://docs.unity3d.com/Manual/StandardShaderMaterialCharts.html）

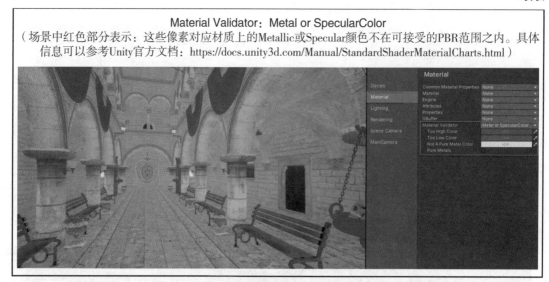

8.3　Lighting（光照）相关的Debug窗口

使用此处选项可以查看相关光照的信息，比如阴影、直接光照和间接光照等，部分示例如表8.3所示。

表8.3　光照相关的Debug选项示例

Show Light By Type（按灯光类型显示）： 关闭了所有光源和反射探针。在场景中只能看到烘焙的间接光和自发光

Fullscreen Debug Mode（全屏Debug模式）：SSAO（Screen Space Ambient Occlusion）。
使用全屏方式显示屏幕空间环境光遮蔽，这有助于我们快速查看哪些区域的环境光遮蔽可能存在问题

Override Emissive Color（重载自发光颜色）：
启用此选项以后，可以为场景中所有自发光材质指定一个颜色

Tile/Cluster Debug：
这里显示的是画面中每一个Tile受到多少个反射探针的影响

8.4 Camera（相机）相关的Debug窗口

在Debug窗口中，所有当前场景中的相机都有自己独立的控制界面。比如场景中有：MainCamera、Camera-1和Camera-2相机，再加上默认的Scene窗口相机。Debug窗口会列出当前场景使用的这4个相机（如图8.2所示）。

每个相机的Debug选项都是相同的：Rendering、Lighting、Async Compute和Light Loop。你可以使用这些选项临时改变相机的Frame Settings（帧设置），这不会影响相机在场景中的实际设置。这意味着你可以在Debug窗

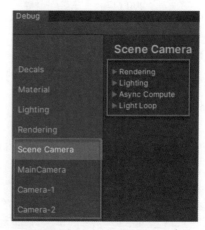

图8.2 Debug窗口的Scene Camera（场景相机）选项

口随意开关各项设置查看画面效果。完成Debug以后，在Debug窗口恢复默认选项即可。

对于相机的Debug选项，最重要的是弄清楚Debug、Sanitized、Overridden、Default与HDRP配置文件，默认Frame Settings和自定义Frame Settings之间的关系，示例如表8.4所示。

表8.4 Debug窗口与HDRP配置文件之间的关系，相机默认帧设置和相机自定义帧设置之间的关系

Debug窗口					
MainCamera					
Decals	▶ Rendering				
Material	▼ Lighting	Debug	Sanitized	Overridden	Default
Lighting	Shadow Maps	✓	✓	✓	✓
Rendering	Contact Shadows	✓	✓	✓	✓
Scene Camera	Screen Space Shadows	✓	✓	✓	✓
MainCamera	Shadowmask	✓	✓	✓	✓
	Screen Space Reflection		✓	✓	✓
	Screen Space Ambient Occlusion	✓	✓	✓	✓
	Subsurface Scattering	✓	✓	✓	✓
	Transmission	✓	✓	✓	✓
	Fog	✓	✓	✓	✓
	Volumetrics				✓
	Reprojection				
	Light Layers	✓	✓	✓	✓
	Exposure Control	✓	✓	✓	✓
	Reflection Probe	✓	✓	✓	✓
	Planar Reflection Probe	✓	✓	✓	✓
	Metallic Indirect Fallback				
	Sky Reflection	✓	✓	✓	✓
	Direct Specular Lighting	✓	✓	✓	✓

续表

HDRP配置文件	相机的Default Frame Settings	相机的 Custom Frame Settings
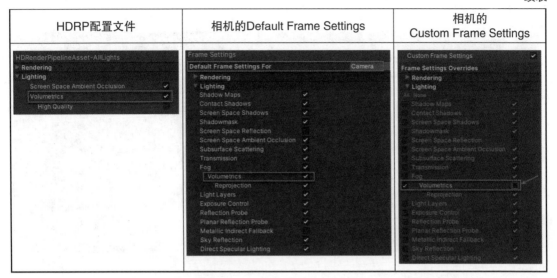		

总结如下：

（1）HDRP会按照Default→Overridden→Sanitized→Debug的先后顺序来检查各个区域中某项功能是否起作用。HDRP会先检查在相机的Default Frame Settings中是否启用某项功能，然后检查在相机的Custom Frame Settings中是否启用某项功能，最后检查在HDRP配置文件中是否启用此项功能并最终决定是否启用Sanitized选项。

（2）Default区域对应的是相机的Default Frame Settings（Volumetrics选项为勾选状态）。Overridden对应的是相机的Custom Frame Settings。是否启用Sanitized选项则由Default和Override这两项中的设置加上HDRP配置文件中的实际设置来共同决定。

（3）从表8.4我们可以看到，虽然在HDRP配置文件和相机的Default Frame Settings中启用了Volumetrics功能，但是因为在相机的Custom Frame Settings中禁用了Volumetrics功能，所以最终的Sanitized中显示Volumetrics为禁用状态。Debug区域中的默认状态也和Sanitized区域中的状态一致。

使用相机Debug窗口的方式与材质和灯光的相同：通过开关某个选项来查看画面中的相关元素的变化，从而找出可能存在的问题。比如我们可以尝试启用/禁用Volumetrics功能，具体对比如表8.5所示。

注：因为针对的是MainCamera，所以要切换到Game窗口查看效果。如果要在Scene窗口查看效果，可以通过Debug窗口的Scene Camera进行Debug操作。

表8.5 启用/禁用Volumetrics时Game窗口的体积雾渲染效果

启用（图中箭头所指为启用Volumetrics功能时的效果）

禁用

8.5 MatCap显示模式的使用方法

在MatCap模式下，HDRP会将每个材质上的信息（包括从光照烘焙获得的光照信息）保存到一张图片上，然后使用这些图片替换场景中所有的材质和灯光。

可以通过以下方式启用MatCap模式和调整相关显示：

（1）禁用Scene窗口顶部的灯泡按钮。这可以让Scene窗口用MatCap的方式显示整个场景。按钮位置如图8.3所示。

图8.3 Scene窗口的灯泡按钮用于控制MatCap模式的启用/禁用

（2）将Debug窗口下Lighting中的Lighting Debug Mode设置为MatcapView。这可以让Scene窗口和Game窗口都使用MatCap方式显示整个场景。

（3）通过菜单Edit→Preferences打开Preferences窗口，在HD Render Pipeline选项下有以下两个选项。

- Mix Albedo in the Matcap：启用此选项会将当前场景中的材质上的Albedo与Matcap信息混合在一起显示。
- Matcap intensity scale：如果在MatCap模式下显示的场景太暗，则可以调高这里的数值，如图8.4所示。

使用MatCap显示模式的好处是：如果场景的某个部分特别暗，我们可以对其进行编辑。

图8.4　编辑器首选项（Preferences）界面中针对MatCap模式的Matcap intensity scale参数

8.6　本章总结

　　HDRP Debug窗口非常常用，建议大家在开发HDRP项目时注意学习它的各项参数的使用方法。本章内容只是起到抛砖引玉的作用，因为HDRP Debug窗口中还有非常多的参数值得我们花时间进一步研究和了解。

　　下一章我们讲解如何使用HDRP VR功能，如何使用Windows Mixed Reality平台创建一个HDRP VR应用，以及如何为我们的VR平台做出高清渲染画质。

第9章
HDRP在VR中的应用

9.1 摘要

随着VR硬件设备的普及，VR游戏也逐渐走入家庭，成为个人娱乐活动的一部分。VR设备本身硬件性能的提升，以及桌面电脑性能的提升，使得高画质的VR游戏成为玩家首选。

Unity的2019.4版本已经全面支持将HDRP画质输出到VR设备上（目前还不支持像Oculus Quest这样的一体机，因为为Quest配备的是一台Android机器），使VR游戏和应用的画质能够接近或者达到HDRP在桌面电脑或者游戏主机上的渲染画质。

本章我们将通过实例来讲解如何使用HDRP VR功能输出一个简单的VR应用（同样的技术完全可以应用在任何VR游戏的开发中）。在此过程中将会介绍如何配置HDRP VR，如何设置XR Plugin Management相关的插件，以及如何使用XR Interaction Toolkit插件来开发基于Windows Mixed Reality设备的VR应用。

本章给出了开发实例的详细操作步骤，读者可以跟随这些步骤进行学习。

9.2 HDRP VR支持的平台

9.2.1 系统要求

（1）Unity版本：2019.3及以上
（2）HDRP版本：7.1.1及以上

9.2.2 支持的平台

（1）PC（至少需要支持DX11）：

- Oculus Rift 和Oculus Rift S (Oculus XR Plugin, Windows 10, DirectX 11)
- Windows Mixed Reality (Windows XR Plugin, Windows 10, DirectX 11)
- 通过HTC自己的SDK或者Steam VR支持HTC Vive相关设备

（2）PS4：

- PlayStationVR
- Open VR*

9.3 配置HDRP项目以支持VR

要让普通的HDRP项目能够支持VR平台，需要使用HD Render Pipeline Wizard先完成所需的设置。

通过菜单Window→Render Pipeline→HD Render Pipeline Wizard打开配置窗口，如图9.1所示。选择HDRP+VR选项卡，单击Fix All按钮，Unity会自动完成设置。

请注意：如果要使用Oculus系列头盔，需要手动配置XR Management Package下的Oculus Plugin和Single-Pass instancing两项。

接着通过菜单Edit→Project Settings，打开项目设置窗口，在项目设置窗口中选择XR Plugin Management，然后单击Install XR Plugin Management，如图9.2所示，完成Unity XR插件管理包的安装。

通过XR插件管理包的界面，我们可以一站式管理目前Unity官方支持的所有XR相关插件包。

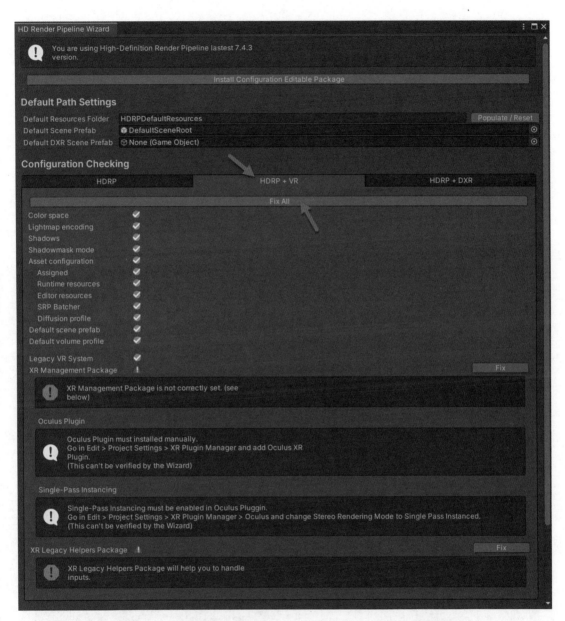

图9.1　HD Render Pipeline Wizard窗口中的HDRP+VR配置

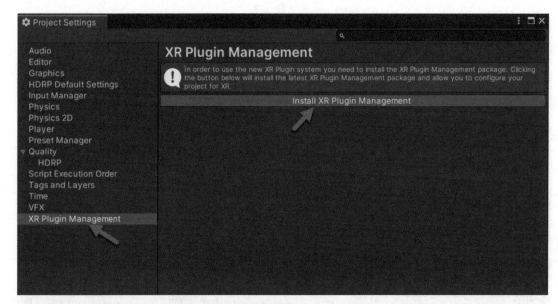

图9.2　安装XR Plugin Management

表9.1中的两个截图显示了不同平台所支持的XR功能（由于为当前项目安装了PC和Android平台模块，因此这里显示PC和Android两个构建平台）。

表9.1　不同平台支持的XR功能

PC平台支持Magic Leaps、Oculus、Windows Mixed Reality和Unity Mock HMD（用于在不连接头盔的情况下，在编辑器中测试VR渲染）

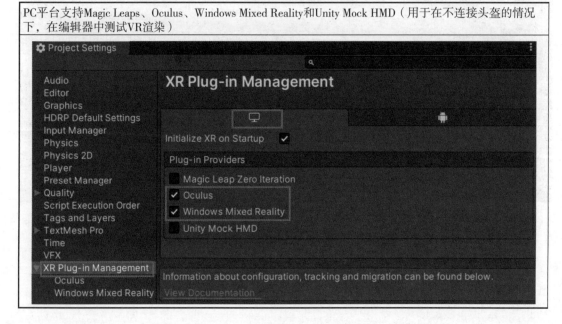

续表

Android支持ARCore、Oculus和Unity Mock HMD
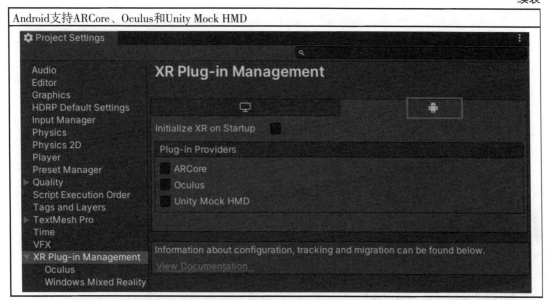

因为HDRP目前并不支持Android平台，所以我们无须在Android界面上勾选任何选项。

在PC平台上，要启用HDRP VR功能，需要进行以下设置：

（1）勾选Initialize XR on Startup选项。这会让系统初始化并自动启动当前平台支持的XR插件，比如Oculus或者Windows Mixed Reality。

（2）在Plug-in Providers中勾选Oculus和Windows Mixed Reality选项。这会让Unity为当前项目安装这两个平台的相关插件，在Package Manager中对应的两个插件包如图9.3所示。

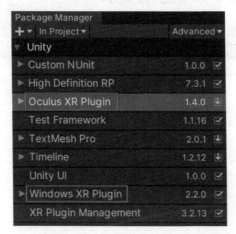

图9.3　Package Manager中的相关XR插件包

Unity从2019.3版本开始，为支持VR、AR和MR（统称XR）的开发使用统一的XR插件框架。这一框架极大地方便了对来自不同厂商的XR插件的管理，也允许第三方厂商为开发者提供自己研发的XR插件包，或者通过VSP的方式提供插件包。

VSP是Verified Solution Provider（官方验证解决方案供应商）的缩写，这是一种与Unity官方进行合作的插件开发方式。第三方XR厂商可以通过VSP方式，把使用XR插件框架开发的适配自己设备的XR插件提供给Unity，经过Unity官方测试和认证以后，可以作为官方认证的XR插件包发布到Package Manager中。

图9.4所示是Unity XR插件框架的具体架构图。该图来自Unity官方文档（https://docs.unity.cn/cn/2019.4/Manual/XRPluginArchitecture.html）。

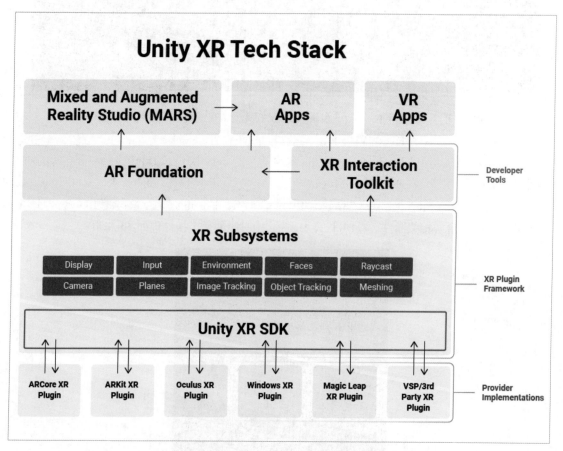

图9.4　Unity XR插件框架的架构图

9.4　可以应用到VR中的HDRP功能

简单来说，可以将所有HDRP中的功能应用到HDRP VR项目中。从理论上讲，只要你的目标平台拥有足够的算力，强大的CPU和GPU，足够大的内存，可以把所有HDRP功能都用上。当然，考虑到运行性能，在进行具体开发时，我们肯定要对功能进行取舍。

HDRP在VR中的应用与配置与普通HDRP项目并无很大不同，以下列出了两者之间的相同点和不同点：

（1）设置HDRP功能的步骤与普通HDRP项目完全一致，包括HDRP配置文件的创建和使用，Volume的使用，后处理效果的使用，光照贴图烘焙，材质和光照的使用等。

（2）VR的渲染要求比普通HDRP项目要高很多，大多数VR头盔都要求至少每秒60帧的渲染速度，有的头盔甚至要求每秒90帧的渲染速度，因此虽然我们可以将HDRP中的功能应用到HDRP VR项目中，但是一定要注意以下几点：

- 如果你不需要某项功能，请在HDRP配置文件中禁用它。例如，不需要使用Volumetric（体积雾）效果，可以将其禁用，因为启用的话会占用内存。
- 对于后处理效果，因为是全屏幕处理，所以性能消耗很大，能不使用尽量不使用，比如Motion Blur之类的效果。
- 可以将HDRP应用于VR开发之中，并不意味着无须优化项目。通常的游戏优化手段也适用于它。

Unity官方HDRP研发团队提供了一个名为The Alchemy Lab的项目用于演示HDRP VR的功能。可以从GitHub下载最新版本的工程文件：https://github.com/Unity-Technologies/VRAlchemyLab，然后通过此工程学习更多关于HDRP VR的开发知识。此项目演示图如表9.2所示。

表9.2　The Alchemy Lab项目的游戏截图

9.5 将市政厅办公室场景转换成HDRP VR

为了与之前的章节结合更紧密，本章使用的是市政厅办公室场景。如果你还没有下载实例场景工程，请查看第1章中的工程下载地址链接。

打开Civic_Center_HDRP_VR项目中的Civic Center_Windows_Mixed_Reality_Start场景。

注：请确保你的Windows 10电脑上的Windows Mixed Reality已经正确设置，头盔已经正确连接电脑。

下面具体讲解如何把市政厅办公室场景的HDRP版本，设置成支持Windows Mixed Reality的HDRP VR版本。

9.5.1 配置HDRP+VR

通过HD Render Pipeline Wizard将普通HDRP项目设置为支持VR（参考上一节）。

9.5.2 配置XR Plug-in Management

安装并配置XR Plug-in Management，最终配置界面如图9.5所示。该步骤会从Package Manager为当前项目添加Windows Mixed Reality相关SDK，并在项目启动时自动初始化。

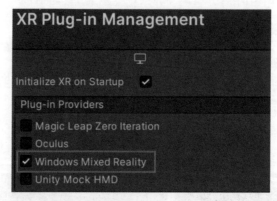

图9.5 在XR插件界面启用Windows Mixed Reality插件包

9.5.3 添加XR Interaction Toolkit

打开Package Manager窗口，启用Advanced下的Show preview packages选项，这会显示所有被标记为preview的软件包。找到XR Interaction Toolkit包并完成安装，如图9.6所示。

图9.6 Package Manager中的XR Interaction Toolkit插件包

9.5.4 创建XR Rig、控制器和瞬移区域

（1）通过菜单 GameObject→XR下的Room-Scale XR Rig或者Stationary XR Rig，创建一个包含主相机和左右手控制器的控制框架。创建完成后，在Hierarchy窗口中会生成两个Game Object，如图9.7所示。

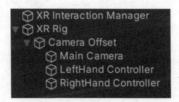

图9.7 层级窗口中的XR Interaction Manager和XR Rig

XR Interaction Manager是任何一个使用XR Interaction Toolkit的场景必须有的组件。它的作用是协调交互体（控制器）（Interactor）与可交互物（Interactable）之间的交互操作。

因为生成XR Rig的时候场景中不存在任何XR Interaction Manager，所以系统会自动为我们生成一个。

XR Rig中包含了可以对相机位置做偏移的Camera Offset物体、主相机（Main Camera）和左右手两个控制器（Controller）。

（2）按照图9.8所示，设置XR Rig的位置信息和Camera Y Offset（相机Y轴偏移）数值。

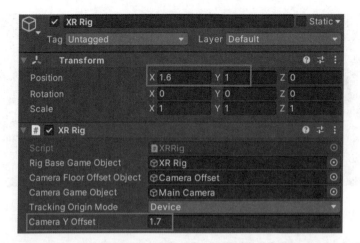

图9.8　在XR Rig下设置位置信息和Camera Y Offset（相机Y轴偏移）数值

这样可以将XR Rig的初始位置设在走廊中央且高于地面，Scene窗口中的效果如图9.9所示。

图9.9　Scene窗口中的显示效果

（3）如图9.10所示，将XR Rig的Tag设置为PlayerCamera。

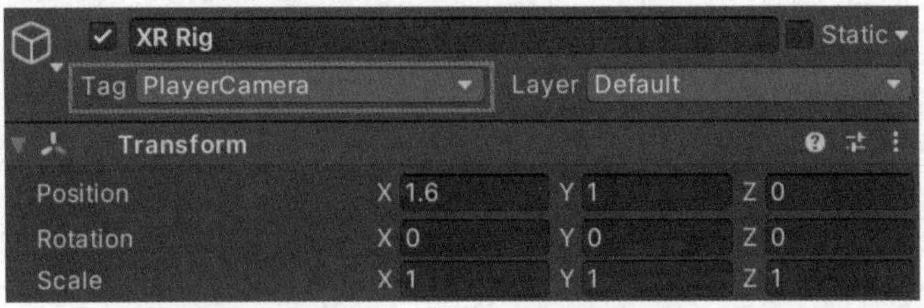

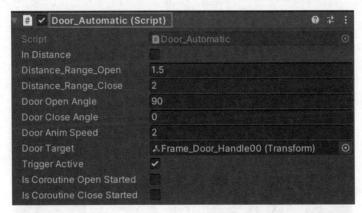

图9.10　设置XR Rig的Tag

我们在门上设置了一个脚本，当侦测到Tag为PlayerCamera的物体靠近门到一定距离时，门就会自动打开，当离开一定距离时，门会自动关上。

在Hierarchy窗口中搜索Door，可以找到Circular_Drive_Door物体，这些物体上面的Door_Automatic脚本（如图9.11所示）就包含这段逻辑。我们可以通过脚本中的Distance_Range_Open和Distance_Range_Close两个参数来分别控制打开门的距离和关上门的距离（单位为m）。

图9.11　Circular_Drive_Door物体上的Door_Automatic脚本

（4）选择XR Rig→Camera Offset层级下的LeftHand Controller和RightHand Controller，然后按照图9.12所示来配置XR Controller脚本和XR Ray Interactor脚本中的参数。

选中两个控制器的XR Controller脚本。图9.12中的Select Usage和Activate Usage对应的是手柄上的Trigger按钮（不同VR手柄上的Trigger按钮位置不一样），当然你也可以将这里的按钮对应到手柄上的其他按钮上。它们可以用于触发瞬移操作和抓取物体的操作。

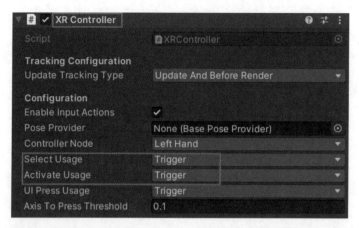

图9.12　LeftHand Controller和RightHand Controller物体上的XR Controller脚本

接着选中两个控制器的XR Ray Interactor脚本。图9.13中所示的Interaction Layer Mask起到过滤物体的作用。当前我们想通过手柄来做瞬移和物体抓取的操作，因此只选择Teleport和Interactable这两个自定义层即可。我们会在之后的步骤中为Teleport和Interactable这两个层指定相应的Game Object。

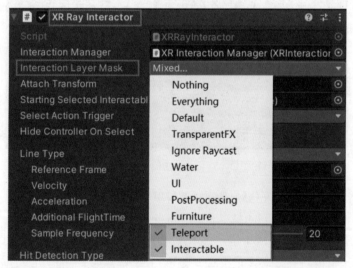

图9.13　LeftHand Controller和RightHand Controller物体上的XR Ray Interactor脚本

（5）通过菜单GameObject→XR→Teleportation Area创建一个瞬移区域，并将Teleportation Area的Transform数值调整为如图9.14所示。

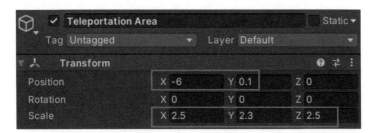

图9.14　Transform参数

这可以让可瞬移区域覆盖整个场景，如图9.15所示（黑色地板即为可瞬移区域）。

图9.15　瞬移区域在Scene窗口中的显示效果

然后我们可以通过禁用Teleportation Area的Mesh Renderer组件来隐藏可瞬移区域。

如图9.16所示，把Teleportation Area的层指定为Teleport。

图9.16　把Teleportation Area的层设置为Teleport

最后如图9.17所示，把Teleportation Area物体上的Teleportation Area脚本的Interaction Layer Mask参数设置为Teleport。

图9.17　设置Teleport Area脚本的Interaction Layer Mask参数

（6）如果这时我们测试头盔，可以看到两个手柄会射出两条抛物线。如果抛物线目的地不是层为Teleport的物体，那么抛物线是红色的；如果抛物线的远端碰到地板（层为Teleport），则抛物线会变成白色（意味着可以瞬移到目标点）。但是当我们按压右手柄上的Trigger按钮时（对应白色抛物线），我们并不能瞬移到目标地点。在Unity编辑器中的测试情况如图9.18所示。

图9.18　连接VR设备后，运行在Unity编辑器中的游戏画面

这是因为我们还没有为当前场景创建一个Locomotion System。

（7）通过菜单GameObject→XR→Locomotion System创建一个Locomotion System物体，然后把Hierarchy窗口中的XR Rig指定给Locomotion System脚本中的参数XR Rig。具体设置如图9.19所示。

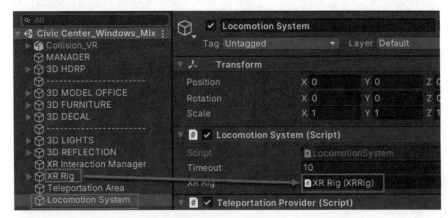

图9.19　把XR Rig关联到Locomotion System脚本

再次测试，这次我们可以瞬移到目的地了。

9.5.5　创建转向系统

虽然现在我们可以瞬移了，但是却只能通过真实的转身来进行转向（如果将头盔通过数据线连接到主机上，那么大概率这条线会缠住你的脖子）。

要解决这个问题，可以配置Locomotion System上的Snap Turn Provider脚本，它允许我们通过手柄上的按键进行转向。

按照图9.20所示，在Hierarchy窗口中选择Locomotion System，把LeftHand Controller和RightHand Controller两个物体关联到Inspector窗口中Snap Turn Provider脚本中Controllers的Element 0和Element 1输入框中（首先需要将Size设置为2，意思是创建一个包含两个元素的数组，这样Element 0和Element 1将会出现在Size输入框下）。

然后把Turn Input Source（转向输入源）设置为Primary 2D Axis（或者Secondary 2D Axis，因为某些设备对应的并不是默认的Primary 2D Axis）。

接着我们做一下测试，发现可以使用手柄上的主要输入按钮（Primary 2D Axis）进行转向操作了。

注：不同VR设备手柄上的主要输入按钮（Primary 2D Axis）可能有差异，具体哪个是主要输入按钮请参考相关VR设备的开发文档。

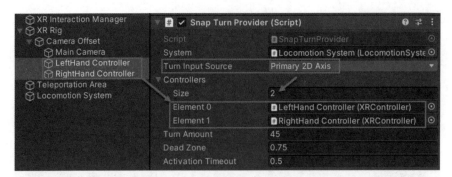

图9.20 配置Locomotion System物体上的Snap Turn Provider脚本参数

9.5.6 创建可交互物体

通过以下的示例步骤可以创建一个简单的可交互物体：

（1）通过菜单GameObject→3D Object→Sphere创建一个圆球，将Size设置为0.5，0.5，0.5，并命名为Ball。

（2）将Ball的Layer设置为Interactable。

（3）为Ball物体创建一个空的子物体，命名为Ball_Offset，并将它的Position Z设置为−1.5。

（4）为Ball添加一个XR Grab Interactable组件，将Ball变成一个可以用手柄抓取的物体。

（5）按照图9.21所示来设置XR Grab Interactable组件参数。

图9.21 配置XR Grab Interactable组件参数

- 将Ball的子物体Ball_Offset指定给Attach Transform参数。这样可以确保球被抓取以后，总是离开控制器1.5m远。
- 将Attach Ease In Time设置为1s，即球从被抓取时的位置移动到抓取点所消耗的时间为1s，这样我们就可以清楚地看到球是如何被抓取的。
- 因为Ball的Layer被设置为Interactable，所以将InteractionLayerMask设置为Interactable，这样球才能被抓到。
- 将Throw Velocity设置为5。
- 将Throw Angular Velocity Scale设置为1。
- 勾选Gravity On Detach选项，这样可以在球被扔出去离开控制器时对球施加重力，生成球的飞行抛物线。

9.5.7 构建项目到设备

要为Windows Mixed Reality平台构建项目，首先要将Build Settings中的目标平台（Platform）设置为PC，Mac & Linux Standalone，具体设置如图9.22所示。

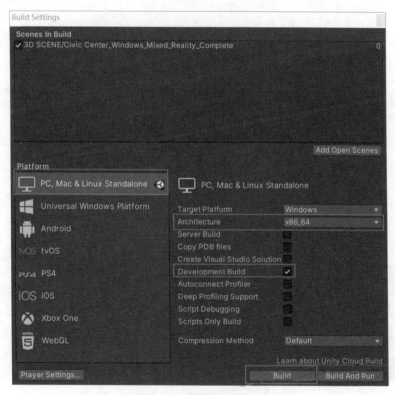

图9.22 构建窗口的设置

　　勾选Development Build选项是因为想在运行测试时打开HDRP的Debug窗口，以便实时查看各项参数信息，比如帧率、灯光、渲染等。

　　单击Build按钮完成构建。如果一切顺利，我们会得到一个文件夹，里面包含可执行文件和其他相关文件，示例如图9.23所示。

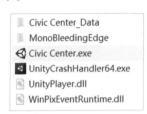

图9.23　构建生成的可执行文件

9.6　在VR设备中进行Debug

　　要在游戏运行时查看HDRP的Debug信息，根据不同的VR手柄的按键安排，通常是同时按压左右手柄上的主要控制按钮。触发Debug模式成功以后，我们可以在电脑上看到如图9.24所示画面。

　　该画面是在Windows混合现实门户程序中看到的头盔显示画面。

图9.24　在Windows混合现实门户中看到的游戏运行画面

　　图9.25所示的是可执行文件运行时的画面。HDRP的Debug窗口中会显示当前的帧率和每帧所消耗的时长。

图9.25　可执行文件运行时的画面

　　我们可以通过手柄上的按钮切换Debug信息，图9.26所示的是切换到Lighting相关的Debug信息。

　　通过在运行时实时查看HDRP提供的Debug信息，我们可以对程序实际运行情况进行深入分析，从而快速有效地找到可能存在的问题。

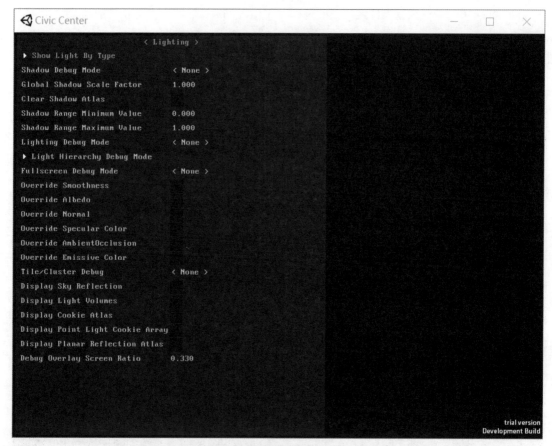

图9.26 通过手柄切换Debug信息显示

9.7 本章总结

HDRP VR除了可以支持Windows Mixed Reality平台，还可以支持其他主流VR平台，比如Oculus、HTC Vive、SteamVR及Playstation VR等。

本章介绍的HDRP VR开发方法可以让传统台式机VR摆脱画面质量低下的境况，真正进入高清渲染画质的时代。随着移动VR如Oculus Quest的兴起，以及Unity对Vulkan的支持，HDRP VR在不久的将来也会支持移动VR设备，让玩家在移动设备上也能有逼真的沉浸式体验。

除了前面8章介绍的HDRP开发方法，我们也可以使用HDRP提供的Custom Pass为游戏或者应用添加更多炫酷的效果。

第10章

HDRP Custom Pass应用

10.1　摘要

本章我们通过实例来学习Custom Pass的使用方法。Unity编辑器拥有完整的Shader编程功能，可以让我们为场景添加各种能想象得到的效果。可以通过Custom Pass（自定义Pass）将着色器或者C#脚本注入渲染管线中的某个阶段，通过控制着色器和C#代码获取相机的深度缓冲、颜色缓冲或者法线缓冲信息，从而控制场景中的物体渲染和进行全屏幕后处理。通过对实例的学习，我们可以了解基本的Custom Pass使用方法，为制作我们自己的Custom Pass效果打下坚实的基础。

表10.1所示的两张图是未应用和应用了Custom Pass以后的渲染效果对比。

表10.1　应用Custom Pass前后的渲染效果对比

未应用Custom Pass	应用了Custom Pass

10.2　Custom Pass实例解析

打开Sponza_HDRP项目中的Sponza_CustomPass场景，我们将使用此场景进行实例讲解。

10.2.1　实例讲解1

目前场景中有一个禁用的Custom Pass Complete，这是最终完成的Custom Pass。如果我们启用Custom Pass Complete这个物体，最终效果会显示在Game窗口和Scene窗口。

从表10.2可以看到，禁用和启用Custom Pass前后，场景中骷髅头模型的材质效果对比（启用Custom Pass以后，场景中所有骷髅的材质都被替换成带动画的发光材质）。

表10.2　禁用/启用Custom Pass对模型材质表现的影响

禁用Custom Pass	启用Custom Pass
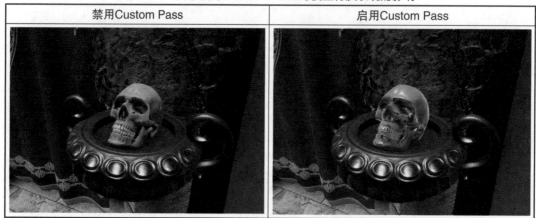	

通过以下步骤我们来了解Custom Pass的使用方法。

步骤1：通过菜单 GameObject→Volume→Custom Pass创建一个Custom Pass Volume。

Custom Pass也是用Volume框架对各项设置进行管理的。如图10.1所示，可以在Custom Pass Volume中选择两种模式：Global或者Local。

图10.1　Custom Pass Volume组件的两种模式

这两种模式与普通Volume中两种模式的使用方法基本相同。在Global（全局）模式下Custom Pass影响整个场景。在Local（本地）模式下我们需要额外添加一个碰撞体用于碰撞测试，只有当场景中的相机与带碰撞体的Custom Pass Volume物体发生碰撞时，Custom Pass才会影响整个场景。

但Custom Pass的Volume框架和之前详细描述过的Volume框架有以下区别：

（1）无法对Custom Pass像对普通Volume一样进行混合。如果有多个重叠的Custom Pass，拥有最小Bounding Volume的Custom Pass Volume会被执行，其他Custom Pass则会被忽略。

（2）Custom Pass的数据不像普通Volume那样被保存在HDRP配置文件中，而是被保存在当前Custom Pass Volume的GameObject中。

步骤2：按照图10.2所示选择Injection Point（注入点）。

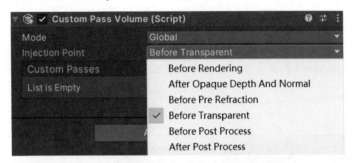

图10.2　在Custom Pass Volume组件中选择注入点

这里我们可以选择一个注入点以执行Custom Pass上的逻辑。图10.2中所示的6个注入点按照从上到下的顺序执行。在每一个点我们可以读写某些缓冲（buffer）数据，我们也知道每一个注入点开始执行Custom Pass逻辑之前已经渲染好了什么物体。

表10.3参考自HDRP官方文档（版本更新可能导致此处信息也会被更新）：https://docs.unity3d.com/Packages/com.unity.render-pipelines.high-definition@7.4/manual/Custom-Pass.html。

表10.3　所有注入点的描述

注入点	可获取到的缓冲（buffer）	描述
Before Rendering	Depth（可写）	1. 发生在Depth clear阶段之后 2. 你可以在这里写入深度缓冲，这样通过Z-Tested的不透明物体就不会被渲染。可用于移除部分物体 3. 在这里也可以清除自己分配的缓冲或者自定义缓冲
After Opaque Depth And Normal	Depth (可读写) Normal+roughness（可读写）	1. 缓冲中包含所有的不透明物体 2. 在这里你可以修改法线（Normal）、粗糙度（Roughness）和深度缓冲，光照信息和Depth Pyramid会被加入计算中 3. 法线和粗糙度信息被保存在同一个缓冲中，可以使用DecodeFromNormalBuffer和EncodeIntoNormalBuffer这两个方法来读/写法线和粗糙度信息

续表

注入点	可获取到的缓冲（buffer）	描述
Before Pre Refraction	Color（无Pyramid，可读写） Depth（可读写） Normal + roughness（可读）	1. 缓冲中包含所有不透明物体和天空 2. 可以通过这个注入点渲染你想要包含在折射中的透明物体 3. 透明物体将会被包含在计算折射时使用的Color Pyramid中
Before Transparent	Color（有Pyramid，可读写） Depth（可读写） Normal + roughness（可读）	1. 在此可以采样计算透明物体折射时所用的Color Pyramid 2. 可以使用采样所得的信息做模糊处理。不过在此处渲染的物体不会被保存到Color Pyramid中 3. 也可以在此渲染一些用于对场景进行折射的透明物体（比如水）
Before Post Process	Color（有Pyramid，可读写） Depth（可读写） Normal + roughness（可读）	缓冲中包含当前画面中的所有物体（在HDR模式下）
After Post Process	Color（可读写） Depth（可读）	此处的缓冲处于后处理完成的阶段。这意味着无法在此阶段完美渲染需要深度测试的物体 如果在此渲染需要深度测试的物体，就有可能会产生瑕疵

因为我们要把当前的骷髅头材质替换成透明材质，所以可以选择Before Post Process或者Before Transparent注入点。

步骤3：因为我们想要替换在场景中筛选出来的模型材质，所以选择DrawRenderers-CustomPass作为Custom Pass的类型，如图10.3所示。

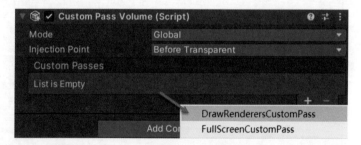

图10.3　选择DrawRenderersCustomPass作为Custom Pass的类型

之后可以看到如图10.4所示的DrawRenderersCustomPass选项。

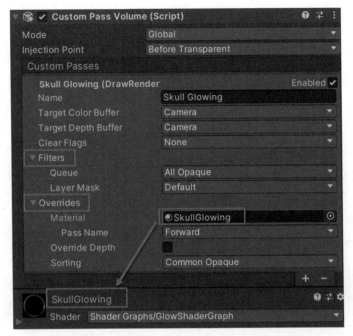

图10.4　DrawRenderersCustomPass的参数选项

（1）Name：在此为Custom Pass命名。这个名称在Debug时会作为标记名（Marker）出现在Profiler界面中。

（2）Target Color Buffer：默认为写入当前Camera（当前场景中的相机）的颜色缓冲中。也可以选择Custom或者None。可以通过HDRP配置文件启用Custom缓冲以及配置相关格式，如图10.5所示。然后在着色器中对其进行采样并使用这些信息。

图10.5　在HDRP配置文件中启用Custom缓冲以及配置相关格式

（3）Target Depth Buffer：默认为写入当前Camera的深度缓冲中。也可以选择Custom或者None。

（4）Clear Flags：在此选择不清除（None），还是清除颜色信息（Color），清除深度信息（Depth）或者清除全部信息（All）。

（5）Filters（过滤器）：在此处设置条件，选择需要替换材质的物体。

- **Queue**：通过这里的标签选择我们需要影响的材质。因为我们的骷髅头模型使用的是不透明材质，所以选择All Opaque。
- **Layer Mask**：用于选择场景中物体所在的Layer。如表10.4的对比效果所示，因为我们要影响的骷髅头模型的Layer为Skull，所以将Layer Mask设置为Skull。

表10.4　将骷髅头模型的Layer Mask设置为Default和Skull时的渲染效果对比

将Layer Mask设置为Default	将Layer Mask设置为Skull
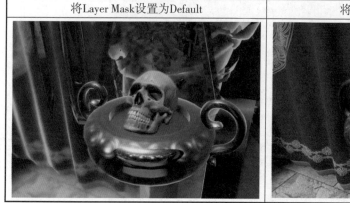	

（6）**Overrides**：在此选择用于重写的材质信息。

- **Material**：关联一个材质用于替换通过Filters条件找到的材质。我们在此关联了一个在Project窗口的Materials→Custom Pass文件夹下的SkullGlowing材质。SkullGlowing材质关联的着色器是一个用Shader Graph制作的自定义发光着色器（着色器名为GlowShaderGraph）。
- **Pass Name**：因为所有的不透明（Opaque）物体都是在Forward pass中被渲染，所以我们在此选择Forward（注：如果你在HDRP配置文件中设置了Deferred模式，则要选择Both以支持Forward模式）。
- **Override Depth（重写深度）**：如果你要渲染只通过Custom Pass渲染的物体，那么要打开这个选项并选择Less Equal（如图10.6所示），这样不透明物体的信息才能被写入深度缓冲中，然后被正确渲染。

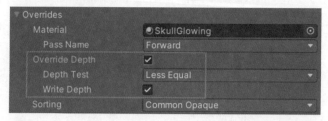

图10.6　Overrides中的Override Depth选项及相关参数

- Sorting：选择排序的方式，默认为Common Opaque。

10.2.2 实例讲解2

选择场景中的Custom Pass Local物体。此Custom Pass Volume的设置与实例1中的设置有几点不同：

（1）Mode被设置为了Local（本地），因此添加了一个Box Collider。

（2）在Local模式下多了一个Fade Radius选项，默认数值为0，单位为m。如果设置为0，就意味着只要相机一离开Custom Pass Volume关联的Box Collider，Custom Pass就会失效。如果设置为大于0，比如3m，那么相机离开Box Collider大于3m时，Custom Pass才会失效。

（3）Overrides中的Material被设置为Red_Material（就是一个简单的红色Lit材质）。

如图10.7所示，我们可以在Scene窗口看到，Box Collider的影响区域就在Timeline相机动画的移动路径上。

图10.7 本地模式的Custom Pass的Box Collider显示在Scene窗口

单击播放按钮，可以看到在左侧Scene窗口中，当相机进入Box Collider时，右侧Game窗口中的骷髅头变成红色（实际上是场景中所有Layer为Skull的骷髅头模型的材质都会被替换成红色材质）。当相机离开Box Collider时，右侧Game窗口中的骷髅头恢复为原来的颜色（替换为原来的材质）。

注：表10.5的左侧为Scene窗口中的画面，右侧为Game窗口中的画面。

表10.5 相机进入和离开Custom Pass Volume关联的Box Collider时骷髅头模型的材质变化

相机进入Custom Pass Volume关联的Box Collider	相机离开Custom Pass Volume关联的Box Collider

10.3 如何查看Custom Pass的渲染阶段

通过菜单Window→Analysis→Frame Debugger打开Frame Debugger窗口，我们可以在Frame Debugger窗口查看渲染每一帧画面的整个过程。

打开Frame Debugger窗口以后，可以通过左上角的Enable按钮启用它。如图10.8所示，可以在左侧列表中找到Skull Glowing这个Custom Pass，然后在Game窗口查看具体的渲染情况。

Frame Debugger工具的具体使用方法请参考Unity官方文档。

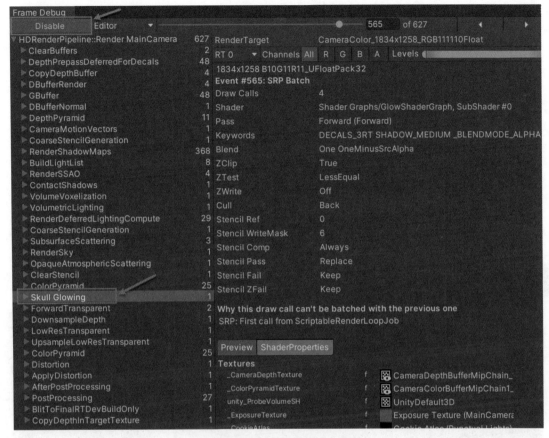

图10.8　Frame Debugger窗口

10.4　本章总结

本章中介绍的Custom Pass的使用方法只是冰山一角，更多的使用方法和它能够实现的效果需要大家在实践中去发现。

下一章，将为大家详细介绍Unity 2020.3 LTS版本中提供的实时光线追踪技术，帮助大家理解和应用这项颠覆性的渲染技术。

第11章
HDRP实时光线追踪项目应用

11.1 摘要

本章我们一起来学习Unity 2020.3 LTS版本中的实时光线追踪功能（注：本章中的所有截图均来自Unity 2020.3 LTS版本，HDRP版本为10.4）。

我们使用Unity 2020.3 LTS版本中提供的HDRP模板项目进行光线追踪功能的演示，模板项目的截图如图11.1所示。

图11.1　Unity 2020.3 LTS中的HDRP模板项目

11.1.1　运行光追应用所需的软硬件

要跟着本章内容进行Unity实时光线追踪技术的学习，你首先需要一台符合以下软硬件配置要求的电脑（台式机或者笔记本均可）。

完全支持实时光追功能的GPU：

- NVIDIA GeForce RTX 30系列显卡
- NVIDIA GeForce RTX 2060、RTX 2060 Super、RTX 2070、RTX 2070 Super、RTX 2080、RTX 2080 Super、RTX 2080Ti和NVIDIA TITAN RTX
- NVIDIA Quadro RTX 3000（仅限于笔记本电脑）、RTX 4000、RTX 5000、RTX 6000、RTX 8000

部分支持实时光追功能的GPU：

- NVIDIA GeForce GTX

  ○ Turing generation，GTX 1660 Super、GTX 1660 Ti
  ○ Pascal generation，GTX 1060 6GB、GTX 1070、GTX 1080、GTX 1080 Ti

- NVIDIA TITAN V
- NVIDIA Quadro，P4000、P5000、P6000、V100

（注：运行光追功能之前，先把显卡驱动升级到最新版本。）

操作系统方面，需要将Windows10版本升级到1809及以上，并且Windows必须支持DirectX 12 API。

11.1.2　Unity光追功能在编辑器中的位置

通过前面10章的学习，大家自然地会问：这些光追功能是不是都存在于Volume重载中？答案是：大部分光追功能存在于Volume重载中。下面我们先总体了解一下目前Unity提供了哪些光追功能。我们按照这些功能所在的位置给它们做个分类。

11.1.2.1　Volume重载Lighting组中的光追功能

存在于Volume重载的Lighting组中，如图11.2所示。

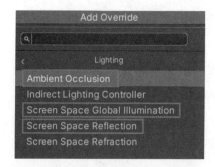

图11.2　Volume重载列表中Lighting组中包含的三个光追功能

当把这三个重载添加到Volume组件中后，在默认状态下HDRP使用光栅化算法，如图11.3所示。

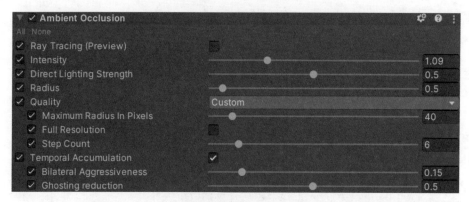

图11.3　默认使用光栅化算法的Ambient Occlusion重载

勾选Ray Tracing（Preview）右侧的复选框，启用Ambient Occlusion（环境光遮蔽）相关的光追算法，如图11.4所示。可以看到，光追算法和默认使用的光栅化算法的参数有很大的不同。

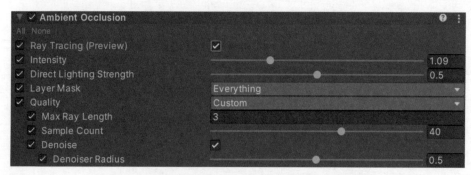

图11.4　启用光追算法的Ambient Occlusion重载

Screen Space Global Illumination（屏幕空间全局光照）和Screen Space Reflection（屏幕空间反射）这两个重载的用法与环境光遮蔽重载的用法一致。接下来我们详细讲解这三个光追功能的用法。

11.1.2.2 Volume重载Ray Tracing组中的光追功能

该光追功能存在于Volume重载的Ray Tracing组中，如图11.5所示。

图11.5 Volume重载列表中Ray Tracing组中包含的光追功能

这里的所有重载都是针对光追算法的，比如SubSurface Scattering可以将场景中使用屏幕空间次表面散射算法的物体，替换成使用光追算法来计算次表面散射效果，从而获得更逼真的效果。

下面通过实例为大家详细讲解这些重载的用法。

11.1.2.3 光追屏幕空间阴影

第三个重载是针对屏幕空间阴影的。可以在Light组件的Shadows阴影设置界面找到这些选项，如图11.6所示，这里显示的是Directional Light（平行光）的屏幕空间阴影以及相关的Ray Tracing选项。

接下来我们通过HDRP模板工程，来一步一步理解如何使用Unity HDRP中的实时光线追踪功能，从而将这些技术应用到自己的项目中去。

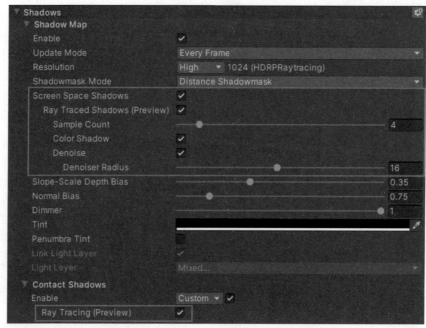

图11.6 Directional Light（平行光）的屏幕空间阴影和相关Ray Tracing选项

11.2 配置HDRP光追项目

要让上述光追功能起作用，需要先完成以下设置步骤：

- 将普通HDRP项目升级到支持光追的HDRP项目。
- 进一步设置HDRP配置文件（HDRP Asset）启用相关的光追功能。
- 在HDRP Default Settings（默认帧设置）界面启用相机Frame Settings（帧设置）中的光追功能。
- 在Scene窗口打开相机的抗锯齿功能并启用刷新设置。

在执行上述配置步骤之前，需要先通过Unity Hub创建一个最新的HDRP模板项目。可以在Hub中选择使用Unity 2020.3 LTS版本新建一个项目，然后在创建新项目界面选择使用High Definition RP模板完成创建过程。

11.2.1 将普通HDRP项目升级到支持光追的HDRP项目

Unity HDRP自带一个非常方便的一键配置界面。可以通过顶部菜单Window→Render

Pipeline→HD Render Pipeline Wizard打开配置界面来为当前项目进行具体的HDRP配置。

如图11.7所示，当前项目是一个普通HDRP项目，不支持HDRP+VR和HDRP+DXR（也就是支持光追功能的HDRP项目）。

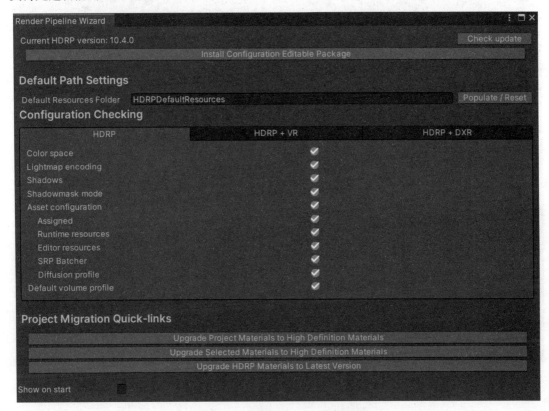

图11.7 普通HDRP项目配置

可以切换到HDRP+DXR界面，单击Fix All按钮一键完成配置操作（或者单击右下角单独的Fix按钮逐项修复配置），如图11.8所示。

单击Fix All按钮让HDRP完成配置过程。HDRP完成配置后会让我们重启Unity编辑器，如图11.9所示。

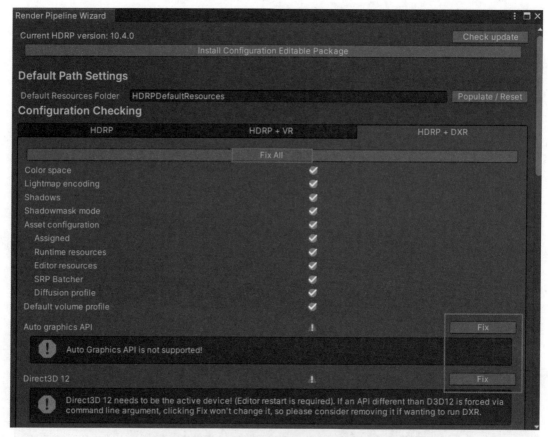

图11.8　未完成配置之前的状态

图11.9　配置完成后提示重启Unity编辑器

上述操作会修复Unity项目所用的Color Space（颜色空间），增加对Direct3D 12的支持等，这样我们就可以在项目中应用当前HDRP所支持的光追功能了。

重启Unity后，我们可以看到HDRP+DXR界面中的选项大多数都是绿色打勾状态了，如图11.10所示。

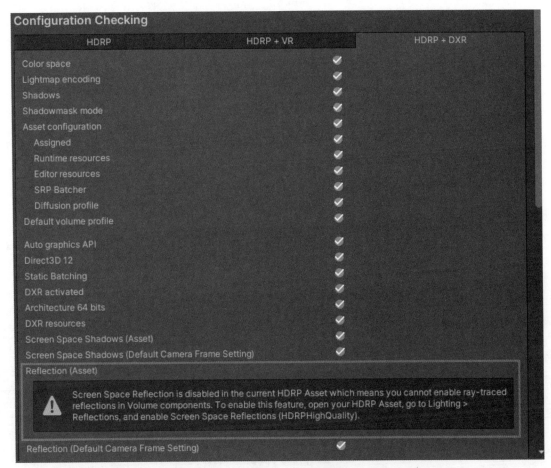

图11.10　配置HDRP+DXR完成，但是屏幕空间反射功能还未启用

　　不过还有部分选项下面有黄色的提示信息，告诉我们某些光追功能还没有在HDRP配置文件中启用，比如Reflection（Asset）下的提示信息。该提示信息告诉我们：没有启用HDRP Asset（HDRP配置文件）中的Screen Space Reflection（屏幕空间反射）功能，因此无法在Volume组件中启用使用光追算法的屏幕空间反射功能。

11.2.2　进一步设置HDRP配置文件（HDRP Asset）启用相关的光追功能

　　在设置HDRP配置文件之前，我们首先要搞清楚在当前项目中起作用的HDRP配置文件到底是哪一个。可以在Project窗口中的Settings文件夹下找到三个HDRP配置文件，如图11.11所示。

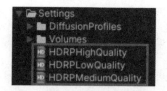

图11.11 Project窗口中的3个HDRP配置文件

在第3章中，我们详细解释过，如果在Project Settings→Quality中指定了一个质量设置，而这个质量设置也关联了一个HDRP配置文件，那么不管在Project Settings→Graphics界面上的Scriptable Render Pipeline Settings参数中关联的是哪一个HDRP配置文件，当前项目都会使用在Quality（质量）设置界面中关联的HDRP配置文件，如图11.12所示。

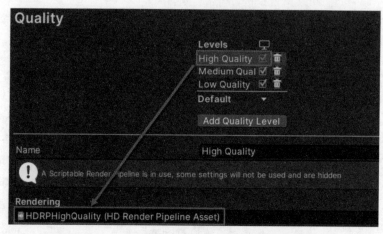

图11.12 在Quality界面中关联的HDRP配置文件

通过图11.12所示的Quality设置界面，我们可以确定当前使用的HDRP配置文件就是HDRPHighQuality。因为我们在单击11.2.1节中步骤中的Fix All按钮时，所使用的HDRP配置文件就是HDRPHighQuality，所以在修复步骤中修复的其实就是这个名为HDRPHighQuality的HDRP配置文件。

再次打开HD Render Pipeline Wizard界面，可以看到目前出现提示信息的选项跟两个地方有关系。如图11.13所示，红色箭头指示我们要去Asset也就是HDRP配置文件中修改相应配置信息；紫色箭头指示我们要去Default Camera Frame Setting，也就是HDRP Default Settings界面去修改相应配置信息。

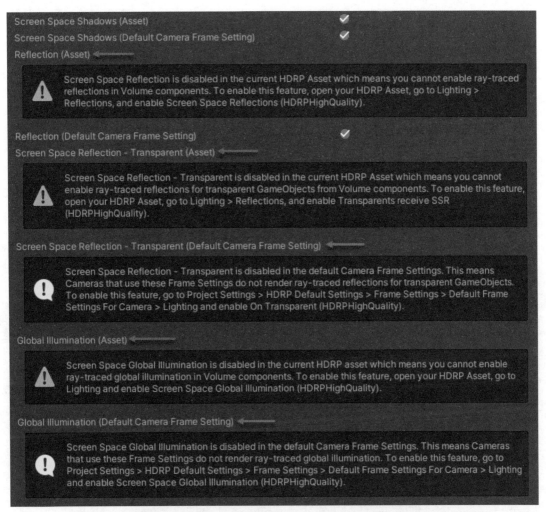

图11.13　修复配置以后HD Render Pipeline Wizard界面中还存在的提示信息

　　接着在Project Settings界面的Quality菜单下找到HDRP菜单，然后选择HDRPHighQuality，可以看到在Rendering下的Realtime Raytracing选项已经被勾选启用，如图11.14所示。这表明目前所用的HDRP配置文件已经支持光追功能了。

　　如图11.15所示，我们可以在配置文件的Lighting组中启用Screen Space Global Illumination和Screen Space Reflection选项（如果你想让屏幕空间反射功能支持透明物体，就要勾选下面的Transparent选项）。

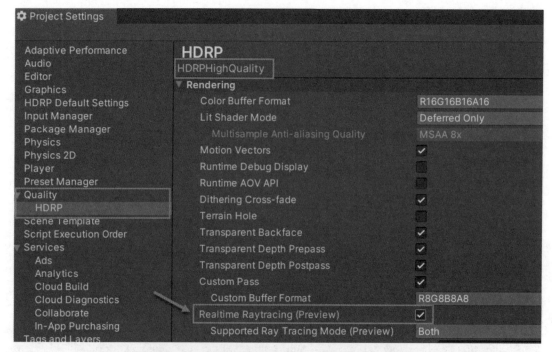

图11.14 在HDRP配置文件中已经启用光追功能

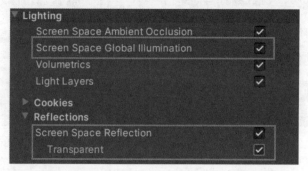

图11.15 在HDRP配置文件中启用屏幕空间全局光照和屏幕空间反射功能

勾选启用上述两项光追功能后，如图11.16所示，再次打开HD Render Pipeline Wizard界面，可以看到只剩下两个提示信息了。

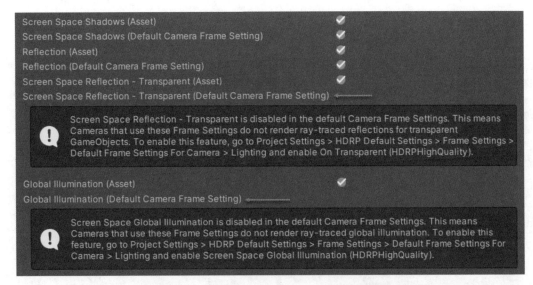

图11.16　HD Render Pipeline Wizard界面

11.2.3　在HDRP Default Settings界面启用相机的Frame Settings中的光追功能

现在我们到HDRP Default Settings界面检查，在相机的默认帧设置中是否启用了所有光追功能，如图11.17所示。

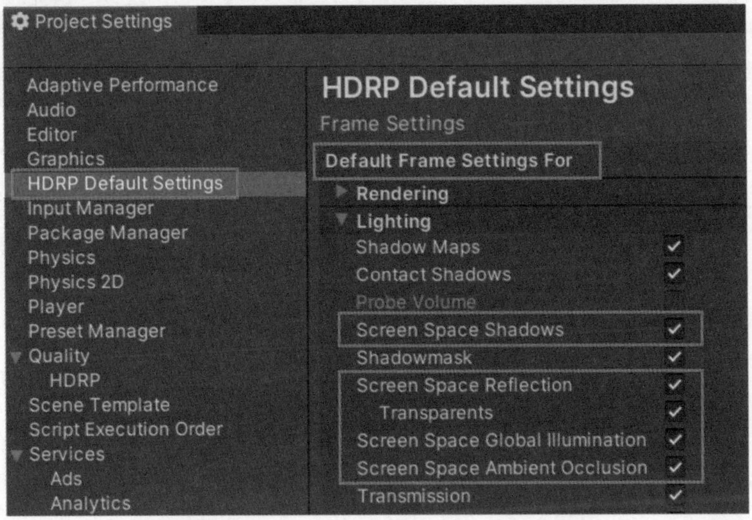

图11.17　HDRP Default Settings界面

从图11.18可以看到，目前HDRP支持的光追功能已经全部启用。打开HD Render Pipeline Wizard界面，也可以看到HDRP+DXR页下所有选项都是绿色打勾状态了。

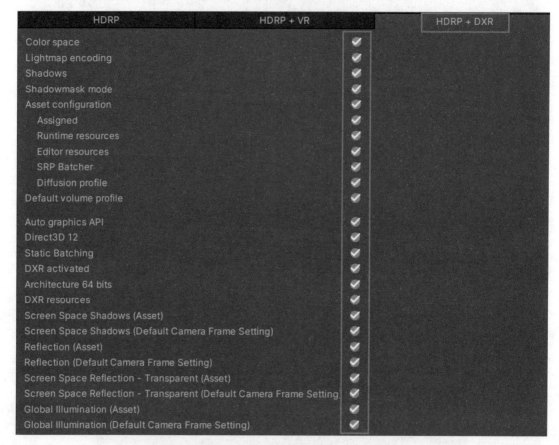

图11.18　完成全部配置的HDRP+DXR项目

当然，在这里启用所有的光追功能是因为要演示这些功能。在实际项目中，需要兼顾效果和性能来决定到底使用哪些光追功能，并不需要全部启用。

11.2.4　在Scene窗口打开相机的抗锯齿功能和启用刷新设置

最后，我们要在Scene窗口把场景中相机的抗锯齿选项设置为TAA，如图11.19所示。

然后启用Always Refresh（持续刷新）选项，如图11.20所示。

启用上述两个选项后，在Scene窗口显示的画面质量和Game窗口显示的画面质量就同步了。

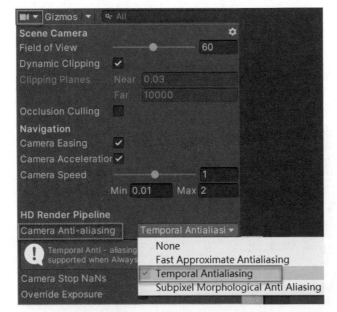

图11.19 Scene窗口中的相机设置　　　图11.20 启用Scene窗口中的持续刷新选项

11.3 光追功能的使用方法

这一节我们详细讲解每个光追功能的具体使用方法。在对HDRP模板场景应用具体光追功能之前，我们需要先在Hierarchy窗口的根目录下创建一个空的Game Object并命名为Raytracing_Volume，然后在上面添加Volume组件，最后单击Volume组件中Profile参数框右侧的New按钮，完成Volume Profile资源的创建，具体设置如图11.21所示。当然，如之前所述，创建这个新的Volume并不是必须的。我们也可以在原先的全局模式的Volume上添加相关光追功能。这里单独创建新的Volume只是为了便于演示。

图11.21 在空的GameObject上创建与光追相关的Volume组件

11.3.1 环境光遮蔽

在之前的章节中有针对环境光遮蔽的详细讲解，这里我们主要来看一下光追版本的环境光遮蔽能给我们带来的效果提升。

如图11.22所示是启用光追版本的环境光遮蔽效果以后Volume重载参数，和光栅化版本的参数很不一样。

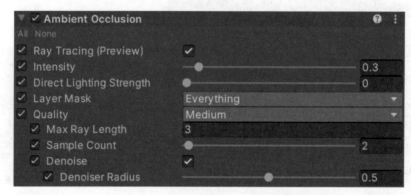

图11.22　环境光遮蔽Volume重载参数

因为环境光遮蔽效果在场景中并不明显，而且我们也不能把Intensity强度调得过大，以防场景中出现大块的黑色区域，所以要看它的效果，必须依赖HDRP提供的Debug窗口。

我们可以通过Window→Render Pipeline→Render Pipeline Debug菜单打开如图11.23下半部分所示的Debug窗口。在Debug窗口中将Lighting→Fullscreen Debug Mode设置为ScreenSpaceAmbientOcclusion。启用环境光遮蔽的Debug模式以后，就可以看到，图11.23的上半部分场景变成了黑白色，箭头所指的位置是HDRP为场景添加的环境光遮蔽效果。

下面我们来看看具体的参数（在以下描述中我们将环境光遮蔽简称为AO）。

● **Ray Tracing（启用/禁用光追功能）**：如果勾选就启用光追算法。默认不勾选，此时使用的是光栅化算法。

我们可以通过表11.1中的截图来对比了解光栅化算法的不足之处。

图11.23　通过HDRP的Debug窗口观察全屏环境光遮蔽效果

表11.1　使用光栅化算法时，HDRP无法为不在画面中的物体生成正确的AO

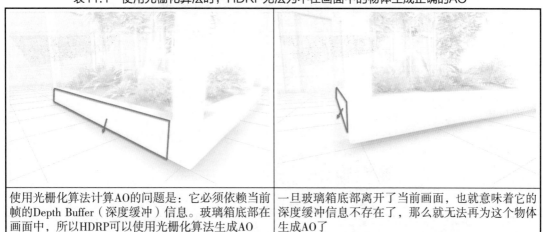

使用光栅化算法计算AO的问题是：它必须依赖当前帧的Depth Buffer（深度缓冲）信息。玻璃箱底部在画面中，所以HDRP可以使用光栅化算法生成AO	一旦玻璃箱底部离开了当前画面，也就意味着它的深度缓冲信息不存在了，那么就无法再为这个物体生成AO了

使用光追算法的环境光遮蔽就不会有上述问题。

- Intensity（强度）：用于控制AO的强度。AO是一种细微的效果，所以通常不需要把强度调得很大，而且把强度调大也容易导致AO效果穿帮。
- Direct Lighting Strength（直接光照强度）：该参数用于控制AO接受直接光照的表面上的光照强度。
- Layer Mask：可以用这个参数来控制某些物体不参与AO的计算，不让它们为场景提供AO。
- Quality（质量设置）：在这里可以选择低、中、高三档预设的质量等级，Unity为这三档分别设置了预置参数。当然我们也可以选择Custom来自定义质量等级。

  - Max Ray Length（最大射线长度）：可用于控制参与AO计算的光追射线的长度，单位为m。

    该参数的值越大，AO光追算法找到的物体越远，环境光遮蔽的效果也就越强，当然也越消耗性能。

    如果你已经通过光照烘焙获得了不错的环境光遮蔽效果，则可以把Max Ray Length设置得小一些，比如1，这样可以得到一些无法通过光照烘焙获得的环境光遮蔽细节，同时也不会增加额外的性能开销。

  - Sample Count（采样数）：可用于控制AO算法的采样值。增大采样值可以让降噪功能把画面中AO的噪点尽可能地移除。

  - Denoise（降噪）：如果不启用降噪功能，那画面就没法看了。如表11.2所示，因为每一帧画面的采样都是随机生成的，如果不使用降噪算法就会导致画面显示非常不稳定。

表11.2　禁用/启用降噪功能时的画面对比

禁用降噪功能	启用降噪功能

  - Denoiser Radius：用于控制降噪滤镜的半径大小，增大此数值可以进一步减少噪点。

可见，光追算法的AO可以为我们提供更好的遮蔽效果。我们也可以对比表11.3中的两张截图得出这个结论（注意桌子下面和墙上的遮蔽效果）。

表11.3　光栅化算法AO和光追算法AO的效果对比

光栅化算法的AO	光追算法的AO
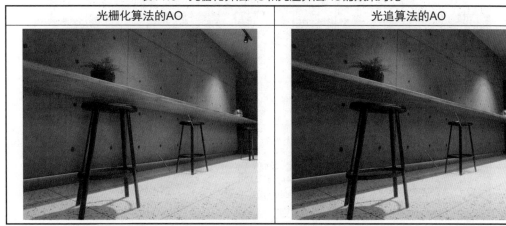	

11.3.2　屏幕空间反射

对于HDRP场景，系统会按照以下顺序为场景提供反射信息：屏幕空间反射→Reflection Probe（反射探针）→来自天空的反射。意思就是，物体表面会优先从屏幕空间反射获取反射信息，如果不存在屏幕空间反射信息，那么查看是否可以利用场景中的反射探针，如果反射探针也没有，最后才会使用来自天空的反射信息。

我们可以向Volume添加Screen Space Reflection重载（简称SSR）来为场景添加屏幕空间反射，如图11.24所示是SSR重载的参数。

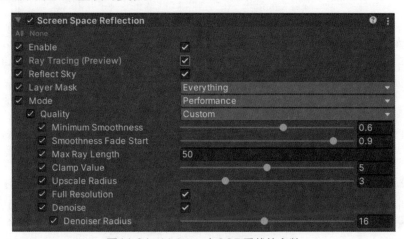

图11.24　Volume上SSR重载的参数

要使SSR在物体表面产生效果，还需要针对物体所关联的材质启用SSR这项功能，如图11.25所示。

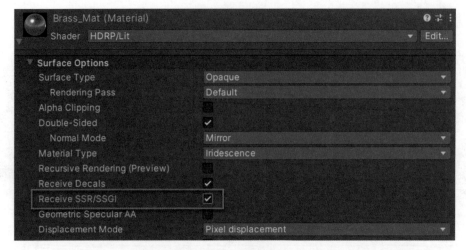

图11.25　要看到SSR效果，必须启用材质的Receive SSR/SSGI参数

下面我们通过一些实际的示例来了解SSR的各项参数。

● Reflect Sky（反射天空）：如果启用此选项，则HDRP会使用SSR处理来自天空的反射。

● 可以通过Layer Mask控制哪些物体会参与SSR的计算。计算SSR并不便宜，所以有时候可以通过设置Layer Mask参数来移除一些没必要参与SSR计算的物体。

● 可以选择Performance性能模式或者Quality质量模式。在该性能模式下，可以使用预设的低、中、高三个质量模式，也可以选择Custom来自定义质量模式。

● 对于屏幕空间反射算法，有两个很重要的参数：Minimum Smoothness（最小光滑度）和Smoothness Fade Start（反射开始消失的光滑度）。最小光滑度参数控制的是：当物体材质的Smoothness数值大于最小光滑度数值时，屏幕空间反射信息才会显示在物体表面。将这两个参数的数值调大，可以提升实时渲染的运行性能。本质上就是物体表面要很光滑，才能显示屏幕空间反射信息，也就减少了渲染工作量。

● Max Ray Length（最大射线长度）对于生成正确的反射信息非常重要。我们需要确保所用的射线长度足够长，这样才能射中场景中需要参与光追计算的物体。如果减小射线长度数值，则有可能导致漏光现象的发生。当然，射线过长也会影响性能。

● Clamp Value可以控制从光追射线返回的反射强度，提高此数值可以使SSR生成的反射增亮。如表11.4所示，Clamp Value数值越大，反射越亮。

表11.4　将Clamp Value设置得越大，地面上的圆球反射就越亮

Clamp Value = 0.5	Clamp Value = 10
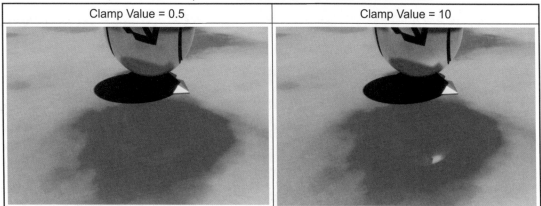	

- 禁用Full Resolution（全屏分辨率）选项可以提升运行性能，不过这样会增加SSR效果中所包含的噪点。
- 与环境光遮蔽效果一样，需要打开Denoise降噪选项，否则画面中会包含很多噪点。
- 如果要模拟镜子中的镜子中的镜子……的效果，需切换为Quality质量模式（因为在Performance性能模式下只会产生一次射线反弹，所以无法模拟多次反射的效果）。Quality模式下的参数设置如图11.26所示。

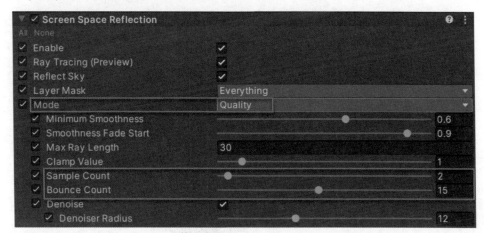

图11.26　SSR重载中的Quality质量模式及参数

- Sample Count（采样数）可用于控制SSR生成的反射质量。采样值越高，反射质量越好，性能消耗越大。
- Bounce Count（反弹次数）可用于控制生成SSR时所发生的反弹次数，这里设置为15。

● 在演示场景中，如表11.5所示，从左侧的图我们可以看到，在Unity圆球两侧各放了一面镜子，从右侧的图可以看到，蓝色镜子中出现了许多次黄色镜子的反射。

表11.5　模拟镜子的多次反射效果

最新的光追版本的屏幕空间反射也支持透明物体的反射，比如玻璃或者水面。如图11.27所示，我们可以清晰地看到这个透明方块表面上的屏幕空间反射效果。

图11.27　透明物体表面的SSR反射效果

如果想看到图11.27所示的透明物体表面上的SSR效果，还需要启用透明物体材质的SSR功能，如图11.28所示。

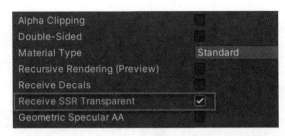

图11.28　启用材质的SSR功能以支持透明物体表面的屏幕空间反射

从性能的角度来看，屏幕空间反射并不是非常经济。不过它可以为场景中的物体表面提供很好的反射效果。相比基于反射探针的反射效果，屏幕空间反射可以为我们提供更准确的反射信息，不会有因为反射探针的位置局限性导致的反射不够准确的问题。

这时大家可能会问一个问题：如果使用了屏幕空间反射，那么还有必要使用反射探针吗？

答案是：屏幕空间反射是一个很好的补充，但是反射探针因为性能较好，所以可以继续使用，这两者并不是互相排斥的。

11.3.3　屏幕空间全局光

与AO和SSR的用法一样，我们需要为场景中的Volume组件添加屏幕空间全局光（简称SSGI）的重载以启用此功能。另外，还要针对需要参与SSGI计算的物体材质启用Receive SSR/SSGI选项。

图11.29所示为未启用光追SSGI算法时的Volume重载参数。这时使用的是光栅化算法的SSGI效果，它会在烘焙光照贴图的基础上，再叠加一层由屏幕空间全局光算法得到的全局光信息。

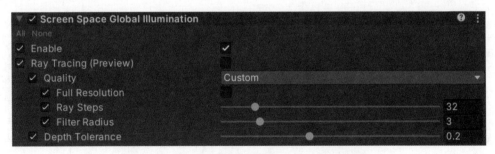

图11.29　光栅化算法SSGI的Volume重载参数

如果我们启用光追算法的SSGI，会有更多的参数，如图11.30所示。

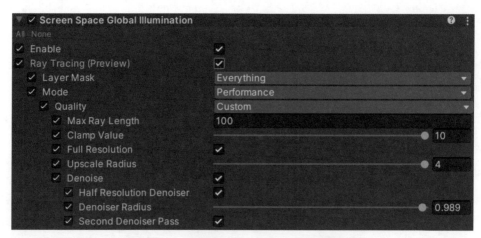

图11.30　光追算法SSGI的Volume重载参数

我们知道，在当前的示例场景中存在从光照烘焙所获得的全局光信息。这些全局光信息以光照贴图的形式被保存下来并被应用到了场景中的静态物体上。但是当我们启用了光追算法SSGI以后，通过光照贴图获得的全局光就没有用了！画面中的全局光将会全部来自于通过实时计算获得的光追屏幕空间全局光。

我们来详细了解一下光追算法SSGI的各项参数。

● 与之前的环境光遮蔽和屏幕空间反射一样，Layer Mask可用于控制哪些物体会参与光追算法SSGI的计算。

● 如图11.30所示，选择了Performance（性能）模式。在性能模式下可以通过Quality选项选择低、中、高三档预置的质量模式，也可以选择Custom来自定义质量模式。

● Max Ray Length（最大射线长度）可用于控制在进行光追计算时所用射线的长度。这个长度越长，就越消耗性能。

● 如果你觉得在启用光追算法SSGI以后，整体画面偏暗，则可以把后面的Clamp Value数值调大，比如拉到最大值10。这样可以让光追射线返回更高强度的光照信息。不过把Clamp Value的数值设置得越大，噪点就可能越多。如果场景中存在平行光，则过大的Clamp Value数值也更容易造成平行光漏光现象。

● 如果启用Full Resolution（全分辨率）选项，那么系统会为屏幕上的每一个像素在每一帧中指定一条射线。如果没有启用，系统只会为每4个像素指定一条射线。

● 在Performance模式下，可以通过控制Upscale Radius这个半径值的大小，来控制HDRP计算全局光时使用的周边临近物体的数量。这个数值越大，计算全局光时考虑的周边物体的数量就越多，获得的全局光效果就会越好。

- 启用Denoise降噪算法是必须的，否则画面中就会布满噪点。我们可以尝试启用Half Resolution Denoise（半分辨率降噪）选项，也就是只在降噪算法中应用一半的当前画面分辨率进行计算。这样可以提高游戏运行性能，当然降噪的效果也会相应降低。
- Denoiser Radius（降噪半径）用于设置降噪算法所用的半径大小。半径越大降噪效果越好，当然也越消耗性能。
- 启用Second Denoise Phase（第二次降噪）选项可以在降噪完成以后再进行一次降噪处理，以提升降噪效果。
- 如果我们把模式切换到Quality质量模式，则可以看到如图11.31所示的两个在Performance性能模式下没有的参数：Sample Count（采样数）和Bounce Count（反弹次数）。

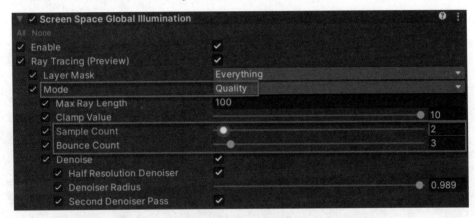

图11.31　在质量模式下的采样数和反弹次数参数

- 采样数可用于控制每一帧从每个像素发出的射线数量。增加这个数值可以提高全局光质量，但是运行时间会线性增加。
- 反弹次数可用于控制光追射线在物体表面的反弹次数。增加这个数值会让运行时间以指数级增加，所以增加反弹次数时一定要格外小心。

SSGI虽然能够替代通过烘焙光照贴图获得的全局光，而且不仅限于场景中的静态物体（SSGI也能为动态物体提供良好的全局光照），但是受限于当前的算法和硬件条件，SSGI还无法在不牺牲性能的情况下提供高质量的全局光。

11.3.4　Light Cluster的使用

Light Cluster不是一个像AO、SSR或者SSGI那样的光追功能。因为HDRP将场景中的灯光信息保存在了Light Cluster结构中，所以它是实现光追的反射、全局光照、递归式渲染和次表面散射功能必须用到的基础设施。

在计算光追效果时，如果光追射线与物体表面相遇，则我们需要知道周围空间中存在的灯光，这样才能将它们用于具体的光追计算。HDRP会在计算光追效果时，以当前相机的位置为中心点，在相机周围创建一个与坐标轴对齐的网格结构。这个网格结构由多个单元格组成，在每个单元格中保存了影响此区域的所有灯光信息。

在为场景添加Light Cluster这个Volume重载之前，我们首先需要至少在Volume上添加一个Screen Space Reflection重载、Screen Space Global Illumination重载、Recursive Rendering重载或者SubSurface Scattering重载。因为这些光追功能用到了Light Cluster，所以只有添加了相应的光追功能重载，才能让Light Cluster这个重载生效。

如图11.32所示，我们可以在HDRP Debug窗口的Lighting区域中，在Fullscreen Debug Mode（全屏Debug模式）下选择LightCluster选项，可视化地查看Light Cluster结构的情况。

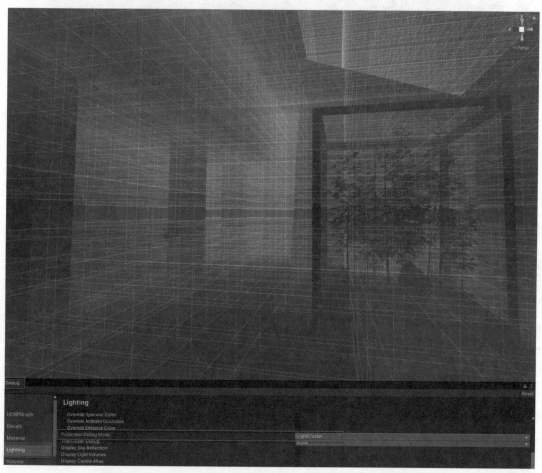

图11.32　在HDRP Debug窗口启用LightCluster全屏可视化模式

我们来看一下Light Cluster在Volume中的唯一参数：Camera Cluster Range。该参数可以控制Light Cluster网格结构边缘离开相机的最远距离（单位为m）。

那么这个Light Cluster的可视化和设置功能到底做什么用呢？为了回答这个问题，我们先在HDRP配置文件中找到Lighting→Lights→Maximum Lights per Cell (Ray Tracing)。在这里可以设置Light Cluster网格的每个单元格所能支持的最大灯光数量，最多可以设置为24（如图11.33所示）。

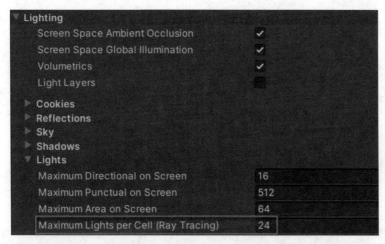

图11.33　Maximum Lights per Cell (Ray Tracing)设置

就是说，如果场景中的Light Cluster结构里每个单元格所包含的灯光数量超过了在Maximum Lights per Cell (Ray Tracing)中所设置的数值，那么HDRP在渲染的时候就有可能出错。

为了便于演示，为当前场景打开了屏幕空间反射效果。这里我们尝试把Maximum Lights per Cell设置为8。可以看到，图11.34中箭头所指的地方都有漏光现象。在Debug窗口把Fullscreen Debug Mode设置为LightCluster，可以看到，Scene窗口里的网格都是红色的，这显然是不对的。

回到Project Settings中的HDRP配置文件设置界面，把Maximum Lights per Cell设置为24，HDRP会自动退出Debug模式，这时可以看到两侧墙壁的漏光现象好了很多（如图11.35所示）。

图11.34　由于Maximum Lights per Cell设置不正确导致的漏光现象

图11.35　两侧和近处顶灯的漏光问题解决了

回到Debug窗口，再次把Fullscreen Debug Mode设置为LightCluster。这时可以看到所有单元格都变成了绿色（如图11.36所示）。

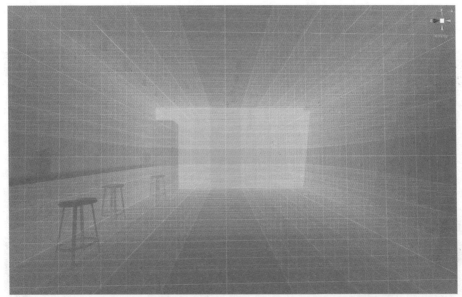

图11.36 在Debug模式下Light Cluster显示为正常的绿色

关闭Debug模式，可以观察到，在茶几那边的墙壁还有漏光现象（如图11.37所示）。

图11.37 远处茶几所在的地方还有漏光现象

如图11.38所示，可以尝试把镜头向前推动，也就是更靠近茶几的方向，可以看到茶几位置的漏光现象消失了。这是因为Light Cluster结构是以我们的相机位置为中心点而构建的。向前移动镜头就把茶几处的模型包含到了当前的Light Cluster中，HDRP就有了正确的Light Cluster信息，也就能够正确渲染从而解决漏光问题了。

图11.38 将相机往前推移靠近茶几的地方，漏光现象消失了

为了解决这个问题，我们可以查看Volume上Light Cluster重载的Camera Cluster Range数值。当前它被设置为10m，导致Light Cluster范围太小。可以尝试增大该数值到20，也就是增大Light Cluster网格结构的范围，然后漏光现象就消失了。

通过以上描述，我们可以总结如下：

- 当我们为场景打完灯光，需要知道Light Cluster中的每个单元格是否拥有正常数量的灯光时，可以为Volume添加Light Cluster重载，来可视化地查看和调节整个Light Cluster结构。如果单元格在Debug模式下显示为红色，表示此单元格中包含的灯光数量超过了在Maximum Lights per Cell (Ray Tracing)中设置的数值，是不正确的。这时可以通过提高Maximum Lights per Cell (Ray Tracing)的数值，或者调整场景中的光源数量和摆放位置，确保每个单元格中的灯光数量都在支持的范围之内，以保证渲染的质量。
- 另外，也可以用可视化的方式来动态调整Light Cluster结构的边界，以解决漏光这样的问题。

11.3.5　屏幕空间阴影

目前在实时渲染中广泛应用的阴影生成技术是使用Shadow Map来生成。Shadow Map本质上是从光源的视角渲染得到的带深度信息的纹理。

如果在HDRP配置文件中把阴影的过滤质量（Filtering Quality）设置为High，那么HDRP会使用PCSS（Percentage-Closer Softer Shadows）算法计算阴影。PCSS算法可以让离开光源越近的阴影边缘越清晰，离开越远越模糊。这可以很好地模拟真实世界中的阴影。具体效果如表11.6所示。

表11.6　当将灯光阴影的过滤质量设置为High时，HDRP使用PCSS算法计算阴影

在Project Settings界面将HDRP配置文件中的Filtering Quality（过滤质量）设置为High（高质量）。	离开光源近的阴影（绿色箭头所指）边缘清晰，离开光源较远的阴影（红色箭头所指）边缘模糊，而且离开光源越远阴影边缘越模糊。

不过因为PCSS算法对性能要求很高，所以通常我们会把阴影质量设置为中等，以提高渲染速度。但是把阴影过滤质量设置为Medium，阴影会变得很硬，失去了软阴影所带来的真实感。具体效果如表11.7所示。

表11.7　当将灯光阴影的过滤质量设置为Medium时，HDRP只能获得游戏质量的"硬"阴影

在Project Settings界面将HDRP配置文件中的Filtering Quality（过滤质量）设置为Medium（中等质量）。	不管阴影距离光源多远，阴影边缘都一样清晰可见（通常我们说这样的阴影很"硬"）。

我们再来看一下光追版本的阴影。我们可以在打开光追阴影的场景中看到，接近光源的阴影较为清晰，离开光源越远越模糊。具体效果如表11.8所示。

表11.8　通过光追算法获得的软阴影

在点光源的阴影设置中启用Ray Traced Shadows（光追阴影）	利用光追阴影可以准确模拟现实世界中的软阴影

除了能够渲染普通阴影，HDRP光追功能已经能够支持带颜色的阴影。对于传统的阴影，我们只有两种选择：有阴影或者没有阴影。光追颜色阴影为我们带来了更多选择，它可以让我们对场景中的透明物体，投射出感觉更加真实的颜色阴影。

目前的（HDRP 10.4.x版本）颜色阴影只有平行光可以支持，所以为了演示，我们把室内的咖啡桌模型复制一份放到示例场景的第一个房间，并制作一些简单的带透明材质的圆柱。如图11.39所示，目前的咖啡桌面是透明无色的，阴影就是一坨黑色。圆柱的阴影也都是黑色的。这是使用默认的Shadow Map方式渲染的阴影。

图11.39　使用默认的Shadow Map方式渲染的黑色阴影

要让透明物体支持带颜色的阴影，需要做以下几件事情：

（1）首先确保在HDRP配置文件中启用Screen Space Shadows功能（如图11.40所示）。可以在Lighting→Shadows中找到Screen Space Shadows选项并启用。

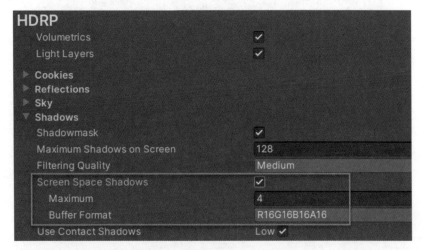

图11.40 HDRP配置文件中的Screen Space Shadows选项

（2）确保启用了相机的默认帧设置中的Screen Space Shadows（如图11.41所示）选项。这样场景中的相机才会支持屏幕空间阴影的渲染。

图11.41 在HDRP默认帧设置中启用Screen Space Shadows选项

（3）然后在场景中选择需要支持屏幕空间阴影的光源，在Light组件的Shadows部分启用Screen Space Shadows选项。目前只有平行光能支持颜色阴影，所以在其他光源类型中虽然有Screen Space Shadows选项，但是不存在Color Shadow选项。

如图11.42所示，选中场景中的平行光，分别启用Screen Space Shadows、Ray Traced Shadows、Color Shadow和Denoise选项。这样平行光就支持颜色阴影的渲染了。（这里要注意：颜色阴影是光追的一个功能，所以必须先启用Ray Traced Shadows这一项才能启用颜色阴影。）

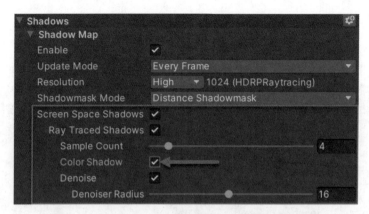

图11.42　在平行光的Light组件中启用颜色阴影功能

（4）最后，选择咖啡桌的圆形玻璃，确认材质设置界面中的Transparency Inputs下的设置正确：

- 将Refraction Model（折射模型）设置为Thin。选择Thin是因为咖啡桌面是个比较薄的平面。
- 将Index of Refraction（折射率）设置为1.5，也就是玻璃的折射率。
- 在Transmittance Color的颜色选择器中选择一个颜色，比如咖啡色。这时就可以看到咖啡色的阴影了。可以随意变换颜色，颜色阴影也会随之发生变化。

茶几玻璃桌面材质的折射参数设置如图11.43所示。

图11.43　茶几玻璃桌面材质的折射参数设置

图11.44所示是我们完成上述步骤以后获得的最终效果。

通过上述示例，我们可以看到，使用光追方式计算得到的阴影有了很大的质量提升。虽然目前（HDRP 10.4.x版本）颜色阴影还只支持平行光，但随着版本的迭代，以后会有越来越多的光源类型支持颜色阴影。

图11.44　颜色阴影的最终渲染效果

11.3.6　次表面散射

次表面散射效果也就是俗称的3S效果。它所要模拟的物理现象是，光线不仅仅会在物体表面发生散射，光线还会先折射到物体内部，接着在物体内部发生多次散射。最后，光线会从物体表面的某一点射出。图11.45中的(b)用简化的方式演示了次表面散射的过程。

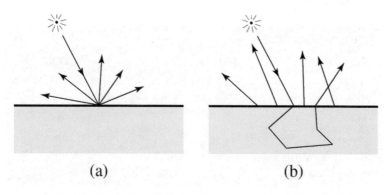

图11.45　左侧为不透明物体表面的反射；右侧为次表面散射

我们通过场景中的两个模型（如图11.46所示），来演示如何将一个石头材质的模型转变为翡翠材质。画面中左侧的模型是刚开始的样子，右侧为打开了光追次表面散射效果后的效果。

图11.46　右侧的翡翠材质模型原始状态为左侧的石头材质模型

要让光追的3S效果在模型上生效，第一步需要先把材质设置成HDRP默认的3S效果。HDRP默认的3S效果是基于屏幕空间计算出来的，效果也很不错。第二步要在Volume组件中添加SubSurface Scattering重载。可以在Add Override界面的Ray Tracing菜单中找到它。接下来我们就按照这两个步骤来完成光追次表面散射效果的制作。

（1）选择左侧石头材质的龙模型，如图11.47所示，将Material Type（材质类型）设置为Subsurface Scattering。

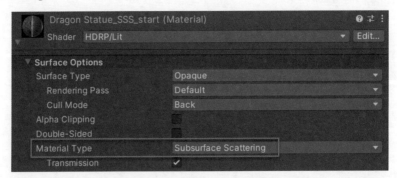

图11.47　将龙模型的材质类型设置为Subsurface Scattering（次表面散射）

如图11.48所示，可以看到模型变成了绿色，但是并不是我们想要的翡翠绿。不用担心，这是因为我们还没有为材质关联Diffusion Profile。

图11.48　还未关联Diffusion Profile的材质无法正确渲染次表面散射效果

（2）我们可以在材质界面的Surface Inputs中找到Diffusion Profile参数，如图11.49所示，单击Diffusion Profile参数输入框最右侧的小圆圈图标，在弹出界面中选择DragonStaue_SSS_Diffusion Profile这个预先配置好的Diffusion Profile资源。

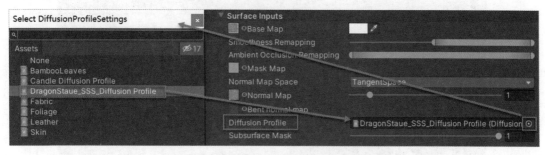

图11.49　为材质关联Diffusion Profile资源

如图11.50所示，可以看到，龙变成了翡翠绿色，这与刚才的绿色不同（刚才的绿色可以定义为"出错绿"，实际上是因为材质缺乏Diffusion Profile而报错了）。现在可以看到通过屏幕空间次表面散射算法获得的3S效果了。

图11.50 通过屏幕空间次表面散射算法获得的3S效果

屏幕空间次表面散射算法需要用到Diffusion Profile中的配置信息来进行具体的屏幕空间3S效果的计算。可以认为Diffusion Profile就是3S效果的配置文件。图11.51所示是这个Diffusion Profile的一些控制参数。

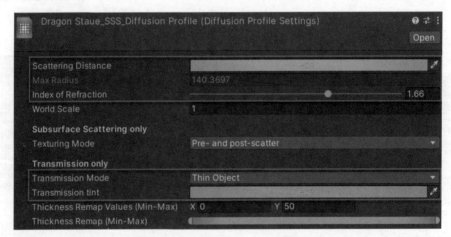

图11.51 Diffusion Profile参数

● 最上面的Scattering Distance（散射距离）用于控制光线射入表面的距离。单击打开右侧的颜色选择器，我们可以通过Intensity参数来控制光线射入表面的距离（如图11.52所示）。数值越大，光线射入表面越深，整个物体看上去内部更亮。

图11.52　Scattering Distance颜色选择器

- Max Radius（最大半径）数值反映的是散射距离。这一栏是只读的，无法进行编辑。
- Index of Refraction用于控制折射率。翡翠的折射率大约是1.66。
- 可以将Transmission Mode（传输模式）设置为Thick Object（有厚度的物体）或者Thin Object（比较薄的物体），HDRP在这里提供了预设值。
- Transmission Tint可以用来控制光线在物体内部传输时的着色。这里我们选择了绿色。

（3）现在的效果还达不到我们的要求，我们看一下这个材质的Base Map。如图11.53所示，因为之前是石头材质，所以Base Map并不是以翡翠绿为主色调。

要表现翡翠的绿色，需要处理一下这张图。在Photoshop中把它的主色调改成绿色。如图11.54所示，我们把改好的Base Map关联到材质上。

如图11.55所示，我们打开龙模型边上的点光源，此时就可以看到明显的3S效果了。不过目前的效果还不够好。利用光追版本的3S效果可以大大提升次表面散射效果。

图11.53 原始石头材质的Base Map

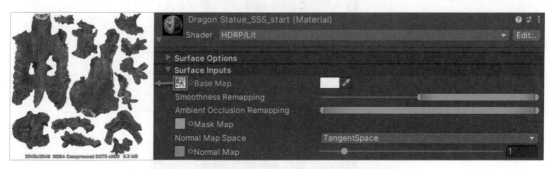

图11.54 翡翠材质以绿色为主色调的Base Map

图11.55 修改Base Map主色调为绿色以后的屏幕空间次表面散射效果

（4）要启用光追次表面散射效果，需要在Volume上添加光追SubSurface Scattering重载并启用它（如图11.56所示）。可以看到，次表面散射重载只有两个参数。

图11.56　光追次表面散射的Volume重载

启用光追次表面散射效果以后，如图11.57所示，3S效果更明显了。不过目前有很多噪点，这是因为现在的Sample Count（采样数）太少（只有1）所导致的。

图11.57　Sample Count（采样数）为1时的光追次表面散射效果包含很多噪点

可以尝试提高Sample Count到10，如图11.58所示，噪点几乎消失了。

启用和禁用SubSurface Scattering重载，就可以看到普通HDRP次表面散射效果和光追次表面散射效果之间的明显区别。需要注意的是，光追版本的次表面散射效果是比较耗费性能的，所以在产品中使用时一定要注意性能表现。

图11.58　将Sample Count（采样数）增加到10以后噪点几乎都消失了

11.3.7　递归式渲染

Recursive Rendering（递归式渲染）非常适合渲染包含多个层次的反射和折射效果的透明物体，比如汽车前大灯。要使用递归式渲染，需要为场景添加Recursive Rendering这个Volume重载（如图11.59所示）。

图11.59　Recursive Rendering递归式渲染的Volume重载

同时，需要启用支持递归式渲染的物体材质的Recursive Rendering选项。为了让反射效果更丰富，也可以打开Receive SSR Transparent（在透明材质上接受屏幕空间反射）选项。图11.60所示为针对物体材质的选项。

图11.60　启用Lit材质的递归式渲染和透明物体SSR选项

如图11.61所示，我们也可以在Shader Graph中启用Recursive Rendering选项。在Graph Settings界面中的Surface Option中可以找到Recursive Rendering选项。

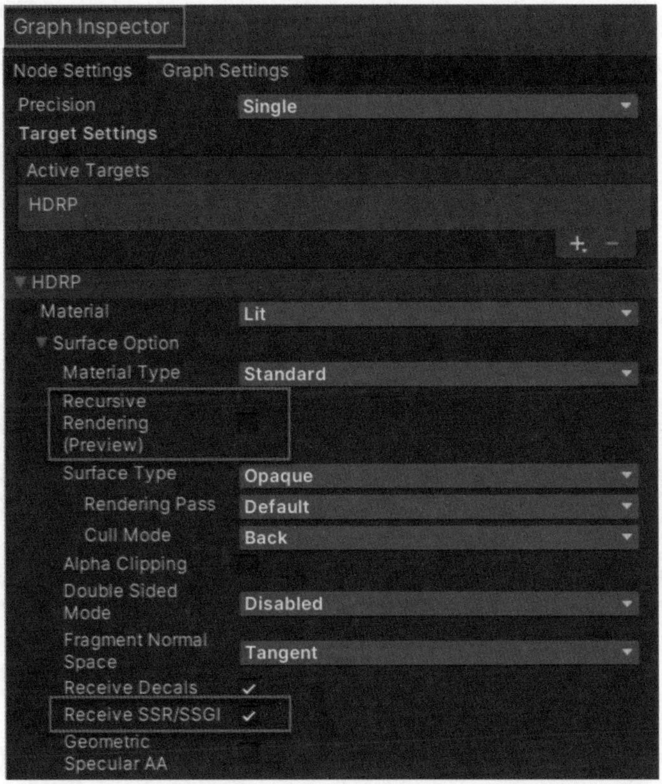

图11.61　Shader Graph界面中的Recursive Rendering和Receive SSR/SSGI选项

我们来看一下场景中所摆放的透明龙模型的效果。模型材质使用的是Lit着色器，材质的表面类型被设置为透明的，折射率被设置为1.55（水晶的折射率）。表11.9所示是在不同设置下物体的表面效果。

表11.9 在启用不同功能的情况下不同的物体表面效果

Recursive Rendering：未启用 Receive SSR Transparent：未启用	Recursive Rendering：未启用 Receive SSR Transparent：启用	Recursive Rendering：启用 Receive SSR Transparent：启用

模型上没有多次反射和折射以及屏幕空间反射效果	模型表面增加了一层来自周围的屏幕空间反射信息	产生了多次反射和折射，物体整体表现更加真实

我们来看一下Recursive Rendering的具体参数配置，如图11.62所示。

图11.62 Recursive Rendering的Volume重载参数

- Layer Mask用于控制哪些物体会参与递归式渲染的计算。
- Max Depth（最大深度）用于控制在计算光追射线的反射和折射时，反射和折射的最大次数。达到这个次数以后，HDRP会返回最终呈现在屏幕上的颜色。
- Ray Length（射线长度）可用于控制从当前相机射出的光追射线长度。该长度以m为单位。

如果当前相机和参与递归式渲染物体的距离超过了在这里设置的数值，光追射线将无法找到会与之发生碰撞的表面，这时就会直接返回天空的颜色，从而也就无法实现递归式渲染了。

我们可以通过表11.10来比较在设置了不同Ray Length的情况下物体表面发生递归式渲染的情况。

表11.10　在不同Ray Length下物体表面发生递归式渲染的情况

Ray Length = 1 因为相机到物体的距离超过1m，所以物体表面返回天空的颜色，龙模型上没有发生递归式渲染。	Ray Length = 20 因为相机到物体的距离在20m之内，所以龙模型上发生了正常的递归式渲染。

● Min Smoothness（最小光滑度）：参与递归式渲染计算的物体表面的光滑度必须大于在这里设定的数值，才会产生光追的反射效果。

虽然Recursive Rendering能为我们带来更为真实的反射和折射效果，使用方法也非常简单，但是该效果比较耗费性能，所以大家在使用的时候要谨慎。

11.3.8　路径追踪

Unity 2020版本提供了一站式的光追解决方案：Path Tracing（路径追踪）。Path Tracing光追算法会从相机射出射线，当射线遇到物体表面时会发生反射或者折射，它一直重复这个过程直到射线到达光源。这些从相机到光源，由一系列射线组成的路径就是Path Tracing里面的Path。

要使用Path Tracing算法进行光追计算，我们只要在Volume中添加Path Tracing重载即可。Path Tracing算法会用统一的方式计算所有支持的光追效果，比如软阴影、反射、折射、次表面散射等效果。不再需要使用反射探针和光照探针，只需要在场景中正确的位置摆放设置了正确物理光照值的光源即可。

如果启用了Path Tracing，之前我们介绍过的Ambient Occlusion（环境光遮蔽）、Screen Space Global Illumination（屏幕空间全局光）、Screen Space Reflection（屏幕空间反射）、Screen Space Shadows（屏幕空间阴影）、Recursive Rendering（递归式渲染）、SubSurface Scattering（次表面散射）等光追效果会被自动禁用。因为Path Tracing会用统一的方式生成所有这些效果。可以说Path Tracing就是一站式懒人光追方法。

我们来看一下Path Tracing重载的具体参数设置，如图11.63所示。

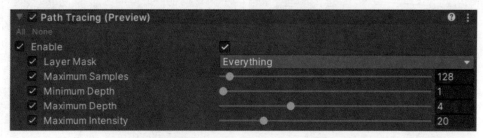

图11.63　Path Tracing在Volume组件上的重载

- Layer Mask用于控制哪些物体可以参与Path Tracing的计算。
- Maximum Samples（最大采样值）用于控制组成最终图像的帧数。这里设的数值越大，形成最终图像所需渲染的帧数越多，当然所需的时间也越长，不过画面效果越好。

  对应Maximum Samples参数，在Scene窗口和Game窗口的底部都有一条不那么明显的半透明进度条（如图11.64所示），通过该进度条可以查看当前已经生成了多少帧。可以尝试把采样值设置为128，这样下面进度条的移动速度会加快，但是最终画面中噪点较多。

- Path Tracing有两个很重要的参数：Minimum Depth（最小光线反弹数）和Maximum Depth（最大光线反弹数）。这两个参数分别用于控制每条光线追踪路径上可能发生的最小光线反弹数和最大光线反弹数。默认值分别是1和4，意思是光线至少在物体表面上反射1次，最多4次。

  如果把Minimum Depth和Maximum Depth都设置为2，会看到奇怪的情况：场景一下子变暗了！（如图11.65所示）。

图11.64　在Scene窗口和Game窗口底部不那么明显的进度条

图11.65　Minimum Depth和Maximum Depth都被设置为2时场景中没有直接光，只有间接光

这是为什么呢？这是因为此时HDRP不会渲染直接光照，我们在画面中看到的其实只有第二次反射的间接光照。可以拖动Minimum Depth的滑块，拖动时会看到Maximum Depth的滑块也跟着走，画面中的光照也越来越暗，这是因为我们看到越来越后面的间

接光照（如图11.66所示）。

图11.66　Minimum Depth和Maximum Depth都被设置为4时场景中
只显示光线在第4次反射产生的间接光

通过上面的示例，我们知道，如果要正常渲染场景，要将Minimum Depth设置为1，因为这时候可以得到直接光照。至少要将Maximum Depth设置为2，这样可以至少得到第2次反射获得的间接光信息。当然，可以把Maximum Depth的数值再适当调大一些，以获得后面几次光线反射的间接光。不过，越到后面，我们所能获得的间接光就越少，相应的渲染时间却会拉长很多，所以我们要衡量得失，设置一个性价比较高的Maximum Depth数值。

● Maximum Intensity（最大亮度）用于控制由每次光线反射所获得的光照亮度的最大值。可以调整这个数值，以防止画面中出现非常亮的像素点。不过要注意，调低该值会降低整个画面的亮度。

由上述可知，使用Path Tracing的方式可以方便地获得很好的画面效果，需要调节的参数也很少。不过使用Path Tracing的主要问题是画面中存在噪点，这是由它的算法本身所决定的。

Path Tracing算法的另一个特点是，在同样的最大采样数设置下，拥有单一平行光源的室外场景，比拥有复杂光源的室内场景，可以更快地获得最终画面。图11.67所示是阿美琳堡宫场景。可以看到，在这个开放的广场上，因为只有一个平行光源，所以Path Tracing形成最终画面的速度很快。

图11.67　阿美琳堡宫场景。因为只有一个平行光源，所以形成最终画面的速度很快

如果你使用的HDRP版本为10.4系列，那么在使用Path Tracing时要注意以下问题：

● 这个版本中的Path Tracing对Volumetric Fog体积雾的支持还有问题，会导致体积雾渲染不正常。可以到Fog重载中将Volumetric Fog选项禁用以获得正常的渲染效果。

● Path Tracing算法支持的材质类型为Lit、LayeredLit和Unlit，还不支持LayeredLitTesselation、Decal贴花等着色器，所以如果你发现在打开Path Tracing功能以后，场景中的某些物体表面变成黑色，则可以检查此物体所用的材质是否在Path Tracing支持的范围内。

随着版本的迭代，上述问题都会获得解决。

11.4　本章总结

本章详细介绍了Unity 2020.3 LTS版本（HDRP 10.4系列版本）提供的所有光追功能。Unity将会在此后的版本中添加更多的实时光线追踪技术，比如NVIDIA的DLSS（Deep Learning Super Sampling）技术，以便大家可以用AI技术大幅提升画面质量和实时运行帧率。

这是本书的最后一章，也是大家真正开始使用HDRP的起点。希望本书为大家提供了足够的信息，让大家可以开始自己的HDRP高清画质创作之旅！

附录A

基于物理的光照单位和参考数值
（参考自Unity HDRP官方文档）

A.1　真实世界的物理光照单位

　　HDRP的光照系统使用的是基于物理的光照单位。这些光照单位是在真实世界中使用的光照单位，我们可以从灯泡的包装盒上获取某一类灯泡所用的光照单位及具体数值，我们也可以用在摄影、摄像中使用的测光表获取真实世界中的光照数值，将其作为参考值应用在HDRP项目中。

　　不过请注意，如果要在HDRP中使用基于物理的光照单位，我们必须使用HDRP的单位换算：1个Unity单位 = 1m

　　以下是在HDRP中使用的5个光照单位。

A.1.1　Candela（坎德拉）

　　坎德拉是国际单位系统中发光强度（Luminous Intensity）的基础单位。一根普通蜡烛发出的光约等于一个坎德拉。

　　HDRP中的Spot Light（聚光灯）和Point Light（点光源）可以使用Candela作为光照单位，如图A.1所示。

图A.1　Candela（坎德拉）

A.1.2　Lumen（流明）

　　流明是光通量（Luminous Flux）的单位。流明用于描述一个光源向所有方向发射的可见光总量。

　　当使用流明作为光照单位时，光源本身的大小不会影响光源发射的可见光总量。不过，随着光源本身发光面积的变大，光源的发光面上产生的高光会减弱，这是因为同样的能量被分散到了更大的发光区域所导致的。

　　当一个光源从1个球面度（Steradian）区域发射1个坎德拉（Candela）光线时，它代表的就是1个流明的光通量，如图A.2所示。

　　HDRP中的Spot Light（聚光灯）、Point Light（点光源）和Area Light（面积光）默认使用的光照单位是Lumen。

图A.2　Lumen（流明）

A.1.3　Lux（勒克斯）（每平方米的Lumen值）

　　勒克斯是照明度（Illuminance）的单位。一个光源把1个流明（代表光通量）的光线发射到1平方米大小的表面上，就代表了1个勒克斯，如图A.3所示。

　　在HDRP中，Directional Light（平行光）使用Lux作为唯一的单位。

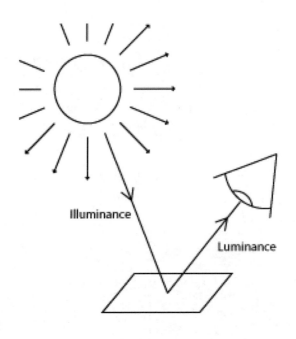

图A.3　Lux（勒克斯）

A.1.4　Nits（尼特）（每平方米的Candela值）

这是亮度（Luminance）的单位。Nits用于描述可见光源表面的明亮度。

当我们使用这一光照单位时，光源发光表面的大小会影响光源的总体明亮度，也就是说整个场景的照明度会随着光源发光表面大小的变化而变化。

光源发光表面的高光保持原先的强度，与光源发光表面的大小无关。随着光源本身发光面积的变大，光源的发光面上产生的高光会减弱。

当一个光源把1个坎德拉的发光强度的光发射到1平方米区域上时，它代表的就是1个尼特。

HDRP中的Area Light（面积光）和材质的自发光Emissive参数可以使用Nits作为光照单位。

A.1.5　Exposure（曝光）（简称EV）

曝光代表的是相机的快门速度（Shutter speed）和光圈系数（f-number）的组合。

HDRP中的Spot Light（聚光灯）、Point Light（点光源）和Area Light（面积光）都可以使用EV100作为光照单位。

A.2 光照强度参考值

A.2.1 自然光源

不同条件下自然光源的光照强度（见表A.1）。

表A.1 自然光源照明度参考值（lux）

照明度（Illuminance）（lux）	自然光照等级
120000	非常明亮的阳光
110000	明亮的阳光
20000	中午的蓝天
1000 – 2000	阴天中午的天空
< 1	月光明亮，无云的天空
0.002	没有月光，包含天空辉光和有星光的夜晚

A.2.2 人工光源

人工光源的光照强度（见表A.2）。

表A.2 人工光源光通量参考值（lumen）

光通量（Luminous flux）（lumen）	光照来源
12.57	烛光
< 100	小型装饰性灯具，比如小的LED台灯
200 ~ 300	装饰性灯具，比如在明亮房间里作为次要光源的灯具
400 ~ 800	普通房间的天花板顶灯
800 ~ 1200	明亮大房间的天花板顶灯
1000 ~ 40000	明亮的街道路灯

A.2.3 室内环境

建筑设计师使用表A.3中的光照强度数值设计房间和建筑物。

表A.3　室内环境照明度参考值（lux）

照明度（Illuminance）（lux）	房间类型
150 ~ 300	卧室
300 ~ 500	教室
300 ~ 750	厨房
300 ~ 500	厨房台面或者办公室
100 ~ 300	浴室
750 ~ 1000	超市
30	夜晚的城市街道

附录B
色温（Color Temperature）

以下数据来自Wikipedia网址：https://en.wikipedia.org/wiki/Color_temperature。

色温	来源
1700 K	火柴火苗，低压钠灯
1850 K	蜡烛火苗，日出或者日落
2400 K	标准白炽灯
2550 K	白色白炽灯发出的柔软白光
2700 K	紧凑型荧光灯和LED灯发出的柔软白光
3000 K	紧凑型荧光灯和LED灯发出的暖色白光
3200 K	工作室灯光，照相泛光灯
3350 K	工作室"CP"光
5000 K	地平线日光
5000 K	管状荧光灯或冷白光/日光，紧凑型荧光灯
5500 ~ 6000 K	垂直日光，电子闪光灯
6200 K	短弧氙气灯
6500 K	阴天的白天
6500 ~ 9500 K	LCD或CRT屏幕
15000 ~ 27000 K	液晶或CRClear蓝色向极地天空屏幕

附录C
在Unity中制作高质量的光照效果
（基于Unity官方专家指南"Create High-Quality Light Fixtures in Unity"）

C.1 什么是光线遮罩（Light Cookie）

光线遮罩（Light Cookie）是用于遮挡部分光源，以控制发射的光线形状的遮罩。也可以称为"遮光片"、"剪影"或"标识"，所用的名称取决于应用行业和具体用例。

本专家指南介绍在Unity中制作高质量光照效果的多种高级方法，其中使用了2D和立方体贴图的光线遮罩，并且利用了Unity高清渲染管线和HDRP中的高级着色器。我们可以在游戏、建筑可视化、电影和模拟项目中使用本指南介绍的工作流程。

目前的实时渲染引擎无法渲染光照设备产生的全部复杂阴影细节，它们无法有效地为低端平台产生基于光线跟踪的柔和阴影，更不用说清晰的折射焦散效果。而使用用户生成的光线遮罩可以更好地控制阴影，并在光照中添加创意细节。

此外，实时点光源阴影对于现在的硬件来说仍是性能上的难题，因此制作带有大量阴影投射点光源的环境依旧是一项挑战。这就是为什么烘焙光线遮罩对生成实时应用的高质量光照至关重要的原因。

表C.1展示了应用光线遮罩的多个示例。

表C.1　光线遮罩应用示例

续表

C.2　常见的光照问题

在实时应用程序中，光源经常依靠发光的、无细节的"斑点"来模拟它们的发光部分。如果小心地制作，这种制作高性能光照的方法是可以接受的，特别是针对低端平台。但是，在包括AAA级游戏在内的许多游戏PC上和主机项目中经常无法制作出逼真的光源。

首先，当我们调整Unity中的光照和材质时，需要确保发光表面的颜色能够准确匹配光线的颜色，因为明眼人能马上注意到发射器和光照效果在颜色上的差异。我们可以使用Unity颜色选择器中的样本来保存预定义的色温，以避免过多的颜色多样性。我们也可以把颜色样本保存为资源（如图C.1所示），分享给团队成员。颜色的数值或亮度应为100%，因为我们应该仅通过Intensity属性而不是光线颜色来控制光线强度。

图C.1 把颜色样本保存下来

另一个常见问题是缺乏发光强度和光照效果之间的一致性。这个问题导致非常明显的光线泄露，特别是镜面高光泄露现象，它会立刻破坏场景的逼真度。如果缺乏写实的阴影或光线遮罩，该问题的影响会更明显。

如表C.2所示，左侧图片发光源和光照效果存在差异，而右侧图片的发光源和光照效果更为逼真。

表C.2 自发光和实际光照效果匹配对比

自发光和实际光照效果不匹配	自发光和实际光照效果匹配

模拟日光灯管的光线也是一项重大挑战，因为这类光线需要有许多光照特性才能让人有真实的感觉，例如，柔和阴影、线形或胶囊体光源以及镜面粗糙度的处理。

如表C.3所示，左侧图片中的日光灯缺少自阴影，而右侧则展示了真实可信的灯光遮蔽效果。

表C.3 日光灯缺少自阴影和带真实可信阴影的对比

缺少自阴影的日光灯	真实可信的灯光遮蔽效果（来自日光灯反光板）

Unity HDRP可以解决前面提到的大部分难题，允许我们以最小的性能负担模拟出灯管效果。

一般来说，发光部分较难模拟，所以通常其会显得不真实。因此我们通常会添加合适的几何体和纹理细节来大幅提升逼真度：灯罩上柔和光线的衰减效果和隐约显示的灯泡可以让真实度直接上一个台阶！HDRP提供了基于物理的着色器，可以使用它处理透明度、半透明度、透光率、折射率和扭曲度等的问题，模拟出不同表面的光线，比如半透明灯罩、金属反射板和磨砂玻璃。

如表C.4所示，左侧图片缺少发光细节和自阴影，而右侧图片有更为逼真的自遮蔽和柔和的半透明度。

表C.4　多种灯具缺少自阴影和带真实可信阴影的对比

| 缺少自发光细节和自阴影 | 真实可信的自我遮蔽和柔和的半透明效果 |

C.3 创建遮罩

下面讲解如何使用离线渲染技术来采集2D纹理和立方体贴图中的光照和阴影。这部分示例使用的工具有Photoshop、3ds Max（包括Arnold渲染器）和Unity。你可以使用其他图像处理程序和3D工具来生成纹理，唯一的要求是：用于烘焙立方体贴图的渲染器必须支持纹理烘焙，例如，Nvidia的Iray和Autodesk的Quicksilver渲染器不支持Render to Texture（渲染为纹理）功能，我们可以在3ds Max中使用该功能轻松烘焙立方体贴图。Arnold、V-Ray、Corona和已弃用的Mental Ray均支持该功能。

C.4 2D纹理遮罩

为聚光灯生成2D光线遮罩是一项相对简单的任务，它可以彻底改善Unity中默认聚光灯的效果。HDRP接受有色光线遮罩，内置渲染管线则只接受灰度光线遮罩。因此我们可以利用HDRP的这一特性，为遮罩添加少量彩色边缘效果和折射效果。

如表C.5所示，左侧所示是Unity默认的聚光灯效果，而右侧所示则是添加了2D遮罩效果的光照环境。

表C.5 默认聚光灯和添加2D光线遮罩以后的效果对比

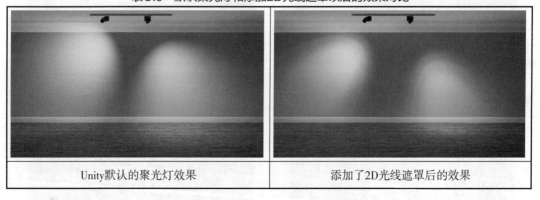

Unity默认的聚光灯效果	添加了2D光线遮罩后的效果

我们可以使用模糊滤镜、调整滤镜、渐变和纹理效果来制作具有精致细节的光线遮罩。制作家用聚光台灯的工作流程是：使用径向模糊滤镜来制作圆形和非对称形状，然后使用颜色渐变滤镜来生成径向衰减和更清晰的彩色细节。这里非常重要的一点是，确保纹理边缘是100%的黑色，以避免在使用基于物理的光线强度时，光线体积边缘出现明显的剪裁现象。

如表C.6所示，依次是随机图案、径向模糊、径向颜色渐变、径向衰减的效果。

表C.6　可用作光线遮罩的图片示例

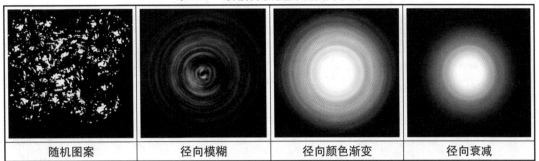

随机图案	径向模糊	径向颜色渐变	径向衰减

C.4.1　使用3ds Max和Arnold渲染器制作立方体贴图光线遮罩

1. 单位设置

首先，在DCC工具中指定正确的单位。例如，在3ds Max 的 Customize→Unit Setup…→System Unit Setup选项下，确保设置1个单位 = 1.0m，这样在将对象导入Unity时其有正确的大小。在使用基于物理的渲染器时，这一点极为重要，例如，Unity会把1个单位视作1m，该设置对光线传播和场景外观会产生巨大影响。

2. 烘焙球体

在这一部分，我们提供已设置好的MAX格式文件，它带有光照设备的烘焙球体。请下载如表C.7所示的WallLamp.max文件，你可以使用这个文件作为起点来尝试使用Arnold渲染器。WallLamp.max文件的下载地址可以在第1章"摘要"部分查找。

如果想手动创建球体，则按照下面的步骤创建：

（1）创建立方体，把它转换为Editable Poly可编辑多边形。

（2）应用Normal修改器以确保法线面向内部。在对象的属性设置页中禁用背面剔除功能，以便查看立方体的内部。

（3）应用TurboSmooth修改器，进行3次以上迭代或应用 Quadify Mesh修改器以确保立方体拥有足够的细节，以便下一个步骤使用。

（4）应用Spherify修改器把网格约束为完美球体，这样立方体贴图不会有任何的变形现象。

（5）分离每个面，重命名各个面为Top、Bottom、Left、Right、Back和Front。

（6）因为是立方体，所以UV展开图应该已经很完美。我们也可以再次检查每个面是否覆盖整个UV空间，范围从[0,0]到[1,1]。

表C.7　WallLamp.max模型在3ds Max中的显示

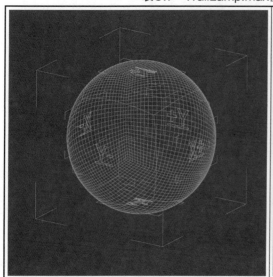

3. Arnold材质

为了实现最高渲染质量，我们需要为光照设备指定Arnold的物理材质（Standard Surface）（如图C.2所示）。

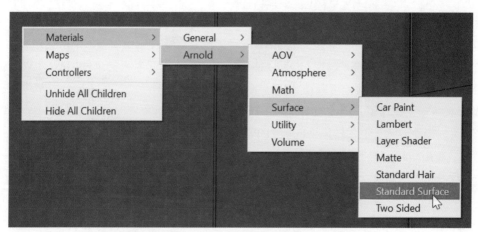

图C.2　在3ds Max中为光照设备指定Arnold的物理材质

在这里使用的主要参数如图C.3所示。

（1）Base Color基本颜色：

该属性用于定义材质颜色，包括金属材质。也可以使用镜面颜色为金属或复杂表面的边缘着色。我们主要在此采集漫反射光线和阴影，因此该参数只有在处理间接光照时才比较重要，它会给阴影进行轻微的着色。

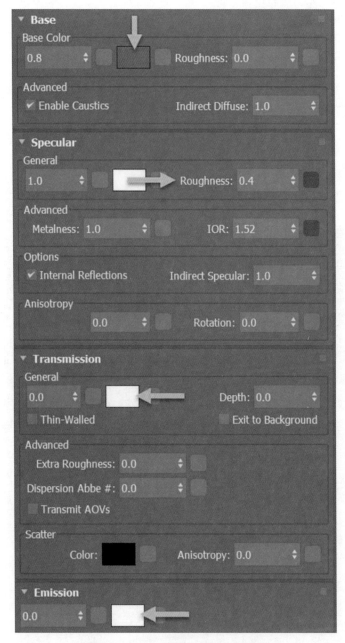

图C.3 Arnold物理材质的主要参数

（2）Roughness (Specular选项下) 粗糙度：

该属性用于控制材质的光滑程度。当将该属性设为1时，获得的效果就是一面完美的镜子。

（3）Transmission 透光率：

该属性用于定义穿透材质的光线量。数值越大，材质越透明，也越清晰。我们可以使用该属性来模拟半透明的灯罩和玻璃。

（4）Emission 自发光：

该属性用于控制表面的自发射光线总量。通常，把光线指定到网格更为高效。使用该属性可减少渲染时间，并制作具有较少视觉噪点的渲染效果。

4. Arnold渲染器的光源

在渲染球体期间，Arnold渲染器会无视3ds Max的光照信息，所以我们必须使用Arnold光源。

无法通过FBX格式导出Arnold光源，因此应该把标准3ds Max光源附加到光照设备上。可以通过FBX格式导出3ds Max光源，而且Unity可以正确地使用这些光源。这样可以为游戏对象的Light组件提供正确的Transform设置，因此我们不必在Unity中再次调整光线遮罩的朝向。

如图C.4所示，Arnold光源的关键参数有：Type（类型）（比如 Point 和 Mesh）、Color（颜色）、Intensity（光强度）、Exposure（曝光）和Samples（采样）。

白色像素应该出现在遮罩的未遮蔽部分。如果这些像素显示为灰色，我们就需要稍微提高Arnold光源的Intensity或Exposure值。

做这些修改的时候请小心，避免光线遮罩过度曝光。如果Arnold光源的光照强度太高，柔和阴影可能会被压制从而导致细节丢失。如果想完全调整Unity中的光照颜色，请使用纯白色作为光照颜色。

Samples值用于控制直接光照的噪点和由光线产生的柔和阴影。Samples值越大，噪点越少，但会需要更长的渲染时间。进行4次以上的高采样，再结合Arnold的合适滤镜可以产生几乎无噪点的效果。

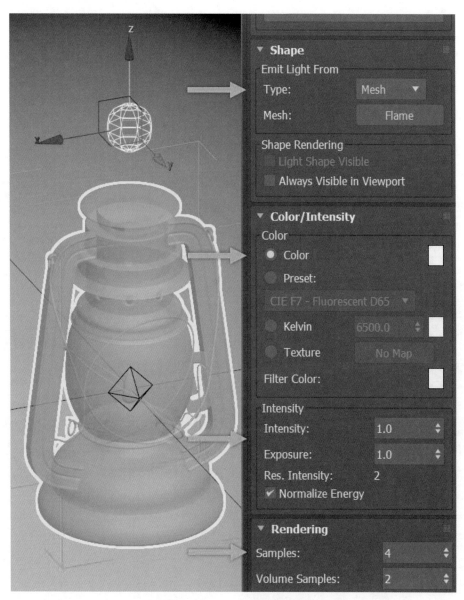

图C.4　Arnold光源的参数

　　如图C.5所示，使用Contribution面板上的参数可以实现更快的烘焙，并生成正确的光线遮罩。

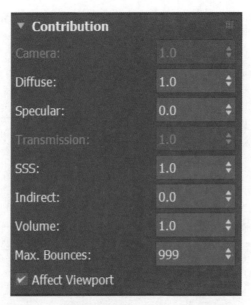

图C.5 Arnold光源的Contribution面板

首先，应该禁用Specular选项，因为我们烘焙球体的目的是为了采集直接或漫反射光照。

此外，如果使用Unity场景中的全局光照，可以降低或完全禁用Indirect值。这样烘焙后的遮罩会有更深更暗的阴影，而且将Indirect值设为0会大幅减少渲染时间。

5. 阴影和半阴影柔和度

与许多离线渲染器一样，Arnold提供指定光线到网格的功能，这要归功于Mesh光线类型。它会产生基于物理的阴影模糊和半阴影效果。通常，这种网格是灯泡或火焰的发光部分。

在现实中，由光源产生的阴影其扩散程度经常比预期的更高或更模糊。为了从艺术上保留阴影细节，我们可以使用点光源或柱形光源，而不用网格光源。

为了控制半阴影的柔和度，可修改点光源的Radius（半径），半径越小，阴影越清晰。

如表C.8所示，从左至右Arnold点光源的半径变化和效果如下：

（1）当半径为0时，没有半阴影，只会存在与图案一样不逼真的"类游戏"阴影。

（2）当半径为1cm时，有具有艺术感的半阴影，带有柔和阴影和保留的阴影细节。

（3）当半径为2.5cm时，有基于物理的半阴影，缺少大量的阴影细节。

表C.8 Arnold点光源在不同半径大小时产生的阴影效果对比

Arnold点光源设置 半径为0 无Penumbra（半阴影），阴影不真实	Arnold点光源设置 半径为1cm 带艺术感的软阴影和阴影细节	Arnold网格灯光 半径为2.5cm 基于物理但是缺少阴影细节

需要反复试验才能找到阴影清晰度和物理准确性之间的平衡，因为不自然的清晰阴影看起来很奇怪。相对于点光源和柱形光等光源类型，网格光会产生较弱的光照。

光源和烘焙球体之间的距离也会影响阴影的柔和度。烘焙球体与光源的距离越近，阴影越清晰。因此我们需要调整烘焙球体的大小，以表现出光源和其他阴影接收者之间的通常距离。

如表C.9所示，左侧为烘焙球体直径为1m时的效果图，右侧为烘焙球体直径为5m时的效果图。

表C.9 烘焙球体直径的大小直接影响阴影的柔和度

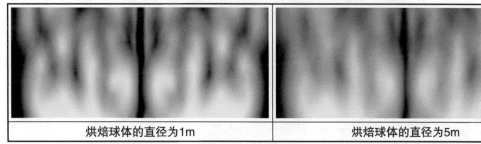

烘焙球体的直径为1m	烘焙球体的直径为5m

在重新调整烘焙球体大小时，也需要调整Arnold光线的强度或曝光度，以符合光照的物理平方反比衰减性质。简单来说，越大的烘焙球体需要越高的光线强度，以确保遮罩的未遮蔽部分为白色。

6. 自阴影

我们需要考虑的一个重要因素是烘焙期间光照设备的自阴影效果。应该隐藏台灯上不相关的大型遮蔽元素，它们会对道具自身的光照产生负面影响。

如表C.10所示，左侧图片中光线遮罩在支撑臂和台灯底座处投射了不自然的阴影。右侧图片光线遮罩没有在支撑臂和台灯底座处投射不必要的阴影，有更好的自阴影效果。

表C.10　灯具的自阴影效果

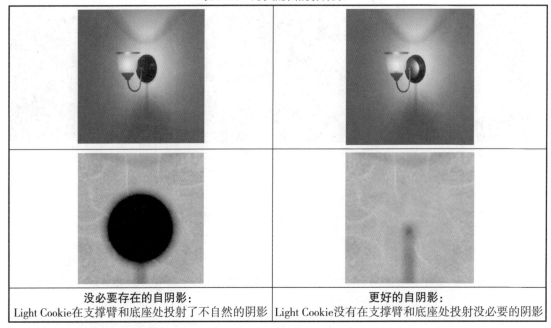

没必要存在的自阴影： Light Cookie在支撑臂和底座处投射了不自然的阴影	更好的自阴影： Light Cookie没有在支撑臂和底座处投射没必要的阴影

如图C.6所示，通过使用3ds Max中的Tools→Layer Explorer…选项，在渲染时把圆形支撑元素和灯泡隐藏了起来。在Layer Explorer中，单击茶壶图标可以使相应对象在烘焙时保持隐藏状态。

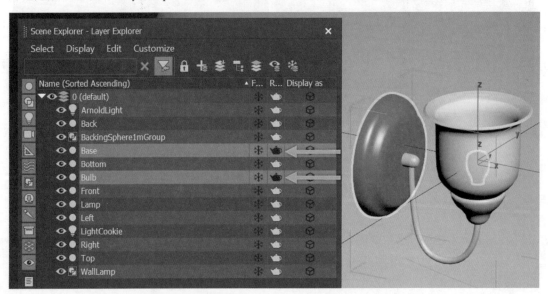

图C.6　烘焙时把不需要自阴影的物体隐藏起来

7. Render to Texture设置

首先，选择6个面的分组，然后单击0以打开Render to Texture对话框。对象会出现在对话框中间的列表中，如图C.7所示。

Name	Ob...	Sub...	E... Object Channel	Sub-Object Channel	Edge Padding
Back	1		0		
Bottom	1		0		
Front	1		0		
Left	1		0		
Right	1		0		
Top	1		0		

图C.7　Render to Texture对话框

如果使用Unity中的示例MAX文件，即WallLamp.max，则球体已经可以被渲染。图像会被输出到预定输出路径。应该修改每个面的渲染路径，使其符合项目的文件夹结构。

如图C.8所示，切换为Individual模式并修改输出路径（如果有必要也可以切换文件类型）。

图C.8　切换为Individual模式

为了快速设置Arnold渲染器，可以加载Unity的Render Presets渲染预设置。

如图C.9所示，可以通过Render Settings渲染设置面板中的下拉列表加载预设置。Arnold会根据所选预设置提供不同的噪点量。

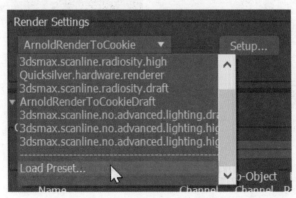

图C.9　使用Render Settings渲染设置面板中的下拉列表加载预设置

对于多数渲染器，Camera (AA)采样非常重要。如果台灯使用透光率，则需要针对间接和透光属性进行更多采样。

如表C.11所示，左侧ArnoldRenderToCookie渲染时长约2min，而右侧ArnoldRenderToCookieDraft渲染时长则少于20s。

表C.11　在不同渲染设置下Arnold烘焙所需时长对比

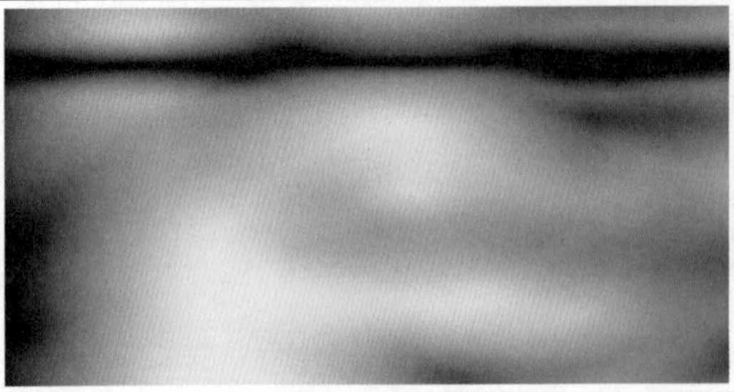 ArnoldRenderToCookie 产品级渲染 (约2min)	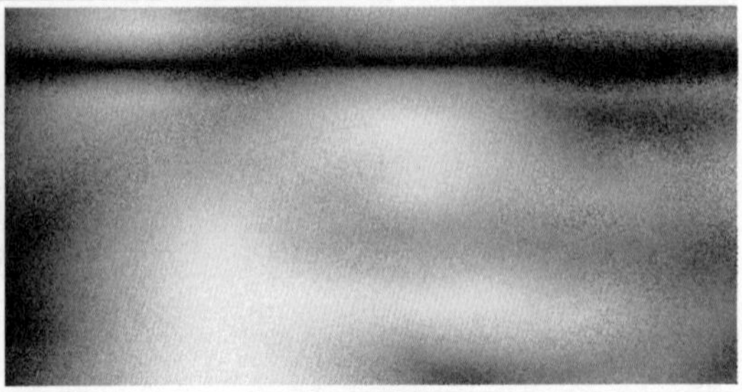 ArnoldRenderToCookieDraft 非常快的预览（少于20s）

如果不使用渲染预设置，则需要考虑的参数是图像滤镜，它位于Setup→Arnold Renderer→Filtering下。

你可能希望使用半径较大的默认高斯滤镜，以减少渲染图像中的噪点。但是非常大的宽度值会产生轻微的边缘瑕疵，并且立方体贴图上会产生明显的缝隙。

如表C.12所示的效果，左侧高斯滤镜宽度为4，右侧为10。

表C.12　不同高斯滤镜设置的渲染效果对比

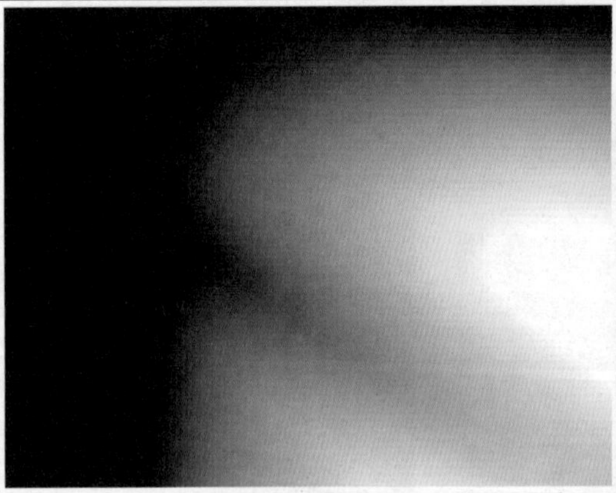 高斯滤镜的设置：4 画面放大3倍	高斯滤镜的设置：10 画面放大3倍

图C.10中的立方体贴图使用了最大高斯滤镜宽度10进行渲染，以突出显示缝隙。

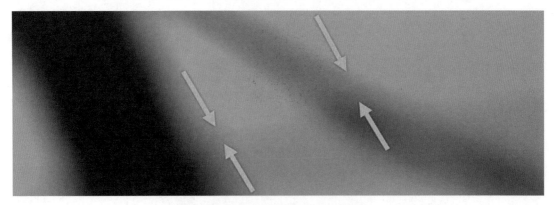

图C.10 使用高斯滤镜宽度10进行渲染

如图C.11所示，Unity可以减少或完全修复瑕疵，只要打开纹理的导入设置，并勾选Fixup Edge Seams选项即可。

图C.11 Unity的纹理导入界面上修复边界接缝的选项

如图C.12所示为修复接缝以后的渲染效果。

图C.12 修复接缝以后的渲染效果

现在，移动到Render to Texture窗口底部，单击Render按钮，将图片帧保存到输出文件夹中。保存的图片如图C.13所示。

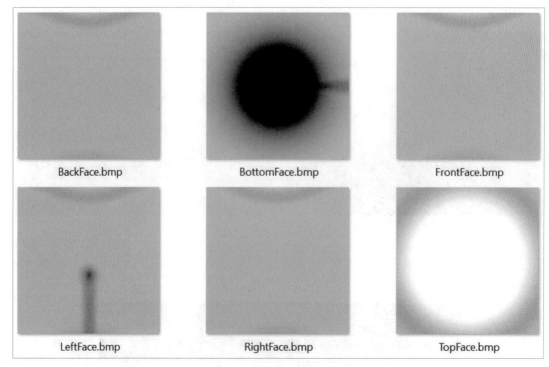

图C.13　渲染图片

8. IES光线

Arnold支持光学中的IES光源，所以我们可以把它们渲染到2D纹理或立方体贴图遮罩中。

如图C.14所示，选择Photometric光线类型，找到电脑中的IES文件。

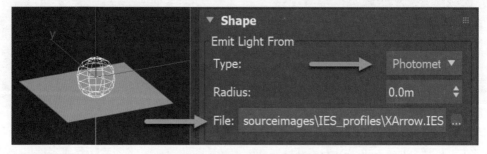

图C.14　为光源关联IES文件

我们可以用简单的聚光灯来表示IES光源，然后将它烘焙到平面上。IES光源会向所有方向发射光线，因此需要使用球体来烘焙才能生成立方体贴图。

请注意，大多数IES配置文件不存储大量角度信息，因此每个角度的数据量通常受到限制，这样实际上会生成模糊的遮罩（如图C.15所示）。我们可以重新生成遮罩，或者导入烘焙好的IES纹理到Photoshop或Substance Painter中，然后添加更清晰的纹理和颜色。

图C.15　模糊遮罩

9. 模型导出

在DCC工具中完成台灯的3D模型后，将其导出为FBX格式文件。请确保导出Smoothing Groups（平滑组）和Lights（光源），并取消勾选TurboSmooth选项。勾选TurboSmooth选项意味着TurboSmooth修改器会对网格进行细分，但是在实际使用中，Unity不会显示高度细分的网格，因为Unity无法识别TurboSmooth修改器，因此也就无法在资源导入时重新对网格进行细分。

请注意，3ds Max使用的坐标系统和Unity不同。在3ds Max中，上轴为Z轴，而在Unity中为Y轴，这会使父游戏对象的X轴有–90°的旋转角度。

10. Photoshop设置

如图C.16所示，如果把所有面结合到一个6×1的立方体贴图中，然后直接把它导入Unity中并应用到Light组件上，立方体贴图的面就会显示不正确。这些面可能会被旋转或翻转。因为在Unity中使用的立方体贴图的各个面必须按照指定的方向进行排列。

解决此问题的方法是使用Photoshop中带文件链接的Smart Objects（如图C.17所示），来自动处理各个面的方向和立方体贴图的生成。

图 C.16 烘焙球体上的6个立方体贴图

图 C.17 可在Photoshop中使用的带文件链接的Smart Objects

本书提供了设置好的Photoshop文件，请下载 WallLampCookie1024.psd，下载网址可以在第1章"摘要"部分查找。

每个面都被调整到正确的方向，你不必自己处理这部分工作。

图 C.18 WallLampCookie1024.psd文件

如图C.19所示，如果这些面没有被存在Photoshop预期的磁盘位置，图层缩略图会显示为红色图标。要恢复图片的链接，请右键单击每个图像，然后选择 Relink to File…选项（如图C.20所示）。

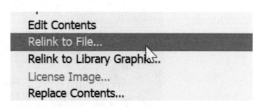

图C.19 在Photoshop中找不到文件的关联源文件   图C.20 为Photoshop中的文件重新链接源文件

无论什么时候重新渲染球体，Photoshop都会自动更新立方体贴图。Photoshop会在PSD中保存当前的面，因此如果对新渲染的面不够满意，你可以撤销自动更新结果。

请不要旋转、移动或翻转这些面，这样做会使Unity在处理立方体贴图时，对其造成破坏。

C.4.2 使用Unity渐进式光照贴图和反射探针烘焙制作立方体贴图光线遮罩

Unity的渐进式光照贴图也可以用于生成立方体贴图遮罩。设置过程需要烘焙球体，并使用反射探针来生成HDR立方体贴图。在编辑完成后，该立方体贴图可用作光线遮罩。

1. 烘焙设置

把台灯放到法线朝内的球体中（需要在DCC软件中制作并导入Unity中），然后勾选所有投射阴影和接收光线的Game Object的Contribute GI选项，这样在烘焙光照贴图时会考虑这些物体。接着指定所有必要的Unity材质到球体和道具上。

然后单击菜单Window→Rendering→Lighting Settings，启用Baked Global Illumination。

如图C.21所示，将台灯内Light组件的模式设为Baked，把光线的Indirect Multiplier（间接光倍数）设为0，使它只获取直接光照。调整Baked Shadow Radius，以模拟较大光源，并创建柔和阴影。

然后根据需求调整光照贴图的烘焙设置。使用图C.22所示的Lightmapping Settings设置，在高端笔记本电脑上为一个球体生成光照贴图的时间在30s以内。你可以考虑把Lightmap Resolution提高到1024，以进行产品渲染，从而获得尽可能多的细节。请注意，这样做的缺点是会增加烘焙时间。

图C.21　Unity中的Light组件参数设置

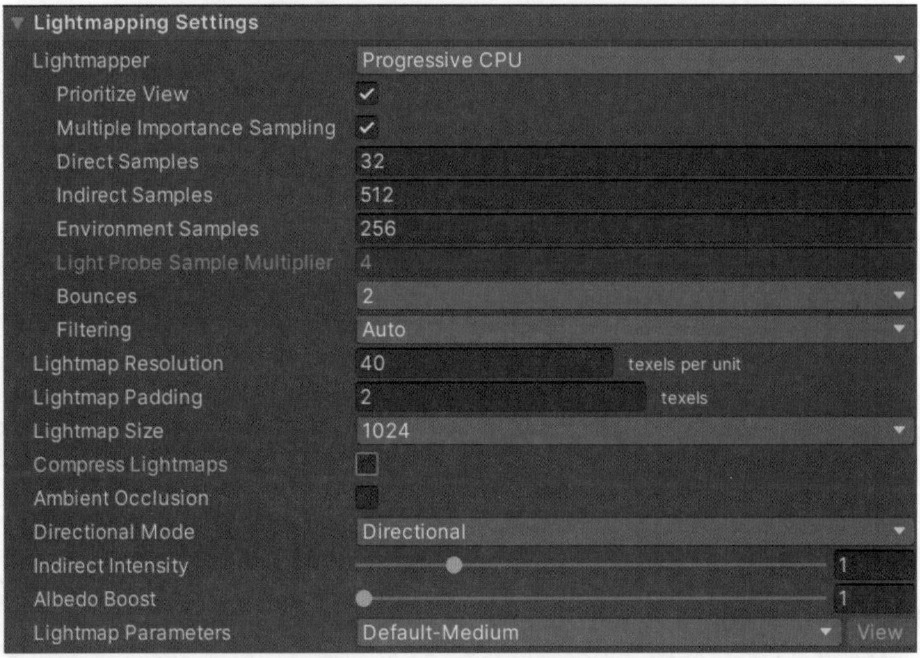

图C.22　Lighting烘焙设置

单击Generate Lighting按钮，让Unity把光照烘焙到球体上（如图C.23所示）。

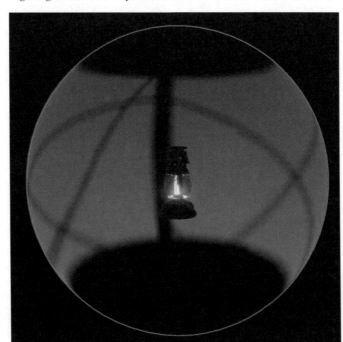

图 C.23 使用Unity的光照烘焙功能渲染获得的光线遮罩

为球体添加反射探针，确保其Near Clip保留在球体中。如表C.13所示，为台灯创建图层遮罩，让台灯对探针保持不可见状态。这样我们不必在迭代时调整台灯的可见性。将台灯指定到新的图层遮罩，然后在探针的检视窗口中，在Culling Mask下拉列表中禁用探针所属的图层。

表C.13 为台灯创建图层遮罩

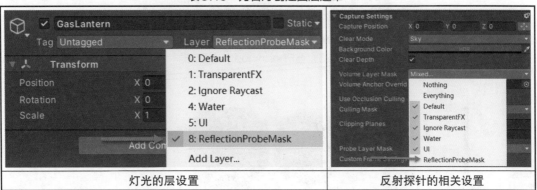

灯光的层设置	反射探针的相关设置

如图C.24所示，再次生成光照，探针会获取光照信息。探针的分辨率在HDRP配置文件中设置。

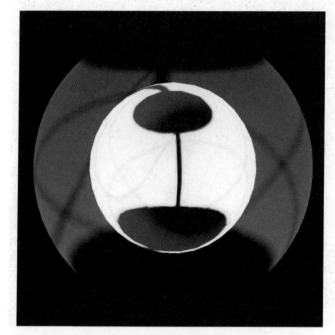

图 C.24　再次生成光照烘焙信息

如图C.25所示，在Photoshop中打开EXR反射文件，使用Exposure调整图层来调整纹理。Unity需要8位遮罩，因此把颜色模式从32位降低为8位，以减小文件大小。

图 C.25　在Photoshop中调整纹理

调整后的纹理如图13.26所示。

图 C.26　调整后的纹理

2. 渐进式光照贴图烘焙的限制

相较于使用3D工具和离线渲染器的离线工作流程，Unity渐进式光照贴图的遮罩烘焙工作流程有多次绘图调用。目前，我们只建议使用渐进式光照贴图处理主要部分为不透明材质的简单光照设备，它不适合制作具有高级材质特性的精致光照设备。在DCC工具中渲染立方体贴图的优点有：

（1）已经制作好模型，可以使用自带材质进行渲染，不会影响Unity的模型或材质。

（2）可以使用高级修改器，例如在网格上使用TurboSmooth修改器，接着进行离线渲染，以制作非常平滑的阴影，且不必将其导入Unity中。

（3）DCC工具通常有把对象渲染到贴图上的专用工具，而且会自动处理烘焙过程。

（4）离线渲染器可以在很短的时间内创建无噪点纹理。

3. 光线和材质

在Unity中，特定类型的光线无法投射阴影，例如，线条光。这意味着烘焙灯管的遮罩需要更多处理，因为它要使用一组阴影投射点光源。

渐进式光照贴图不支持多数HDRP高级着色器，例如，有色半透明着色器和折射着色器。这意味着我们需要为烘焙过程创建独立的材质组，可能也需要烘焙专用的预制件。为了模拟灯罩的半透明效果，我们需要把材质使用的着色器从不透明着色器转换为半透明着色器，这样可以让渐进式光照贴图的光线透过灯罩。

如表C.14所示，左侧为使用半透明材质渲染的渐进式光照贴图，右侧为使用标准透明材质渲染的渐进式光照贴图。

表C.14　使用半透明材质和透明材质渲染结果对比

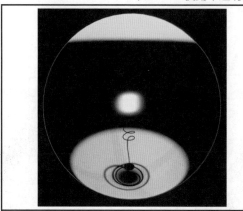	
在Progressive Lightmapper中使用半透明材质进行渲染	在Progressive Lightmapper中使用标准的透明材质进行渲染

　　Unity材质的半透明效果的颜色不会影响阴影颜色。我们可以通过有色光模拟彩色透光效果，但这样会对未遮蔽光照进行着色。也可以生成两张立方体贴图，一张带有着色光线，另一张没有，然后在Photoshop中组合立方体贴图，但是这个过程过于冗长和复杂，不符合现实需求。

　　可以使用自发光来解决这个问题。自发光不需要大量间接采样就能实现可接受的效果，需要在Lightmapping Settings中，把Bounce值设为1，这会延长烘焙时间。Arnold渲染器使用网络光线仅需数秒就可以模拟相同的效果。

　　如表C.15所示，为自发光火焰，包含2万个间接采样，每m有512个体素，花费时间约20min（CPU版本的光照贴图烘焙）。左侧没有使用滤镜，右侧使用了高斯滤镜。

表C.15　禁用/启用高斯过滤算法的渲染结果对比

自发光火焰，2万个间接采样，每米有512个体素，烘焙时长约20min	

没有应用过滤算法	应用了高斯过滤算法

4. 缝隙

　　如图C.27所示，通常在提高Shadow Baking Radius（阴影烘焙半径）并使用间接光线反射时，会在画面中看到缝隙。

图C.27　提高Shadow Baking Radius并使用间接光线反射会造成缝隙

5. 条带效应

Unity通过反射探针获取遮罩时，会发生条带效应，特别是在处理光强度很低的发光道具时。建议使用有较高光强度的放大器，以避免精度误差。相比之下，Arnold渲染器可以产生近乎完美的遮罩，没有任何明显的瑕疵。

如表C.16所示，左侧为反射探针EXR光源，中间为进行渐进式光照贴图烘焙的结果，右侧为Arnold的渲染结果，效果非常完美。

表C.16 使用反射探针获取遮罩时可能会产生条带效应

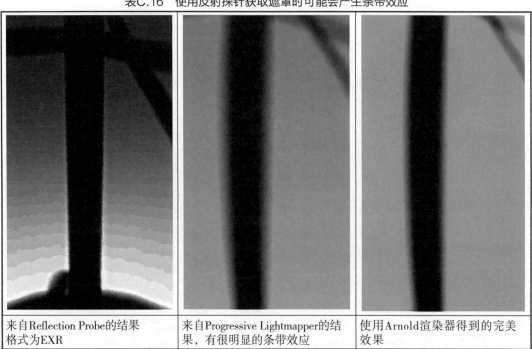

| 来自Reflection Probe的结果 格式为EXR | 来自Progressive Lightmapper的结果，有很明显的条带效应 | 使用Arnold渲染器得到的完美效果 |

如图C.28所示，如果条带效应的问题仍然存在，我们也可以从光照贴图中提取各个面，然后把它们组合到一个立方体贴图中。

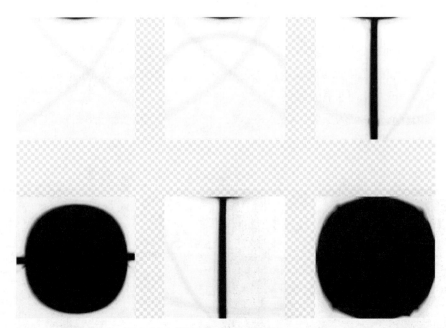

图C.28　单独从光照贴图中提取各个面

C.4.3　Unity中的操作

1. 遮罩导入

我们可以将立方体贴图导出到Asset文件夹。如果磁盘空间、传输速度、资源大小和处理时间都是重要参数，那么请避免在Asset文件夹下保存较大的PSD源文件。

如图C.29所示，为使用HDRP高清渲染管线时，可使用以下纹理设置：当纹理是2D贴图时，把Texture Shape设为2D；当纹理是立方体贴图时，把Texture Shape设为Cube。

图 C.29　在Unity的纹理导入窗口调整Texture Shape

如图C.30所示，我们可以手动调整每张纹理的分辨率，尽量减小纹理的大小以减少其内存占用，特别是在处理立方体贴图时，这类贴图通常比普通2D遮罩大6倍。128～512个遮罩通常可以提供足够的细节，对于仅运行在高端电脑的项目而言，该参数的影响较小。

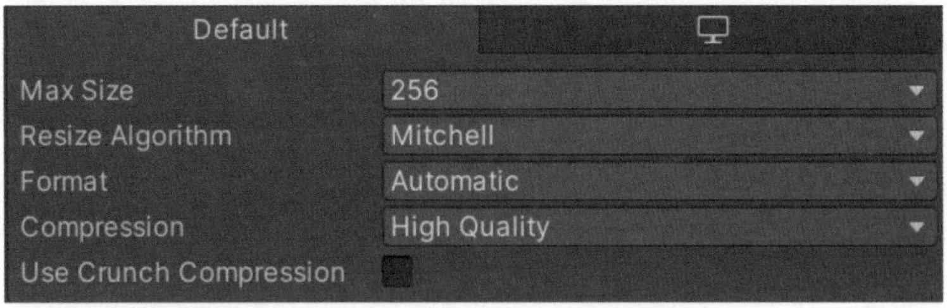

图 C.30　在Unity的纹理导入界面调整Max Size

如图C.31所示，为所有遮罩设置最大全局分辨率。选中高清渲染管线资源，在检视窗口调整Cookies下的设置。

图 C.31　HDRP配置文件中的Cookies设置

最后，如图C.32所示，选中场景中的光源Light组件，将纹理指定到Cookie参数。

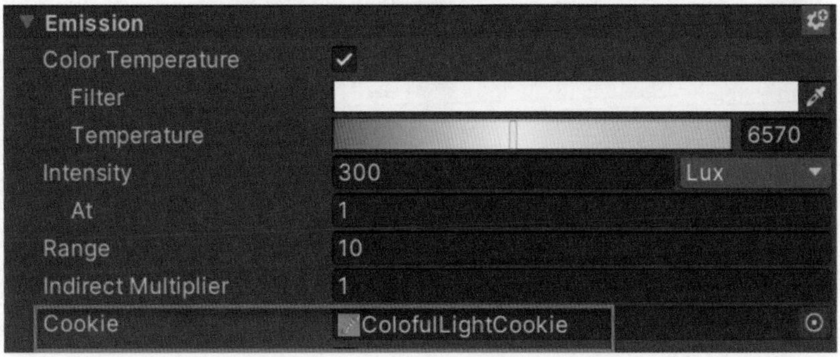

图 C.32　在光源的Light组件中将光线遮罩关联到Cookie参数

C.5 光照设置

C.5.1 曝光度（Exposure）

在设置场景光照之前，我们先来了解一下曝光度的概念。曝光度使用EV单位系统表示，准确来说其单位是EV100，对应ISO 100的曝光值。例如，常见的阳光场景返回约EV 15的曝光值，而月光场景返回的曝光值约为EV –5。在处理室内光照时，曝光值的范围通常在EV 4 ~ EV 7之间。

我们可以在Unity中模拟这些曝光值。如图C.33所示，选中后期处理Volume，切换到检视窗口，在Auto Exposure设置中，调整Minimum (EV)属性。如果不想让场景过度曝光，则把Minimum (EV)设为5，这样室内场景会如预期一样暗。

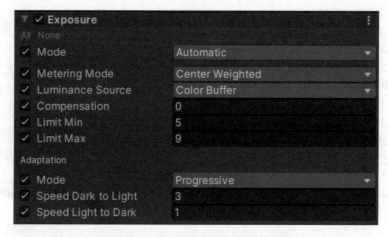

图 C.33　Volume中的Exposure重载

C.5.2 色调映射（Tone Mapping）

在计算机图形学中，色调映射是一项可以让高动态范围（HDR）图像在有限动态范围媒介(LDR)上显示的技术，例如，电视、PC显示器、手机屏幕等。没有色调映射或中度色调映射的图像，通常在屏幕上会显示受限的高光瑕疵。色调映射的具体设置如图C.34所示。

现今色调映射的工业标准基于学院色彩编码系统（ACES）。从视觉效果上看，这种技术允许我们模拟胶片对光的反应，它会使明亮的像素向不饱和的白色汇集，从而不会因为纯饱和的颜色导致产生不美观的"线性"效果（这种情况常见于早期的游戏中）。去饱和处理可以让

明亮的受光材质获得最佳着色，因此色调映射在调整强烈的自发光材质和高对比度光照环境时
特别重要。

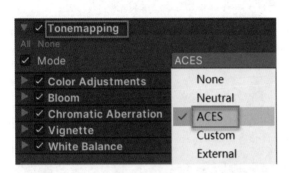

图C.34　Volume中的Tonemapping重载　　　　图C.35　通过后处理控制色彩用的色轮

另外，ACES色调映射可以为画面加入更强烈的对比度。如果你一开始使用的是Neutral
模式的色调映射（这种色调映射默认会产生比较单调的视觉效果），那么ACES色调映射可
以让画面更生动。使用ACES时，我们可以使用Contrast或Gamma等参数，自然地降低对比度
并提高中间色调。如表C.17所示，左侧为使用Neutral色调映射的效果：高光区域颜色太饱
和，导致整个画面看上去比较单调（缺少对比）；右侧为使用ACES色调映射的效果；高光向
白色靠拢，光照的反馈更逼真。

表C.17　色调映射的Neutral模式和ACES模式效果对比

Neutral模式：
高光区域颜色太饱和，导致整个画面看上去比较单
调（缺少对比）

ACES模式：
高光区域向白色靠拢，光线的反馈更逼真

Neutral模式： 高光区域颜色太饱和，导致整个画面看上去比较单调（缺少对比）	ACES模式： 高光区域向白色靠拢，光线的反馈更逼真

C.5.3　屏幕空间环境遮蔽（SSAO）

后处理中的环境遮蔽是游戏中常用的效果，它会模拟不同深度的表面之间环境光线的遮蔽（使用当前屏幕中可见的信息进行计算，所以叫屏幕空间环境遮蔽，Screen Space Ambient Occlusion，简称SSAO）。图C.36所示是Ambient Occlusion的Volume重载参数设置界面。

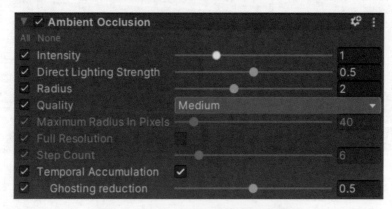

图C.36　Volume中的环境遮蔽重载参数

后期处理中的环境遮蔽效果在处理有机的嘈杂环境时非常高效，但是在具有清晰材质和平坦硬面的高质量渲染环境中，它会产生不理想的伪影，例如，小型对象周围的黑暗角落和光环效果。在现实世界中，表13.18所示的图中的角落不应该有那么黑的阴影。表C.18展示了不同强度的环境遮蔽效果。

表C.18　不同SSAO强度的环境遮蔽效果对比

SSAO Intensity（强度）为0.0	SSAO Intensity（强度）为0.5	SSAO Intensity（强度）为1.0

C.5.4　发射率（Emissivity）

对于光照设备的发光表面（比如灯泡或者日光灯管），我们要在上面使用专用的发光纹理，而不只是使用单一的HDR颜色。因为在现实世界中，当我们观察这些光照设备时，可以区分出细微的光亮细节，因此没有亮度变化的发光源是无法模拟出逼真效果的。如表C.19所示，对于那些面积较大的发光源，如果只是使用单一的HDR颜色，整个发光源看上去就会很假。

表C.19　未应用和应用了自发光纹理的效果对比（日光灯）

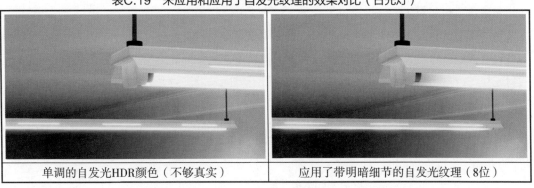

单调的自发光HDR颜色（不够真实）	应用了带明暗细节的自发光纹理（8位）

如表13.20所示，我们可以使用Photoshop以16或32位模式加上很高的F-stop强度来绘制纹理。这样可以创建非常明亮的高光区域，同时不必大幅提高材质的HDR颜色强度。使用16位或者32位模式还可以避免将在8位模式下绘制的纹理作为发射源时，因为数据压缩所引起的光照缺陷。

表C.20 未应用和应用了自发光纹理的效果对比（射灯）

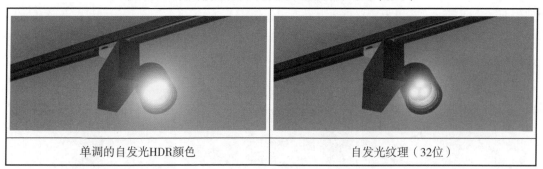

单调的自发光HDR颜色	自发光纹理（32位）

C.5.5 光照强度单位（Light Intensity Unit）

在现实中，光照系统的强度会用不同单位表示，这取决于应用行业和制造商。Unity会根据具体的工作流程提供不同的单位。在HDRP中，不同的光源类型使用不同的光照强度单位。

- **Directional Light**：勒克斯（Lux）
- **Spot Light和Point Light**：流明（Lumen）、坎德拉（Candela）、勒克斯（Lux）和EV100
- **Area Light**：流明（Lumen）、尼特（Nits）和EV100

这里我们主要讨论Spot Light和Point Light的光线强度单位（光照单位详情请参考附录A中的说明）。

流明（Lumen）定义了光源产生的光通量，用于表示"逃离"光源的光线总量。如果把光线比作液体，流明对应的就是流速。

为了衡量光照设备的光输出总量，会将被测光照设备放在积分球测试仪中。积分球内表面有反射性的白色涂层，检测器会衡量球体中的漫反射光照。因此流明不会提供任何光照设备所发射光线的方向信息，流明单位常用于描述朝所有方向发射等量光线的球形光，而不是朝某个方向发射的光。

例如，如果模拟800流明的常见灯泡，我们可以把Light组件的Intensity设为800。然而，如果在灯泡旁放置灯罩，且假设在Unity中灯罩不会投射阴影，则附近表面接收的光照可能会太强，因为场景的灯罩不会实时遮蔽光照。

如表C.21所示，左侧所示为800流明的光照效果，我们可以看到墙体受到的光照太强。右侧模拟以灯罩遮蔽的400流明的灯泡投射到墙上的光，效果显得更为逼真。

表C.21　不同灯泡亮度和应用光线遮罩的效果对比

800 lumen（灯泡的规格）： 投射在墙上的光太亮	400 lumen可以模拟灯罩的遮挡效果： 投射在墙上的光看上去更真实

在处理聚光灯等集中的光照时，我们需要仔细考虑流明单位。根据定义，流明不会指定光照的方向。如图C.37所示，如果模拟规格为1200流明和最大角度为110°的聚光灯，需要在光线对象的检视窗口启用Reflector选项，从而接收集中光照的正确光量。

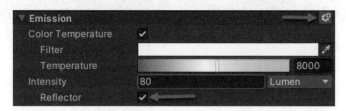

图 C.37　在聚光灯Light组件中启用Reflector选项以增强光照效果

如表C.22所示，左侧是禁用Reflector选项的聚光灯，其指定的光线不会集中。右侧则启用了Reflector选项，从而光照被正确地集中起来。

表C.22　禁用/启用聚光灯的Reflector选项光照效果对比

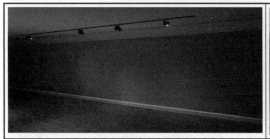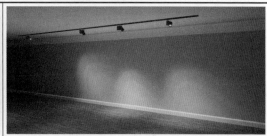

禁用Spot Lights（聚光灯）的Reflector选项： 光线没有聚集的效果	启用Spot Lights（聚光灯）的Reflector选项： 光线产生正确的聚集效果

启用Reflector选项时，如果光束变窄，接触表面的光线量就会增加。如果光束变宽，接触表面的光线量就会减少。

如表C.23所示的场景，我们启用了Reflector选项，左侧聚光灯角度为135°，右侧为20°。

表C.23　启用Reflector选项但聚光灯角度不同时的光照效果对比

Spot Light（聚光灯）角度设为135° 启用Reflector选项	Spot Light（聚光灯）角度设为20° 启用Reflector选项

坎德拉（cd）是一种更直观的测量单位，它定义了从特定角度观测的光强度。1cd大概等于1个"烛光"单位，这是标准蜡烛的亮度。

如果我们站在光照设备的完整阴影下，我们观察的结果几乎为0cd。如果站在最亮的区域，会测量到数百坎德拉。需要注意的是，你所在位置到光照设备的距离并不会影响测量的光线强度。IES光线配置文件使用坎德拉来定义光照周围多个角度的光强度。虽然Unity不支持IES文件格式，但我们可以把它们烘焙到2D或立方体贴图遮罩中。

光照设备制造商在说明他们的产品所产生的坎德拉量时，通常仅提供从最佳角度测量的最大光强度。对于3000 cd的家庭聚光灯，最佳位置在灯光投射的中间部分；对于老式8 cd的煤气灯，最佳位置则在灯的侧面。

勒克斯（Lux）定义了表面在距光源的特定距离处接收的光量。这种类型的测量在模拟专业电影光照时特别实用。专业聚光灯和泛光灯的规格通常包含任意距离的勒克斯测量结果。在为室内和室外环境设计照明时，建筑师、设计师和工程师会使用以勒克斯为单位的推荐亮度等级。例如，公路隧道通常需要至少20勒克斯的光量；家用厨房需要150勒克斯；在工程实验室中使用复杂机械时，2000勒克斯是要求的最低光量。

如图C.38所示，当我们使用勒克斯作为强度单位时，会在Intensity属性下出现一个额外的At参数。

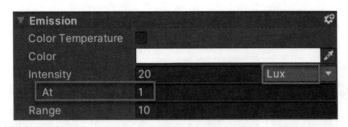

图C.38　Light组件使用Lux作为强度单位时出现一个额外的At参数

这里At的单位是m，数值越大，相同强度数值下光照亮度越高。

C.5.6　色温（Color Temperature）

Unity提供两种颜色模型，以提供最大灵活度。如图C.39所示，启用Color Temperature选项来处理白炽灯模型，单位为开尔文。我们可以使用额外的颜色滤镜来模拟不同光照效果，例如，彩色玻璃、反射板和彩色胶体。

图 C.39　Light组件的色温参数

由于Unity缺乏自动白平衡功能，因此在特定情况下，使用基于物理的色温模型，但这样在某些情况下会产生不自然的暖色饱和光照。这意味着白炽灯的灯光（特别是在2600～3200开尔文之间）在颜色校正前通常看起来不真实。

在现实中，聚光灯的色温为3200开尔文。为了模拟人眼的颜色适应性，或是摄像机的自动或手动白平衡，我们可以手动设置较冷的颜色，也可以对光线添加滤镜，还可以使用后期处理的颜色分级来调整色温和着色，从而获得更加真实和平衡的效果。图C.40所示是Volume的White Balance重载的参数设置界面。

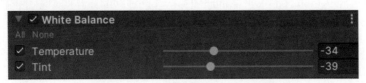

图 C.40　Volume的白平衡重载参数

如表C.24所示，左侧所示为3200开尔文，且没有白平衡的聚光灯，生成图像的暖色过强；中间为3200开尔文，通过颜色分级实现白平衡的聚光灯；右侧为任意颜色，无白平衡的聚光灯。后面两个场景的效果看起来更具真实感。

表C.24　不同色温下的光照效果对比

3200开尔文 没有应用白平衡 画面看上去太暖	3200开尔文 通过Color Grading的方式控制白平衡 画面看上去真实可信	任意指定的颜色 没有应用白平衡 画面看上去真实可信

和真实照片或摄像机一样，如果使用了错误的自动白平衡预设置（例如本应使用白炽灯模式，却使用了日光灯模式），则整个画面的颜色会被错误地修改。如表13.25中右侧的灯管使用了较冷的颜色，5000开尔文的色温。使用LUT或Unity的颜色分级工具，在Unity中使用钨丝灯风格的颜色校正实现白平衡，不过效果并不正确。

如表C.25所示，左侧没有使用白平衡，效果更为真实；右侧使用了错误的白平衡，但是画面看上去太冷导致不真实。

基于体积或根据不同摄像机进行颜色分级可以减少这些实际问题。在任何情况下，如果问题过于复杂，无法在同一环境中解决所有问题（特别是在环境包含各种光照类型的时候），我们可以使用自选的灯光颜色。

本附录中展示的大多数光照设备，都使用了精心挑选的颜色，而不是开尔文色温。这些示例展示了物理准确性和艺术自由度之间的冲突。即使我们使用的是现实世界中的工作流，但是因为当前渲染管线中还缺少部分组件（比如自动白平衡），那么在实际创作中也会产生一些复杂且无法完美解决的情况。

表C.25 色温使用错误导致光照效果不正常

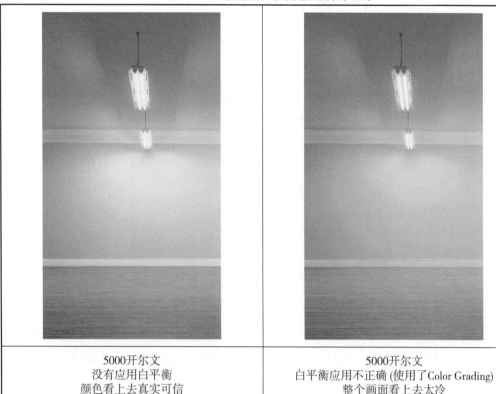

5000开尔文 没有应用白平衡 颜色看上去真实可信	5000开尔文 白平衡应用不正确 (使用了Color Grading) 整个画面看上去太冷

C.5.7 间接光倍数（Indirect Multiplier）

通过烘焙（Baked）全局光照烘焙光照贴图时，Unity不支持遮罩（Unity 2020.1版本开始支持）。因此，在使用包含大量遮蔽的立方体贴图遮罩时，在Unity场景中经常会产生过多间接光照。

如图C.41所示，管形灯的顶部，即立方体贴图第6个面，存在很强的遮蔽。

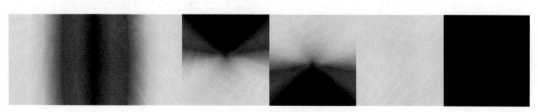

图 C.41 管形灯的顶部

为了解决此问题，需要减小Light组件的Indirect Multiplier（间接光倍数）数值。找到满意的Indirect Multiplier值的方法是，观察遮罩的平均亮度。如图C.42所示，在Photoshop中，打开直方图工具，找到Mean值。然后使用以下公式，把Mean值从Gamma空间转换到Linear空间：

Indirect Multiplier = (Mean/255)2.2

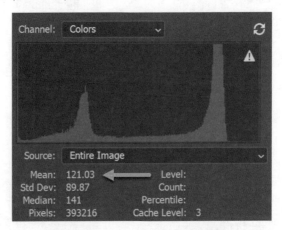

图C.42　Photoshop中的直方图工具

这样可以得到光线的平均Indirect Multiplier的起始数值。例如，平均值为121，会得到Indirect Multiplier为0.2。和默认值1.0相比，使用该值能提供更为逼真的间接光照。

如表C.26所示，左侧所示为Indirect Multiplier值为1.0时的效果，右侧为0.2时的效果。

表C.26　使用不同Indirect Multiplier数值的光照效果对比

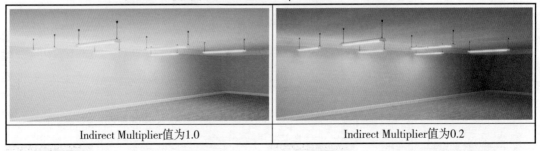

Indirect Multiplier值为1.0	Indirect Multiplier值为0.2

但是这种方法不会考虑光照设备的光照方向性，因此根据光照设备的结构，倍数需要进一步调整。

C.5.8　阴影（Shadows）

我们可以同时启用实时和烘焙遮罩的阴影，以便为动态游戏对象投射实时阴影，而且烘焙遮罩也能得到柔和的静态阴影。点光源的实时阴影比聚光灯阴影消耗的资源多，而烘焙遮罩则非常高效。

在使用实时阴影时，查看检视窗口中的Light组件，调整Shadow Near Plane（阴影附近平面）以避免光照设备几何体出现阴影剪裁现象。如图C.43所示，当附近平面和光照设备几何体发生剪裁现象时会生成伪影。

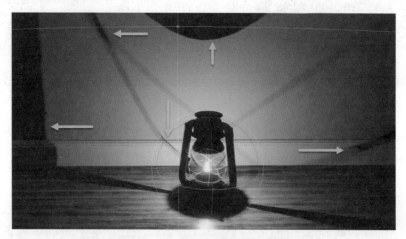

图C.43 阴影裁剪现象导致生成伪影

如图C.44所示，默认阴影过滤也可以产生不真实的过于锐利的实时阴影（特别是在使用高分辨率阴影的时候）。

图C.44 默认阴影过滤可能产生过于锐利的实时阴影

如图C.45所示，通过烘焙获得的光线遮罩可以提供更真实的阴影，而且消耗的资源更少。

HDRP为实时阴影提供了高质量的过滤模式，但它会消耗大量资源，因此应该只在高端机器上使用该模式。

图C.45 光线遮罩可以提供更真实的阴影且资源消耗更少

如表C.27所示，左侧仅使用实时阴影，阴影分辨率为1024。中间仅使用实时阴影，阴影分辨率为4096。右侧仅使用光线遮罩，遮罩分辨率为512。

表C.27 使用实时阴影和光线遮罩的效果对比

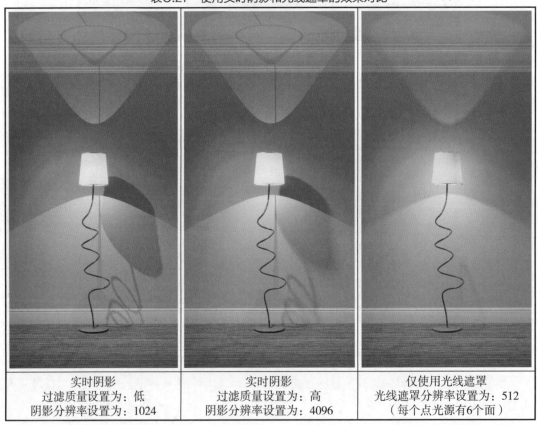

实时阴影 过滤质量设置为：低 阴影分辨率设置为：1024	实时阴影 过滤质量设置为：高 阴影分辨率设置为：4096	仅使用光线遮罩 光线遮罩分辨率设置为：512 （每个点光源有6个面）

如图C.46和图C.47所示，要启用高质量过滤模式，在HDRP配置文件中，把Rendering Mode设置为Forward，并在Shadows部分把过滤质量设为High。这样光线的检视窗口中会显示更多采样参数，我们可以使用这些参数调整阴影的柔和度和质量。

图C.46　HDRP配置文件中的Lit Shader Mode选项

图C.47　HDRP配置文件中的阴影过滤质量选项

C.5.9　光照层（Light Layer）

在特定环境下，光线遮罩会对光照设备产生负面的影响，例如，不合适的自阴影或透光率影响。

在Unity中使用HDRP时，可以指定哪个游戏对象从指定光源接收光线。该系统称为光照层（Light Layers）。如图C.48所示，要启用该功能，在HDRP配置文件中，启用Lighting部分的Light Layers选项。我们可以使用它来确保光线遮罩不会影响光照设备的特定部分。

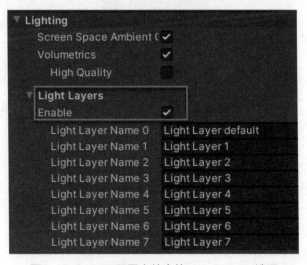

图C.48　HDRP配置文件中的Light Layers选项

如图C.49所示，灯泡被指定到单独的光照层，因此它不会从主要光线遮罩接收光线。

为了还原灯泡上的透光率，可在灯泡内放置较小的点光源，并把点光源指定到和灯泡相同的光照层。

图C.49　Light组件中的Light Layer选择列表

如表C.28所示，左侧为默认设置时的效果，光线遮罩对灯泡几何体产生了不正确的影响。中间为被指定到Light Layer 1的灯泡，当将灯泡指定到特定光照层时，光线遮罩不再对其产生影响。

右侧为被指定到Light Layer 1的新的点光源。当将新的点光源指定到和灯泡相同的光照层时，灯泡会得到正确的光照。

表C.28　Light Layer可以让灯泡得到正确的光照信息

	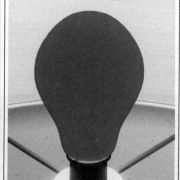	
默认光线遮罩对灯泡几何体产生不正确的影响	被设置为Light Layer 1的灯泡，当指定灯泡到特定光照层时，光线遮罩不再产生影响	被设置为Light Layer 1的新的点光源，当指定新的点光源到和灯泡相同的光照层时，灯泡会得到正确的光照

最后，使用专用的点光源控制灯泡光照，这在光照设备可以动态地被关闭或销毁时非常有效。

图C.50中所示的两个台灯预制件完全相同，但右边的台灯的灯光已被禁用。由于灯泡和灯罩使用了半透明材质，因此它们的灯光都能正确地展现出来。

这种方法很合适，因为它通过实际的带Light组件的GameObject来模拟光的传输，而不是使用灯泡和灯罩材质的自发光属性。

图 C.50 使用Light Layer的台灯光照效果

通常在游戏中，必须在运行时将灯的网格或材质替换为非发光网格或材质。这样做并不高效，并且可能会在替换过程发生视觉问题。因此在性能和实用性方面，仅使用光线游戏对象更为高效。

C.5.10 材质设置

我们观察图C.51和图C.52中红色吊灯上灯罩的材质设置。根据表面类型、外观和实现的性能，可以使用不同方法来制作此材质。下面所有示例都使用了HDRP中高度灵活的Lit着色器。

图C.51 HDRP Lit材质灯罩示例一

图C.52　HDRP Lit材质灯罩示例二

C.5.11　发射率（Emissivity）

　　模拟光线穿过灯罩的最简单的方法是，使用不透明表面类型和发光纹理。这样可以实现更多的艺术性控制，因为我们可以在发光纹理中绘制特定细节（纹理如图C.53和表C.29所示），以强调阴影的某些特性。这里特别推荐将这种方法应用于不能执行带有复杂指令着色器，且应该避免半透明效果的低端硬件上。

图C.53　发光纹理

表C.29　在Emissive Color上应用了图C.53所示发光纹理的Lit材质

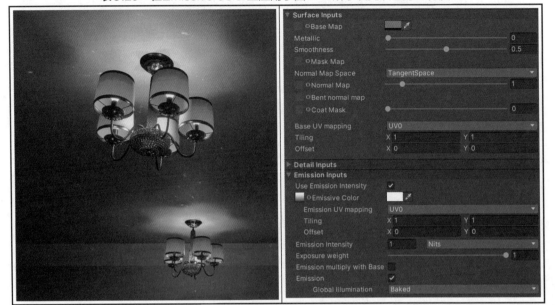

C.5.12　透明表面

模拟透明玻璃的常用方法是选择透明的表面类型（配合标准材质类型）。我们可以通过Base Color中Alpha值或自定义纹理来控制透明度。但是因为缺少折射而产生的变形效果，所以并不是总能获得逼真的玻璃效果。

应该把透明部分作为单独的游戏对象分离出来，以确保正确的渲染顺序。这意味着每个玻璃灯罩都应该是一个单独的游戏对象。否则，如果玻璃的多个层都属于同一个游戏对象，则有可能会产生潜在的视觉问题。

HDRP的透明（Transparent）表面类型提供了修复这些问题的渲染技巧，例如，启用Back Then Front Rendering（从后向前渲染）选项，会先渲染背景中的透明游戏对象。启用Sort Priority（透明分类优先级）选项则可以手动控制渲染顺序。在摄像机位置固定的情况下，Sort Priority选项特别实用。

如表C.30所示，使用灯罩的单面网格和材质的Double Sided属性，有时也可以避免渲染顺序出错。

表C.30　使用Lit材质透明表面可以避免渲染顺序出错

C.5.13　半透明材质

制作非常厚的磨砂玻璃或半透明材质可以选择不透明（Opaque）表面类型，然后配合半透明（Translucent）材质类型。

如表C.31所示，我们可以创建Diffusion配置文件来调整半透明度。如果整体的半透明效果比较单调，则可以使用厚度图（Thickness），它可以为半透明灯罩添加更为逼真的渐变效果。

表C.31　使用Diffusion Profile控制Lit材质的半透明效果

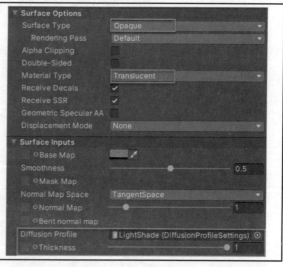

为了正确地表现半透明效果，每个灯罩都需要有与自己配套的点光源。这些光源应该足够小，以避免对环境中其他部分产生不必要的影响。

如图C.54所示的这5个额外光源的好处是，它们可以带来额外的自我反射（self-reflection）效果，因为它们提供了来自光照设备上每个灯泡的更多镜面高光。

需要注意的是，这种方法会提高Draw call的数量，使着色过程更加耗费资源。

图 C.54 每个灯罩都有自己的点光源

C.5.14 带折射的透明表面

更高级的解决方法是使用透明度、折射率和透光度来实现逼真的磨砂玻璃效果。这些效果消耗的资源相对较高，因此仅适用于高端平台，比如PC或者主机平台。

如表C.32所示，透明度的限制依旧存在，因为我们需要把灯罩分离成独立的游戏对象，以解决渲染顺序错乱的问题。

表C.32 Lit材质的折射参数

C.5.15 几何镜面的抗锯齿（Geometric Specular Anti-aliasing）

使用传统抗锯齿方法（包括Temporal Anti-aliasing）难以解决的一个问题是，高频光滑表面会产生镜面锯齿，例如下面示例中吊灯的金色支撑柱。

HDRP提供的一个解决方案是在材质上设置镜面抗锯齿，如图C.55所示。

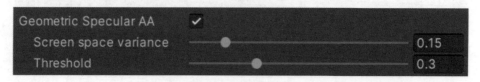

图C.55 对Lit材质启用Geometric Specular AA抗锯齿功能

调整屏幕空间差异（Screen space variance）数值可以减少屏幕上的锯齿现象。我们需要在锯齿效果和模糊效果间找到视觉上的折中办法。

如表C.33所示，从左至右，屏幕空间差异（Screen space variance）数值依次为：0.0、0.05、0.1和0.2。

表C.33　不同Screen space variance数值的抗锯齿效果对比

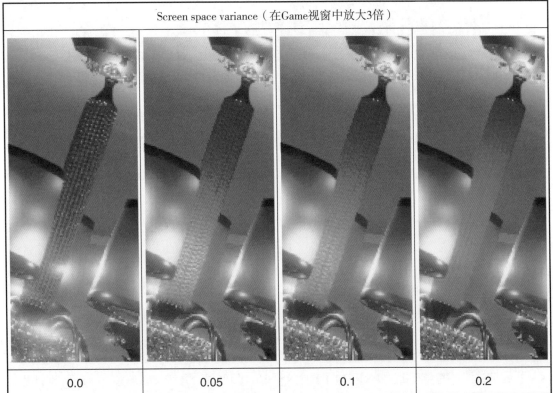

Screen space variance（在Game视窗中放大3倍）			
0.0	0.05	0.1	0.2

　　较大的Screen space variance值会大幅改变特定材质的观感。对于该示例，当Screen space variance值大于合理值时，金色柱子会失去金属效果。

C.5.16　焦散（Caustics）

　　焦散效果能够修饰遮罩，它们可以极大改进光照的逼真程度，并且能给非常平坦干净的表面添加光照，例如，墙体和天花板。图C.56、图C.57和图C.58展示了三个可以产生焦散效果的光线遮罩。

图 C.56　用于产生焦散效果的光线遮罩一

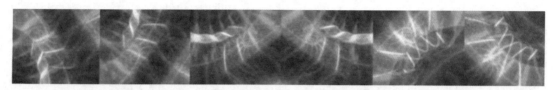

图 C.57　用于产生焦散效果的光线遮罩二

图 C.58　用于产生焦散效果的光线遮罩三

　　Arnold渲染器在渲染清晰焦散效果时并不高效，而Unity的渐进式光照贴图则完全无法产生焦散效果，因此需要使用V–Ray或Corona等其他渲染器。V–Ray的渲染速度很快，可以非常高效地生成"仅有焦散"的渲染效果。

　　如表C.34所示，通过试验，我们发现在把光源放到几何体内，或将灯泡用作网格光源时，这些渲染器都无法得到很好的效果。当我们在距对象一段距离外放置小而强烈的光源时，它们只能提供可以接受的效果。因此，我们把V–Ray平面灯光对准具有随机形状的半透明物体（这些物体拥有不同的折射率），从而创建出一个大型的通用焦散立方体贴图库。

　　结果可能不符合预期，我们需要多次试验，细微的差异和光线位置调整可能产生区别很大的焦散效果，这在构建大型焦散库时会很有用。

表C.34　把光源放入几何体内

形状示例
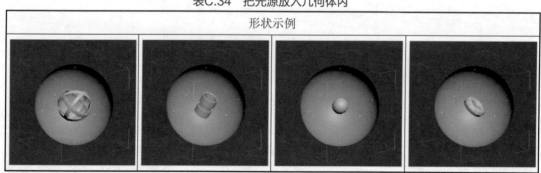

　　我们可以在光线遮罩纹理上混合这些焦散立方体贴图，或把它们指定给单独的光源。使用特别的"焦散光源"会提高光照的资源消耗量。

　　焦散的强度为我们提供了很大的灵活性，我们可以大大提高对应光线的强度，不必重新校准光照设备的遮罩。

当为光照设备的遮罩混合焦散效果时，我们可以测试不同的混合模式，例如，Overlay（叠加）和Soft Light（柔和光线），以确保遮罩的整体亮度不会发生根本变化。图C.35演示了将光线遮罩和焦散纹理混合在一起的效果。

表C.35 光线遮罩和焦散纹理进行混合

我们也可以从现实照片中提取焦散，并使用Photoshop或Substance Painter在立方体贴图的面上手动标记焦散。我们也可以向2D遮罩添加更简单的焦散，并将其投影到带有聚光灯的场景中。

C.5.17 示例1：吊灯

我们可以在吊灯的立方体贴图上使用焦散，模拟从金色中心结构反射的光线。

此示例使用了特别的焦散点光源，因为焦散需要非常高的光强度。如表C.36所示，左侧光照无焦散效果，右侧则使用了特别的焦散光。

表C.36 不带焦散和带焦散的光照效果对比

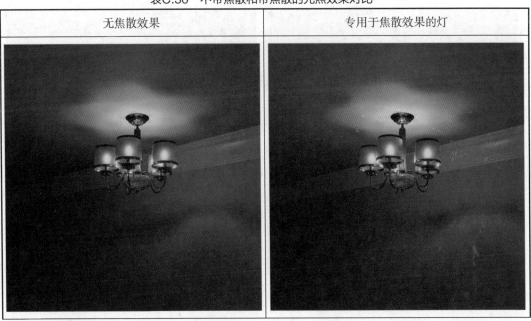

无焦散效果	专用于焦散效果的灯
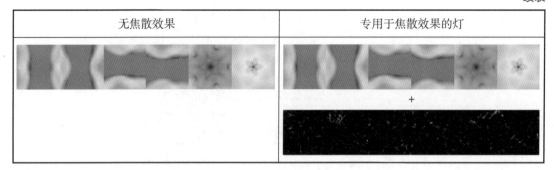	

C.5.18 示例2：壁灯

我们可以使用波状和噪点较大的焦散立方体贴图，模拟灯罩的金色边缘上的内部反射效果，以及玻璃瑕疵和子像素划痕。

如表C.37所示，左侧光照无焦散效果，右侧为混合焦散效果。

表C.37 不带焦散和带有混合焦散的光照效果对比

无焦散效果	混合焦散效果